ÉLÉMENTS
D'ALGÈBRE
ET DE
TRIGONOMÉTRIE

PAR

M. P. LUSSON,

CENSEUR DES ÉTUDES AU LYCÉE DE METZ,
EX-PROFESSEUR DE MATHÉMATIQUES AU LYCÉE DE SAINT-QUENTIN,

ET

M. C. COURCELLES,

ANCIEN ÉLÈVE DE L'ÉCOLE NORMALE SUPÉRIEURE,
PROFESSEUR DE MATHÉMATIQUES SPÉCIALES AU LYCÉE DE RENNES.

DEUXIÈME ÉDITION.

PARIS,

CH. DELAGRAVE ET Cie, LIB.-ÉDITEURS
58, RUE DES ÉCOLES, 58

1872

54

ÉLÉMENTS
D'ALGÈBRE
ET DE
TRIGONOMÉTRIE

Tout exemplaire non revêtu de la griffe de l'Éditeur sera réputé contrefait.

Paris. — Imp. E. Capiomont et V. Renault, 6, rue des Poitevins

ÉLÉMENTS
D'ALGÈBRE
ET DE
TRIGONOMÉTRIE

PAR

M. P. LUSSON

PROVISEUR AU LYCÉE DE BAR-LE-DUC
EX-PROFESSEUR DE MATHÉMATIQUES AU LYCÉE DE SAINT-QUENTIN

ET

M. C. COURCELLES

ANCIEN ÉLÈVE DE L'ÉCOLE NORMALE SUPÉRIEURE
PROFESSEUR DE MATHÉMATIQUES SPÉCIALES AU LYCÉE DE DOUAI

TROISIÈME ÉDITION

PARIS
LIBRAIRIE CH. DELAGRAVE
15, RUE SOUFFLOT, 15

1879

ALGÈBRE

NOTIONS PRÉLIMINAIRES

OBJET DE L'ALGÈBRE.

1. L'*Algèbre* a pour objet de simplifier, et surtout de généraliser la résolution des problèmes que l'on peut se proposer sur les nombres.

Pour atteindre ce double but, on représente les nombres par des lettres, qu'ils soient connus ou inconnus ; et on indique les opérations à effectuer sur ces nombres au moyen de signes abréviatifs, déjà employés pour la plupart en arithmétique.

EXPLICATION DES SIGNES.

2. Rappelons d'abord la signification des signes employés en algèbre.

Le signe $+$, qui s'énonce *plus*, est le signe de l'addition ; ainsi $4+5+12$ représente la somme des nombres 4, 5 et 12.

Le signe $-$ est le signe de la soustraction, et s'énonce *moins* ; ainsi $a-b$ signifie qu'il faut retrancher b de a.

On indique la multiplication par le signe $\times$, ou par un point, qui s'énonce *multiplié par* ; ainsi, on écrit $10 \times 15 \times 21$, ou bien $10.15.21$, pour exprimer le produit des trois nombres 10, 15 et 21. S'il y a des facteurs représentés par des lettres, on ne met aucun signe entre eux ; ainsi, on écrit abc pour $a \times b \times c$.

Le quotient du nombre a par le nombre b, s'écrit $a:b$, ou $\frac{a}{b}$: et cette dernière notation s'énonce a *sur* b.

Pour indiquer une puissance d'un nombre, c'est-à-dire le produit de plusieurs facteurs égaux à ce nombre, on écrit ce dernier, puis au dessus, un peu à droite, un nombre appelé *exposant*, qui est égal au *degré* de la puissance, ou au nombre des facteurs du produit. Ainsi la quatrième puissance de a s'écrit a^4 (*a quatre*); en général, a^m (*a puissance m*) désigne le produit de m facteurs égaux au nombre a. Une lettre écrite sans exposant doit être considérée comme ayant l'unité pour exposant.

La racine m^e de a, c'est-à-dire le nombre dont la m^e puissance est a, s'écrit $\sqrt[m]{a}$; le signe $\sqrt{}$ se nomme *radical*, et m est l'*indice* de la racine. La racine carrée de a s'écrit simplement $\sqrt{a}$, et s'énonce *racine de a*.

On exprime que deux quantités sont égales, en les séparant par le signe $=$ qui se prononce *égale*; et l'on a alors une *égalité*. Ainsi pour exprimer que 45 est le produit de 9 par 5, on écrit $9 \times 5 = 45$, et on lit 5 *multiplié par 9 égale 45*. Les deux quantités égales se nomment les *membres* de l'égalité; celle qui est à gauche du signe $=$ s'appelle *premier membre*; celle qui est à droite se nomme *second membre*.

On écrit que deux quantités sont inégales en les séparant par l'un des signes $>$ ou $<$, la pointe étant tournée vers la plus petite quantité. Ainsi, quand on écrit

$$a > b, \quad m < n,$$

cela signifie a *plus grand que b, m plus petit que n*.

3. Montrons maintenant, par quelques exemples, les avantages qui résultent de l'emploi des signes et des lettres.

EMPLOI DES SIGNES ET DES LETTRES COMME MOYEN D'ABRÉVIATION.

4. PROBLÈME. *Trouver deux nombres ayant pour somme 15, et pour différence 3.*

SOLUTION ARITHMÉTIQUE. Le plus grand nombre cherché étant égal au plus petit plus 3, la somme de ces deux nombres, ou 15, contient le plus petit nombre, plus 3, plus encore le plus petit nombre, c'est-à-dire le double du plus petit nombre, plus 3 ; par suite, le double du plus petit nombre égale 15 moins 3, ou 12 ; et le plus petit nombre lui-même égale la moitié de 12, ou 6. Le plus grand nombre est donc 6 plus 3, ou 9.

SOLUTION ALGÉBRIQUE. Résolvons le même problème en employant les notations de l'algèbre.

Nommons le plus petit nombre . x,

le plus grand sera . . . . $x+3$,

leur somme sera $x+x+3$, ou $2x+3$;

mais cette somme est 15, donc . $2x+3=15$;

d'où il résulte que . . . . $2x=15-3=12$;

puis, x étant la moitié de $2x$, . . $x=\dfrac{12}{2}=6$.

Enfin . . . . $x+3=6+3=9$.

On voit déjà que l'emploi d'une lettre pour représenter une inconnue, et de signes pour indiquer les opérations, abrége l'écriture du raisonnement, et permet d'en embrasser tout l'ensemble d'un coup d'œil ; ce qui facilite la résolution du problème.

EMPLOI DES LETTRES COMME MOYEN DE GÉNÉRALISATION.

5. Si le même problème était proposé de nouveau, avec d'autres nombres que 15 et 3, on serait obligé, pour le résoudre, de recommencer les raisonnements

et les calculs qui viennent d'être faits, comme si on trai-
tait la question pour la première fois.

Mais, représentons par a la somme des deux nombres
cherchés, et par b leur différence ; en raisonnant comme
plus haut, nous dirons :

Si le plus petit nombre est . . . x,

le plus grand sera . . . . $x+b$,

et leur somme . . . . $2x+b$;

mais cette somme est a, donc . $2x+b=a$;

par suite. . . . . $2x=a-b$,

et puis. . . . . $x=\dfrac{a-b}{2}$.

Si le plus grand nombre est désigné par y, comme il
surpasse le plus petit de b ou $\dfrac{2b}{2}$, nous aurons

$$y=\frac{a-b+2b}{2}=\frac{a+b}{2}.$$

Donc, quelles que soient la somme a et la différence
b de deux nombres, le plus petit de ces nombres est
toujours égal à la moitié de la différence $a-b$, et le plus
grand à la moitié de la somme $a+b$.

En appliquant cette règle au problème du no 4, pour
lequel

$$a=15, \quad \text{et} \quad b=3,$$

on obtient

$$x=\frac{15-3}{2}=6, \quad y=\frac{15+3}{2}=9 ;$$

ce sont les nombres déjà trouvés directement.

6. Cet exemple bien simple montre que, en représentant par des lettres, non-seulement les inconnues, mais
encore les données d'un problème, on arrive à formuler
une règle pratique pour calculer immédiatement les valeurs des inconnues dans tous les problèmes qui ne diffèrent les uns des autres que par les valeurs numériques

des données. C'est ce qu'on appelle *résoudre un problème d'une manière générale.*

7. REMARQUE. Ordinairement, on représente les *inconnues* des problèmes par les dernières lettres de l'alphabet, $x, y, z, \ldots$; et les *données* par les premières, $a, b, c, \ldots$

Souvent, pour représenter, dans une même question, des quantités différentes, mais ayant de l'analogie entre elles, on emploie une même lettre avec des accents; on écrit, par exemple, a', a'', a''', ... qu'on prononce *a prime, a seconde, a tierce....*

8. FORMULE. On appelle *formule* toute égalité, comme

$$x = \frac{a-b}{2}, \quad y = \frac{a+b}{2},$$

au n° 5, indiquant d'une manière générale les opérations qu'il faut effectuer sur les données d'un problème pour avoir la valeur d'une inconnue.

9. UTILITÉ DES FORMULES. L'avantage qu'il y a à renfermer dans des formules la solution de tous les cas particuliers d'une même question est bien évident; nous le ferons ressortir encore, en établissant les formules qui donnent la solution de toutes les questions d'intérêt simple.

Appelons a un certain capital, t le nombre entier ou fractionnaire d'années qui exprime la durée du placement, r le taux de l'intérêt pour 1 franc, enfin i l'intérêt produit par le capital a dans ces circonstances; puis cherchons à calculer i, connaissant a, r et t.

Reprenant le raisonnement qu'on apprend à faire en arithmétique, nous dirons:

en un an,   1 franc rapportant r,
en un an, a francs rapporteront $r \times a$;
en t années, a francs rapporteront $r \times a \times t$.

L'intérêt cherché est donc $r \times a \times t$, ou art; et l'on peut écrire

(1) $i = art.$

Cette formule (1) signifie que : *pour avoir l'intérêt produit par un capital, il faut multiplier ce capital par le taux, et le résultat par la durée du placement.*

10. Divisons par le produit *rt* les deux nombres égaux *i* et *art*, nous aurons deux résultats égaux $\dfrac{i}{rt}$ et *a* ; la formule (1) conduit donc à la formule

(2) $$a = \frac{i}{rt},$$

qui peut s'énoncer ainsi : *Pour trouver le capital qui a rapporté un certain intérêt, il faut diviser cet intérêt par le produit obtenu en multipliant le taux par la durée du placement.*

11. En divisant par le produit *at* les deux nombres égaux *i* et *art,* nous obtenons les deux résultats égaux $\dfrac{i}{at}$ et *r*, et par suite l'égalité

(3) $$r = \frac{i}{at}.$$

Cette formule (3) exprime que : *pour avoir le taux auquel a été fait un placement, il faut diviser l'intérêt par le produit du capital et de la durée du placement.*

12. Enfin, en divisant les deux nombres égaux, *i* et *art,* par le produit *ar*, les deux résultats obtenus, $\dfrac{i}{ar}$ et *t,* étant égaux, nous avons

(4) $$t = \frac{i}{ar}.$$

Donc : *pour avoir la durée d'un placement, il faut diviser l'intérêt par le produit du capital et du taux.*

13. Au moyen des formules (1), (2), (3) et (4), on pourra calculer l'une quelconque des quatre quantités *i, a, r, t,* connaissant les trois autres, sans passer par la série de raisonnements qu'on fait en arithmétique.

Il ne faut pas oublier que, dans ces formules, **r** désigne l'intérêt annuel de 1 franc, c'est-à-dire la centième partie de l'intérêt de 100 francs; et *t* un nombre entier ou fractionnaire d'années. Si la durée du placement comprend des années, des mois et des jours, chaque mois vaut $\frac{1}{12}$ d'année, et chaque jour vaut $\frac{1}{360}$ d'année.

EXPRESSIONS ALGÉBRIQUES.

14. Une *expression algébrique* est un ensemble de lettres, ou de lettres et de nombres, réunis par quelques-uns des signes d'opération énumérés au n° 2. *Ex.*:

$$a^2 + 2ab + b^2, \quad art.$$

Pour plus de facilité dans le langage, on a divisé les expressions algébriques en plusieurs classes, d'après les signes qu'elles renferment.

15. MONÔME. On appelle *monôme* une expression algébrique qui ne contient aucune indication d'addition ou de soustraction. *Ex.*:

$$xy^2, \quad 5a^2bc^3, \quad \frac{gt^2}{2}, \quad \frac{6a^4bc}{7d^2\sqrt{e}}.$$

Le facteur numérique qui entre dans un monôme se nomme *coefficient*, et s'écrit en tête ; ainsi, le second des monômes précédents a 5 pour coefficient. Les deux derniers, qu'on peut écrire $\frac{1}{2}gt^2$, $\frac{6}{7} \cdot \frac{a^4bc^2}{d^2\sqrt{e}}$, ont respectivement pour coefficients $\frac{1}{2}$ et $\frac{6}{7}$; le premier ne renferme pas de facteur numérique apparent, mais il peut s'écrire $1 \times xy^2$, on le considère comme ayant l'unité pour coefficient.

Des monômes sont dits *semblables*, quand ils ne diffèrent que par leurs coefficients. *Ex.:*

$$5a^2bc^3, \quad \frac{3}{4}a^2bc^3, \quad \frac{1}{2}a^2bc^2.$$

16. POLYNÔME. Plusieurs monômes, réunis par des signes + et —, forment un *polynôme*, dont ils sont les *termes. Ex.:*

$$3a^2 - 4ab, \quad 4a^2b - 5a^2b^4 + 3b^5.$$

Les termes précédés du signe +, y compris le premier s'il n'a pas de signe, se nomment *termes additifs* ; ceux qui sont précédés du signe — se nomment *termes soustractifs.* Ainsi, dans le premier des polynômes ci-dessus, $3a^2$ est un terme additif, et $4ab$ un terme soustractif ; dans le second, $4a^3b$ et $3b^5$ sont deux termes additifs, $5a^2b^4$ est un terme soustractif.

On appelle plus particulièrement *binôme* un polynôme qui n'a que deux termes; *trinôme*, celui qui n'en a que trois.

17. Une expression algébrique, monôme ou polynôme, est dite *entière*, quand elle ne contient aucune lettre sous un radical, ou un dénominateur. *Ex.:*

$$4a^2b^3c, \quad \frac{gt^2}{2}, \quad 2a^3c^4 + \frac{5}{7}b^3c^2.$$

18. VALEUR D'UNE EXPRESSION ALGÉBRIQUE. On nomme *valeur numérique*, ou simplement *valeur* d'une expression algébrique, le résultat qu'on obtient en remplaçant les lettres par des nombres, et effectuant les calculs indiqués.

1° Considérons d'abord le monôme

$$\frac{7}{6}a^2b^3c;$$

quand $a = 5$, $b = 2$, $c = 3$, sa valeur est

$$\frac{7 \times 5^2 \times 2^3 \times 3}{6} = \frac{7 \times 25 \times 8 \times 3}{6} = 700.$$

2° Considérons en second lieu le polynôme

$$a^3 - a^2b + ab^2 - 6b^3 ;$$

pour $a = 9$ et $b = 3$, sa valeur est

$$729 - 243 + 81 - 162 = 405.$$

19. Pour calculer la valeur d'un polynôme, on commence, comme nous venons de le faire, par calculer celle de chacun de ses termes ; puis on fait la somme des valeurs de tous les termes additifs, celle des valeurs de tous les termes soustractifs, et on retranche cette seconde somme de la première.

Il suit de là qu'on peut, sans altérer la valeur d'un polynôme, écrire les termes dans un ordre quelconque, pourvu que l'on garde les mêmes termes additifs et les mêmes termes soustractifs. Ainsi, le polynôme du n° précédent peut s'écrire, par exemple,

$$ab^2 - a^2b - 6b^3 + a^3, \quad \text{ou} \quad -a^2b - 6b^3 + ab^2 + a^3.$$

20. La valeur numérique d'une expression algébrique dépend évidemment des valeurs attribuées aux lettres qu'elle renferme. Ainsi le polynôme

$$x^2 - 10x + 24$$

prend les valeurs 4, *zéro*, ou 8, suivant qu'on y remplace x par 2, par 4, ou par 8. Il n'a aucun sens pour $x = 5$; car, pour trouver sa valeur dans ce cas, il faudrait retrancher 50 de 49, ce qui est impossible.

Jusqu'à nouvel ordre, nous supposerons que les valeurs attribuées aux lettres dans les polynômes rendent la somme des termes additifs plus grande que celle des termes soustractifs.

21. DEGRÉ D'UNE EXPRESSION ALGÉBRIQUE. Le *degré d'un monôme entier* est la somme des exposants des lettres qu'il contient ; le *degré d'un polynôme* entier est le plus élevé des degrés de tous ses termes.

Ainsi, les deux monômes

$$5a^2b^2x^3, \quad \frac{4}{9}ab^3c,$$

sont respectivement du 7e degré et du 5e degré.

Le polynôme

$$5a^2x^3 + 4a^3x^4 - 8ax^5 + 10a^2x^6$$

est du 8e degré.

Les monômes suivants

$$2\pi r, \quad \pi r^2, \quad \frac{4}{3}\pi r^3,$$

qui représentent la longueur de la circonférence, la surface du cercle, le volume de la sphère, sont respectivement du 1er, du 2e et du 3e degré ; la lettre π, qui représente toujours le même nombre, ne comptant pas dans l'évaluation du degré.

Le *degré par rapport à une lettre* d'une expression algébrique est l'exposant de cette lettre, s'il s'agit d'un monôme ; le plus fort exposant de cette lettre, dans le cas d'un polynôme.

22. POLYNÔME HOMOGÈNE. Un polynôme dont tous les termes ont le même degré est dit *homogène*. Ainsi

$$a^3 + 3a^2b + 3ab^2 + b^3$$

est un polynôme homogène du 3e degré.

RÉDUCTION DES TERMES SEMBLABLES.

23. Quand un polynôme contient des termes semblables (n° 15), on peut simplifier son écriture, en remplaçant ces termes par un seul ; c'est ce qu'on appelle *faire la réduction des termes semblables.*

1° Considérons d'abord le polynôme

$$5ab^2 + 8c^4 - 8ab^2 - 3ab^2 - 2b^3 + 9ab^2$$

qui renferme quatre termes semblables, $5ab^2$, $8ab^2$, $3ab^2$ et $9ab^2$. Dans ce polynôme, la somme des termes additifs contient 5 fois plus 9 fois, ou 14 fois le produit ab^2; la somme des termes soustractifs contient 8 fois, plus 3 fois, ou 11 fois, le même produit; le polynôme peut donc s'écrire

$$8c^4 + 14ab^2 - 11ab^2 - 2b^3.$$

On voit alors qu'à $8c^4$ il faut ajouter 14 fois le produit ab^2, puis du résultat retrancher 11 fois le même produit; ce qui revient évidemment à ajouter simplement $3ab^2$. Le polynôme en question se réduit donc à

$$8c^4 + 3ab^2 - 2b^3.$$

2° Considérons encore le polynôme

$$6a^2 + 4ab - 5a^2 - 4a^2,$$

où se trouvent les termes semblables $6a^2$, $5a^2$ et $4a^2$. Le carré a^2 se trouvant 6 fois dans la somme des termes additifs, et 5 fois plus 4 fois, ou 9 fois, dans la somme des termes soustractifs, le polynôme peut s'écrire

$$4ab + 6a^2 - 9a^2.$$

Donc, à $4ab$ il faut ajouter 6 fois a^2, et le retrancher 9 fois du résultat; ce qui revient à retrancher $3a^2$ seulement. Par suite, le polynôme est réduit à

$$4ab - 3a^2.$$

D'après cela, nous pouvons énoncer la règle suivante :

RÈGLE. *Pour réduire à un seul plusieurs termes semblables, on fait la somme des coefficients des termes additifs, celle des coefficients des termes soustractifs, on retranche la plus petite somme de la plus grande, on fait suivre le reste de la partie littérale commune aux termes semblables considérés, et on fait précéder le terme ainsi obtenu du signe de la plus grande somme.*

Quand les deux sommes de coefficients sont égales, les termes semblables disparaissent du polynôme; on dit que les termes additifs et les termes soustractifs *se détruisent.* Si les termes semblables sont tous additifs ou tous soustractifs, l'une des deux sommes est *zéro.*

EXERCICES.

1. On a partagé un nombre en trois parties; la première surpasse de a la seconde, qui, elle-même, surpasse de b la troisième; la première partie étant c, quelles sont les deux autres, et le nombre partagé?

Rép. $c+b$, $c+b+a$, $3c+2b+a$.

2. Deux angles d'un triangle sont respectivement a et b; trouver le troisième.

Rép. $180^o - a - b$.

3. Écrire le polynôme dont la valeur numérique est égale au nombre ayant a, b, c, d pour chiffres des unités, des dizaines, des centaines et des mille.

Rép. $a + 10b + 100c + 1000d$.

4. Écrire d'une manière plus simple les deux produits $a.a.a.b.b$ et $a.b.a.a.c.b.c.c$.

Rép. a^3b^2 et $a^3b^2c^3$.

5. Écrire le quotient de $a+b$ par $c-d$; le calculer quand $a=12$, $b=8$, $c=7$, $d=3$.

Rép. $\dfrac{a+b}{c-d}$;   5.

6. Écrire algébriquement ce théorème d'arithmétique : la valeur d'une fraction n'est pas changée quand on multiplie ou divise les deux termes par un même nombre.

Rép. $\dfrac{a}{b} = \dfrac{a.m}{b.m} = \dfrac{a:m}{b:m}$.

7. On veut partager un nombre a en trois parties x, y, z, proportionnelles aux nombres connus m, n, p; trouver les formules qui font connaître x, y, z. Les appliquer au cas où $a=72000$, $m=2$, $n=3$, $p=5$.

Rép. 1° $x = \dfrac{ma}{m+n+p}$, $y = \dfrac{na}{m+n+p}$, $z = \dfrac{pa}{m+n+p}$;

2° $x = 14400$, $y = 21600$, $z = 36000$.

8. On fond ensemble deux lingots d'argent dout les poids sont respectivement p et p', et les titres t et t'; trouver la formule qui fait connaître le titre T du lingot ainsi obtenu. Appliquer au cas de $p = 400^{gr}$, $p' = 200^{gr}$, $t = 0,950$ et $t' = 0,800$.

Rép. $T = \dfrac{tp + t'p'}{p+p'}$; $T = 0,900$.

9. Calculer la valeur numérique du polynôme
$4ab - 3ac + 2bc - 39$: 1° pour $a = 3$, $b = 6$, $c = 4$; 2° pour $a = 5$, $b = 2$, $c = \dfrac{1}{11}$.

Rép. 1° 45; 2° zéro.

10. Trouver, pour $x = 8$, les valeurs numériques des expressions suivantes : 1° $x^2 - 7x + 12$; 2° $x^3 + 6x^2 - 3x + 0,875$; 3° $2x^4 - 3x^3 + 4x^2 + 2x - 5$; 4° $x^2 - 9x + 8$.

Rép. 1° 20; 2° 872,875; 3° 6923; 4° zéro.

11. Trouver la formule qui fait connaître le nombre a de degrés contenus dans l'angle d'un polygôme régulier de n côtés. En conclure les valeurs des angles, du triangle équilatéral, du carré, de l'hexagone régulier, du décagone régulier.

Rép. $a = \dfrac{180(n-2)}{n}$; 60°; 90°; 120°; 144°.

12. Écrire la formule qui fait connaître la surface S d'un trapèze dont les bases et la hauteur sont représentées respectivement par a, b et h. Appliquer au cas de $h = 18^m$, $a = 25^m,75$ et $b = 70^m,50$.

Rép. $S = \dfrac{a+b}{2} . h$; $S = 866^m.q.,25$.

13. Calculer les valeurs numériques des polynômes suivants :
1° $x^2 - 5x + 1$, pour $x = 6$; 2° $2x^4 - 3x^3 + 4x^2 + 2x - 5$, pour $x = 2$; 3° $x^3 + 6x^2 - 3x + 0,875$, pour $x = 0,5$; 4° $x^4 + 2x^3 - 5x + \dfrac{4}{27}$, pour $x = 1 + \dfrac{2}{3}$.

Rép. 1° 7; 2° 23; 3° 1; 4° 2.

14. Écrire algébriquement cette proposition de géométrie : les surfaces de deux cercles sont proportionnelles aux carrés des rayons.

Rép. $\dfrac{S}{S'} = \dfrac{r^2}{r'^2}$.

15. Calculer la valeur numérique du polynôme

$2\dfrac{a}{b} + \dfrac{a+b}{c} - \dfrac{18a}{b+c} + 10$, en supposant : 1° $a=1$, $b=2$, $c=4$;

2° $a=1$, $b=2$, $c=\dfrac{8}{5}$.

Rép. 1° 8,75; 2° 7,875.

16. Sachant qu'à une même température le volume d'un gaz est proportionnel à son poids, et inversement proportionnel à la pression qu'il supporte, trouver la formule qui fait connaître le volume V d'un poids P de ce gaz, sous la pression H, connaissant le volume v d'un poids p de ce gaz, sous la pression h.

Rép. $V = \dfrac{Pvh}{pH}$.

17. Calculer les valeurs numériques des expressions algébriques suivantes : 1° $3x^2 - 5ax + 4a^2$, pour $x=5$, $a=2$;
2° $2x^3 - 5ax^2 - 3a^2x + 10a^3$, pour $x=4$, $a=5$;
3° $3x^2 - 2ax + 4a^2 + 2$, pour $x=3$, $a=0,5$;
4° $6ax^3 - 3a^2x^2 - 4a^3x + 32a^4 + \dfrac{5}{9}$, pour $x=\dfrac{2}{3}$, $a=\dfrac{1}{4}$.

Rép. 1° 41; 2° 678; 3° 45; 4° 1.

18. Lorsqu'un corps tombe librement, à Paris, pendant t secondes, l'espace e qu'il a parcouru, et la vitesse v qu'il a acquise sont donnés par les formules

$$e = \dfrac{gt^2}{2}, \qquad v = gt,$$

ou $g = 9^m,8$; trouver e et v lorsque $t = 5^{sec},5$.

Rép. $e = 148^m,225$; $v = 53^m,90$.

19. Calculer la valeur numérique de l'expression
$$\dfrac{10a^2 - 4a^2b - 5ab^2 + b^3 + 4}{5(b+c)(b-c)}, \text{ pour } a=6, \ b=2, \ c=\dfrac{1}{4}.$$
Rép. 89,6.

20. La vitesse v que possède un corps, après être tombé librement d'une hauteur h, est donnée par la formule

$$v = \sqrt{2gh};$$

trouver la valeur de cette vitesse, si $h = 40^m$.

Rép. $v = 28^m$.

21. Réduire à leur plus simple expression les deux polynômes suivants :

$$4ab + 3a^2 - 3b^2 + 5ab + 3a^2 - 2b^2 + 4b^2 - 3ab + c^2,$$
$$6ab^2 - 7ab^3 - 18c^2 - 3 + 15ab^3 - 18ab^2 + 17c^2 - 2ab^2 - 4 + c^2,$$

et calculer leurs valeurs numériques pour $a = 1$, $b = 2$, $c = 3$.

Rép. $6ab + 6a^2 - b^2 + c^2,$ $-14ab^2 + 8ab^3 - 7;$ 23 et 1.

LIVRE I

CALCUL ALGÉBRIQUE.

24. Les expressions algébriques représentant des nombres, elles peuvent être soumises aux mêmes opérations de calcul que les nombres en arithmétique. Nous allons étudier ces opérations dont l'ensemble constitue *le calcul algébrique.*

CHAPITRE I

Addition algébrique.

25. *L'addition algébrique a pour objet de trouver une expression algébrique ayant pour valeur la somme des valeurs de plusieurs expressions algébriques données.*

Le résultat de l'opération s'appelle *somme.*

ADDITION DES MONÔMES.

26. Soient $4a^3b$, $\frac{2}{3}c$, $9ab^2c$, les monômes dont on veut faire la somme.

Quels que soient les nombres représentés par les lettres a, b, c, le polynôme

$$4a^3b + \frac{2}{3}c + 9ab^2c$$

aura certainement pour valeur la somme des valeurs des monômes donnés. Donc :

RÈGLE. *Pour additionner plusieurs monômes, on les écrit successivement, en les séparant par le signe +.*

27. Si quelques-uns des monômes sont semblables, on les réunit en un seul (n° 23); ainsi les monômes ab, c^2, $\frac{2}{3}ab$, $5c^2$, ont pour somme, toutes réductions faites,

$$\frac{5}{3}ab + 6c^2.$$

ADDITION DES POLYNÔMES.

28. Soit proposé d'ajouter le polynôme $m-n+p-q$ au polynôme $a-b+c$.

La valeur du premier polynôme est égale (n° 19) à la somme $m+p$ des termes additifs moins la somme $n+q$ des termes soustractifs; si donc nous ajoutons $m+p$ au polynôme $a-b+c$, ce qui se fera en ajoutant d'abord m, et ensuite p, nous aurons un résultat

$$a-b+c+m+p,$$

trop grand de $n+q$; il faut le diminuer de cette quantité, ce qui se fera en retranchant successivement n et q. Le résultat définitif sera dès lors

$$a-b+c+m+p-n-q,$$

ou bien, en intervertissant l'ordre des termes, de manière que ceux du polynôme à ajouter reprennent leur ordre primitif,

$$a-b+c+m-n+p-q.$$

On peut donc énoncer la règle suivante :

RÈGLE. *Pour additionner deux polynômes, on les écrit l'un à la suite de l'autre, en conservant à chaque terme son signe.*

29. Si le nombre des polynômes à additionner surpasse deux, on fait d'abord la somme des deux premiers; puis on ajoute le troisième au résultat ; et ainsi de suite jusqu'au dernier. Cela revient à les écrire les uns à la suite des autres, en conservant à chaque terme son signe.

30. Si des termes semblables se trouvent dans plusieurs des polynômes donnés, ils existent aussi dans la somme, qu'on simplifie en les remplaçant par un seul. Pour faire plus rapidement cette réduction, on écrit les polynômes les uns sous les autres en mettant leurs termes semblables dans une même colonne ; on tire un trait horizontal sous le dernier polynôme, et, sous ce trait, on écrit la somme, dont chaque terme s'obtient en réduisant à un seul les termes semblables contenus dans une même colonne.

Ainsi, pour faire l'addition des polynômes :

$$2a + 7b - 5c, \quad 5a - 3c + 4d, \quad \text{et} \quad 5b + 2c - 6d,$$

on pose

$$
\begin{array}{l}
2a + 7b - 5c \\
5a \ldots\ldots - 3c + 4d \\
5b + 2c - 6d \\
\hline
7a + 12b - 6c - 2d.
\end{array}
$$

Les termes semblables de la première colonne donnent un terme additif, $7a$; ceux de la seconde, un terme additif, $12b$; ceux de la troisième, un terme soustractif, $6c$; enfin, ceux de la quatrième, un terme soustractif, $2d$. La somme est donc

$$7a + 12b - 6c - 2d.$$

EXERCICES.

1. Additionner les polynômes : $2a + 4b$ et $4a - 2b$.

Rép. $6a + 2b$.

2. Additionner les trois polynômes : $3a^3 + 4a^2 - a$, $2a^3 + a^2 - 3a$ et $7a^3 + 2a^2 - 2a$.

Rép. $12a^3 + 7a^2 - 6a$.

3. Faire l'addition des polynômes : $7a^3-3a^2+4a$, $3a^3-7a^2-6a$, $4a^3+12a^2+8a$ et $3a^3+3a^2-2a$.

Rép. $17a^3+5a^2+4a$.

4. Additionner les polynômes : $2x^2y-3x+2$, $4x^2y-2x+1$, $3x^2y-5x+4$ et $x^2y-x+21$.

Rép. $10x^2y-11x+28$.

5. Faire la somme des polynômes : $5a^3-2ab+b^2$, $ab-2b^2-a^3$, b^2+4a^3-3ab, $4ab+2a^3-4b^2$.

Rép. $10a^3-4b^2$.

6. Ajouter les polynômes : $4ab-6ac+15bc+7$, $3-5ac+3ab-7bc$, $8ac-5ab-3bc-10$.

Rép. $2ab-3ac+5bc$.

7. Ajouter les polynômes : $8a-\dfrac{3}{2}b+\dfrac{1}{3}c-\dfrac{1}{4}$, $b-c-4a+2$, $\dfrac{3}{4}b-4a-1+3c$.

Rép. $\dfrac{1}{4}b+\dfrac{7}{3}c+\dfrac{3}{4}$.

8. Additionner : $5a^3-5a^2b+8ab^2-7b^3$, $15a^2b-11a^3-15ab^2-8b^3$, $6a^3-6ab^2+9b^3-a^2b$, $3ab^2+4a^2b-7a^3+2b^3$, $4b^3-6a^3-7ab^2+6a^2b$.

Rép. $-13a^3+19a^2b-17ab^2$.

9. Ajouter $4a-\dfrac{3}{5}b+c+\dfrac{2}{3}$, $5a-3c+2d-\dfrac{1}{4}$, $8b+3-5f$.

Rép. $9a+\dfrac{37}{5}b-2c+\dfrac{41}{12}+2d-5f$.

10. Faire l'addition des polynômes : $8a^2-\dfrac{3}{2}ab-2b^2-\dfrac{3}{4}$, $\dfrac{1}{4}ab-a^2+2+7c^2$, $2b^2+ab+\dfrac{1}{2}+4c^2$.

Rép. $7a^2-\dfrac{1}{4}ab+\dfrac{7}{4}+11c^2$.

11. Additionner $5a^3-6a^2+6a+3$ et $6a^3+2a^2-9a-8$.

Rép. $11a^3-4a^2-3a-5$.

12. Additionner $2a - 3b - 2c$, $2b + 4a - 8c + 9d$, $c - 5b + 9a + 9d$, $b - 2a - 2d - 5c$.

Rép. $13a - 5b$ $14c + 16d$.

13. Faire la somme des deux binômes : $a - b$ et $a + b$.

Rép. $2a$.

14. Additionner : $a^3 + 3a^2b + 3ab^2 + b^3$, et $a^3 - 3a^2b + 3ab^2 - b^3$.

Rép. $2a^3 + 6ab^2$.

CHAPITRE II

Soustraction algébrique.

31. *La soustraction algébrique a pour objet de trouver une expression algébrique dont la valeur soit égale à la différence des valeurs des deux expressions algébriques données.*

Le résultat de cette opération se nomme *reste* ou *différence*.

SOUSTRACTION DES MONÔMES.

32. Soit à retrancher $7a^2b$ de $9a^3b^2c^4$. Le résultat sera $9a^3b^2c^4 - 7a^2b$, d'après la signification du signe — (n° 2). Donc :

RÈGLE. *On retranche un monôme d'un autre, en l'écrivant après celui-ci, et les séparant par le signe —.*

33. Si les deux monômes sont semblables, on les réduit à un seul (n° 23); ainsi

$$6a^2b^3c - \frac{4}{5}a^2b^3c = \frac{26}{5}a^2b^3c.$$

SOUSTRACTION DES POLYNÔMES.

34. De $m - n$ proposons-nous de retrancher le polynôme $a - b + c + d - e$.

La valeur du polynôme à retrancher est égale à la somme $a + c + d$ de ses termes additifs, moins la somme $b + e$ de ses termes soustractifs; donc en retranchant $a + c + d$ de $m - n$, ce qui se fait en retranchant successivement a, puis c, puis d, nous retranchons de trop $b + e$. Le reste obtenu,

$$m - n - a - c - d$$

est trop petit de cette même quantité; en l'augmentant de $b + e$, nous obtiendrons le reste cherché, qui est

$$m - n - a - c - d + b + e;$$

ou bien, en changeant l'ordre des termes,

$$m - n - a + b - c - d + e.$$

En comparant les termes de ce reste à ceux des polynômes donnés, on voit que :

RÈGLE. *Pour soustraire un polynôme d'une expression algébrique, on l'écrit à la suite de celle-ci, en changeant les signes de tous ses termes.*

35. Quand les deux polynômes donnés ont des termes semblables, au lieu d'écrire les termes du polynôme à soustraire, à la suite de l'autre, pour faire ensuite la réduction des termes semblables, on les écrit au-dessous de ceux qui leur sont semblables, en ayant soin de changer leurs signes ; on opère ensuite comme dans le cas de l'addition.

Ainsi, pour soustraire $6a^2 + a - 2b + 3$, de $12a^2 - 3a + b - 1$, on pose

$$
\begin{array}{r}
12a^2 - 3a + b - 1 \\
-\ 6a^2 -\ a + 2b - 3 \\
\hline
6a^2 - 4a + 3b - 4.
\end{array}
$$

La première colonne verticale donne le terme additif $6a^2$; la seconde donne le terme soustractif $4a$; et ainsi de suite. Le reste cherché est donc

$$6a^2 - 4a + 3b - 4.$$

36. REMARQUES. 1° Quand on veut seulement indiquer qu'un polynôme doit être retranché d'une autre expression algébrique, il faut avoir soin de le mettre dans une parenthèse; ainsi pour indiquer que le polynôme $3a^2 - 3b^2 + c^2$ doit être retranché de l'expression E, on écrira

$$E - (3a^2 - 3b^2 + c^2).$$

2° On peut grouper dans une parenthèse plusieurs termes d'un polynôme en conservant ou changeant leurs signes, suivant qu'on fait précéder la parenthèse du signe + ou du signe —. Ainsi le polynôme

$$3a^2 - 7a + 2b^2 - 5b + 4$$

peut s'écrire

$3a^2 - 7a + (2b^2 - 5b + 4)$, ou $3a^2 - 7a - (-2b^2 + 5b - 4)$;

car si on effectue, d'après les règles qui viennent d'être démontrées, l'addition indiquée dans le premier cas, et la soustraction indiquée dans le second, on retrouve bien le polynôme donné.

EXERCICES.

1. De $6a^2 - 2b^2$, retrancher $3a^2 - 3b^2 + c^2$.
Rép. $2a^2 + b^2 - c^2$.

2. De $4a + 5b - c$, retrancher $2a - 5b$.
Rép. $2a + 10b - c$.

3. Soustraire $a^2 - \frac{4}{5}a + \frac{1}{3}$ de $3a^2 - \frac{3}{5}a + 4$.

Rép. $2a^2 + \frac{1}{5}a + \frac{11}{3}$.

4. Effectuer la soustraction : $8a^2 - 5a - (3a^2 - 6a + 5\frac{1}{2})$.

Rép. $5a^2 + a - 5\frac{1}{2}$.

5. Effectuer la soustraction : $15y^2 - 4y + 3a - (6y^2 - 4y + a)$.

Rép. $9y^2 + 4a$.

6. De $7a + 4b - 3c$, retrancher $8a - 2b - 5c + 2$.

Rép. $- a + 6b + 2c - 2$.

7. De $2ab - 6ac + 4bc + 7$, soustraire la somme des trois polynômes :

$ab - 10ac + 5bc - \frac{1}{4}$, $3ab - 6ac + 4bc + 1$, $4ab + 14ac - 36c + \frac{2}{3}$.

Rép. $- 6ab - 3ac - 2bc + \frac{67}{12}$.

8. Un nombre m se compose de quatre parties ; les quatre premières sont respectivement a, b, c, d ; exprimer la cinquième.

Rép. $m - a - b - c - d$.

9. Soustraire $11x^3 - 9x^2y - 6y^3 + 7xy^2 + 9y^3$ de $8x^3 - 7x^2y + 6xy^2 + 9y^3 - 15x^3y$.

Rép. $3x^3 - 2x^2y - 15y^3 + xy^2 + 15x^3y$.

10. De $5a - 2b + 3c$, soustraire $8b - 2c - 5d + 3$.

Rép. $5a - 10b + 5c + 5d - 3$.

11. De $15a^4 + 18a^3b + 17a^2b^2 - 9b^4$, retrancher $7a^4 + 13a^3b - 19a^2b^2 + 6b^4$.

Rép. $8a^4 + 5a^3b + 36ab^2 - 15b^4$.

12. Trois joueurs se mettent au jeu, le premier avec a francs, le second avec b francs, et le troisième avec c francs ; ils conviennent qu'après chaque partie le perdant doublera la somme que possède chacun des deux autres. Après trois parties perdues successivement par le premier joueur, par le second, et par le troisième, combien chacun possède-t-il ?

Rép. Le 1er $4a - 4b - 4c$; le 2^e $6b - 2c - 2a$; le 3^e $7c - b - a$.

13. Soustraire $5a^2b^2 - 4a^2b + 5ac - 3a$ de $7a^2b + 3a^2b^2 - 2ac - 8a$.

Rép. $2a^2b^2 - 11a^2b + 7ac + 5a$.

14. Du polynôme $6a - 2b + 3c$, soustraire le polynôme $3a - \frac{2}{3}b + 2c$.

Rép. $3a - \dfrac{4}{3}b + c$.

15. De $a + b$, retrancher $a - b$.
Rép. $2b$.

16. De $a^3 + 3a^2b + 3ab^2 + b^3$, soustraire $a^3 - 3a^2b + 3ab^2 - b^3$.
Rép. $6a^2b + 2b^3$.

CHAPITRE III

Multiplication algébrique.

37. *La multiplication algébrique a pour objet de trouver une expression algébrique dont la valeur soit égale au produit des valeurs numériques de deux expressions algébriques données.*

Le résultat de l'opération se nomme *produit*; les deux expressions données se nomment *multiplicande* et *multiplicateur*, et portent le nom commun de *facteurs* du produit.

38. Nous rappellerons d'abord les deux théorèmes suivants, démontrés en arithmétique :

1° *Pour multiplier l'un par l'autre deux produits de plusieurs facteurs, on fait un produit unique composé de tous les facteurs des deux produits donnés.*

2° *Dans un produit de plusieurs facteurs, on peut remplacer quelques-uns de ceux-ci par un seul facteur égal à leur produit effectué.*

MULTIPLICATION DES MONÔMES ENTIERS.

39. Supposons d'abord que les deux monômes donnés se réduisant à deux puissances d'une même lettre, on ait à multiplier a^5 par a^4.

On a, par définition,

$$a^3 = a.a.a, \quad a^5 = a.a.a.a.a;$$

puis, en vertu du premier théorème rappelé plus haut,

$$a^3.a^5 = a.a.a.a.a.a.a.a = a^8,$$

l'exposant 8 étant la somme des exposants 3 et 5. Donc :

RÈGLE. *Le produit de deux puissances d'une même lettre est une puissance de la même lettre ayant pour exposant la somme de ses exposants dans les deux facteurs.*

40. Cette règle, dite *règle des exposants*, s'écrit d'une manière très-concise et très-nette, au moyen de la formule

$$a^m.a^n = a^{m+n},$$

m et n désignant deux nombres entiers quelconques.

41. Supposons maintenant qu'on ait à multiplier $5a^2b^3c^4$ par $\frac{3}{4}a^5b^2$.

D'après le premier des deux théorèmes rappelés au n° 38, on a

$$5a^2b^3c^4 \times \frac{3}{4}a^5b^2 = 5.a^2.b^3.c^4.\frac{3}{4}.a^5.b^2;$$

puis, en vertu du second des théorèmes et de la règle des exposants, qui vient d'être démontrée, on peut remplacer : 1° les deux facteurs 5 et $\frac{3}{4}$ par leur produit $\frac{15}{4}$; 2° a^2 et a^5 par a^7; 3° b^2 et b^3 par b^5. De sorte que

$$5a^2b^3c^4 \times \frac{3}{4}a^5b^2 = \frac{15}{4}a^7b^5c^4.$$

Nous pouvons donc énoncer la règle suivante :

RÈGLE. *Pour multiplier deux monômes entiers l'un par l'autre, on fait le produit des coefficients, puis on écrit chaque lettre entrant dans les deux facteurs avec un ex-*

posant égal à la somme de ses exposants, et chaque lettre entrant dans un seul facteur avec l'exposant qu'elle y a.

42. Le produit de deux monômes entiers, formé d'après cette règle, est évidemment lui-même un monôme entier; et de plus son degré est égal à la somme des degrés des deux monômes donnés. Ainsi, dans l'exemple précédent, le multiplicande est du 9e degré, le multiplicateur est du 7e degré, et le produit est du 16e degré.

MULTIPLICATION D'UN POLYNOME PAR UN MONOME, ET INVERSEMENT.

43. Soit à multiplier un polynôme par un monôme que nous appellerons m.

1º Supposons d'abord que le polynôme multiplicateur, n'ayant que des termes additifs, soit

$$a+b+c.$$

D'après la définition de la multiplication la valeur du produit cherché doit être égale à m fois celle du multiplicande, c'est-à-dire à m fois a, plus m fois b, plus fois c; ce produit sera donc

$$am+bm+cm.$$

2º Supposons maintenant que le polynôme multiplicande, renfermant des termes additifs et des termes soustractifs, soit

$$a-b+c+d-e;$$

sa valeur sera égale (no 19) à la somme $a+c+d$ des termes additifs, moins la somme $b+e$ des termes soustractifs.

En multipliant $a+c+d$ par m, on obtient, d'après ce qui précède, le résultat

$$am+cm+dm;$$

mais le polynôme multiplié étant trop grand de toute la quantité $b+e$, ce résultat est trop grand de m fois $(b+e)$, c'est-à-dire de $bm+em$; il faut donc retrancher cette quantité, ce qui donne pour le produit demandé

$$am + cm + dm - bm - em,$$

ou bien, en intervertissant l'ordre des termes,

$$am - bm + cm + dm - em.$$

De ces deux exemples, on conclut la règle suivante :

RÈGLE. *Pour multiplier un polynôme par un monôme, on multiplie chaque terme du polynôme par le monôme, et on met devant chaque produit partiel ainsi obtenu le signe qui se trouvait devant le terme correspondant du multiplicande.*

44. Supposons enfin qu'on ait à multiplier un monôme m par un polynôme $a-b+c+d-e$.

Quels que soient les nombres qu'on mette à la place des lettres, les valeurs du monôme et du polynôme sont deux nombres dont le produit reste le même quand on intervertit l'ordre des facteurs; le produit cherché est donc égal au produit du polynôme $a-b+c+d-e$ par le monôme, produit qui est (n° 43)

$$am - bm + cm + dm - em.$$

45. Effectuons, d'après la règle qui vient d'être énoncée, le produit de $5a^3b + 3a^2b^2 - 12ab^3$ par $4ab^2$. Disposant les calculs comme en arithmétique, nous poserons

$$5a^3b + 3a^2b^2 - 12ab^3$$
$$4ab^2$$
$$\overline{20a^4b^3 + 12a^3b^4 - 48a^2b^5.}$$

46. REMARQUES. 1° La règle de multiplication d'un monôme par polynôme ou inversement nous montre que toujours le produit est un polynôme, et qu'il contient autant de termes que le polynôme qui a servi de facteur.

2° Lorsqu'on veut seulement indiquer le produit de deux facteurs, dont l'un est monôme et l'autre polynôme, il faut avoir soin de renfermer celui-ci dans une parenthèse; ainsi, le produit des facteurs $a-b+c+d-e$ et m s'indique

$$(a-b+c+d-e)m \text{ ou } m(a-b+c+d-e).$$

En écrivant, sans parenthèse,

$$a-b+c+d-em \text{ ou } ma-b+c+d-e,$$

on indiquerait que le terme e seul doit être multiplié par m, ou que m doit être multiplié seulement par le terme a.

47. MISE EN FACTEUR COMMUN. Tout ce que nous venons de dire nous permet d'écrire la formule

$$(a-b+c+d-e)m = am-bm+cm+dm-em,$$

d'après laquelle les deux expressions $(a-b+c+d-e)m$ et $am-bm+cm+dm-em$ ont la même valeur; de sorte qu'on peut remplacer la seconde par la première. Or, m est un facteur commun à tous les termes de la seconde expression, et $a-b+c+d-e$ n'est autre chose que cette seconde expression dans laquelle on a supprimé le facteur m; donc, *quand tous les termes d'un polynôme ont un facteur commun, on peut le supprimer, puis multiplier par ce facteur le polynôme ainsi modifié.* C'est ce qu'on appelle *mettre un monôme en facteur.*

Cette opération est d'une grande utilité, comme nous le verrons dans la suite; nous en donnerons immédiatement deux exemples :

1° On démontre en géométrie que h, r, R, désignant la hauteur et les rayons des bases d'un tronc de cône, le volume de ce tronc est exprimé par

$$\frac{\pi r^2 h}{3} + \frac{\pi R^2 h}{3} + \frac{\pi h R r}{3};$$

le facteur $\frac{\pi h}{3}$ est commun à tous les termes de ce tri-nôme; et, après la suppression, ce trinôme devient

$$r^2 + R^2 + R r;$$

on peut donc écrire ainsi l'expression considérée

$$\frac{\pi h}{3}(r^2 + R^2 + R r).$$

2° Un capital a, placé au taux r, pendant un temps t, produit un intérêt art, et devient alors $a + art$. Ce binôme contient a comme facteur à ses deux termes, et devient $1 + rt$, après la suppression de ce facteur; il peut donc s'écrire

$$a(1 + rt).$$

Toutes les fois que le facteur commun sera l'un des termes du polynôme, comme dans le second exemple, ce terme deviendra l'unité après la suppression du facteur; on a en effet $a = 1 \times a$.

MULTIPLICATION DE DEUX POLYNÔMES.

48. Soit proposé de multiplier le polynôme $a - b + c$ par un autre polynôme.

1° Supposons d'abord que le polynôme multiplicateur, ne contenant que des termes additifs, soit $m + n + p$.

Alors la valeur du produit cherché doit être égale à celle du multiplicande $a - b + c$, répétée $(m + n + p)$ fois, c'est-a-dire m fois, plus n fois, plus p fois. Le produit est donc égal à

$$(a - b + c)m + (a - b + c)n + (a - b + c)p,$$

ou bien à

$$am - bm + cm + an - bn + cn + ap - bp + cp;$$

après avoir effectué les multiplications, qui n'étaient qu'indiquées, de $a - b + c$ par chacun des monômes m, n et p, d'après la règle du n° 43.

2° Supposons, en second lieu, que le polynôme multiplicateur, composé de termes additifs et de termes soustractifs, soit $m - n - p + q$.

Ce polynôme ayant (n° 19) une valeur égale à la somme $m + q$ diminuée de la somme $n + p$, le produit cherché doit contenir le multiplicande $(m + q)$ fois, moins $(n+p)$ fois. Pour obtenir ce produit, il faut donc multiplier le multiplicande $a - b + c$: d'abord par $m + q$, ce qui donne, comme nous venons de le voir,

$$am - bm + cm + aq - bq + cq;$$

ensuite par $n + p$, ce qui donne

$$an - bn + cn + ap - bp + cp;$$

puis retrancher ce second résultat du premier, d'après la règle de soustraction énoncée au n° 34. On trouve ainsi, pour le produit demandé,

$$am - bm + cm + aq - bq + cq - an + bn - cn - ap + bp - cp,$$

ou bien, en intervertissant l'ordre des termes,

$$am - bm + cm - an + bn - cn - ap + bp - cp + aq - bq + cq.$$

En examinant les deux résultats précédents, nous voyons que : 1° les termes du produit sont les produits de tous les termes du multiplicande par chacun des termes du multiplicateur ; 2° les termes du produit, qui sont additifs, proviennent tous de la multiplication de deux termes qui ont le même signe dans les deux facteurs ; et les termes soustractifs proviennent de la multiplication de deux termes précédés de signes contraires dans les deux facteurs.

Nous pouvons donc énoncer cette règle générale :

RÈGLE. *Pour multiplier deux polynômes l'un par l'autre, on multiplie tous les termes du multiplicande successivement par chaque terme du multiplicateur ; on met le signe + devant les termes du produit provenant de deux termes de même signe dans les deux facteurs, et le signe — devant ceux qui proviennent de deux termes de signes contraires.*

La partie de cette règle qui est relative aux signes, et qu'on appelle *règle des signes*, s'écrit et s'énonce souvent d'une manière abrégée, comme il suit :

$+ \times + = +$; *plus* multiplié par *plus* donne *plus*,
$+ \times - = -$; *plus* multiplié par *moins* donne *moins*,
$- \times + = -$; *moins* multiplié par *plus* donne *moins*,
$- \times - = +$; *moins* multiplié par *moins* donne *plus*.

Si le produit contient des termes semblables, on en fait la réduction.

49. Pour faciliter la réduction des termes semblables, on dispose les calculs comme en arithmétique.

On écrit d'abord le multiplicande, puis le multiplicateur au dessous, et sous le multiplicateur on tire un trait horizontal ; on fait le produit du multiplicande par le premier terme du multiplicateur, et on écrit ce premier produit partiel sous le trait horizontal ; on fait le produit du multiplicande par le second terme du multiplicateur, et on écrit ce second produit partiel sous le premier. En continuant ainsi, on obtient autant de produits partiels qu'il y a de termes au multiplicateur, et ils sont écrits les uns sous les autres de manière que leurs termes semblables soient en colonnes verticales. Au-dessous du dernier produit partiel, on tire un trait horizontal, sous lequel on écrit le produit total, c'est-à-dire la somme des produits partiels, somme effectuée comme il a été dit au n° 30.

Ainsi, pour multiplier $2a^2 - 3ab + b^2$ par $4a - 5b$, on pose

$$2a^2 - 3ab + b^2$$
$$4a - 5b$$

$$8a^3 - 12a^2b + 4ab^2$$
$$\quad\quad - 10a^2b + 15ab^2 - 5b^3$$

$$8a^3 - 22a^2b + 19ab^2 - 5b^3.$$

50. POLYNÔME ORDONNÉ. Un polynôme est dit *ordonné* par rapport aux puissances croissantes ou décroissantes d'une lettre dite lettre *ordonnatrice*, lorsque les exposants de cette lettre vont toujours en augmentant, ou en diminuant d'un terme au suivant.

Ainsi, le polynôme

$$a^4 + 4a^3b + 6a^2b^2 + 4ab^3 + b^4$$

est ordonné par rapport aux puissances décroissantes de a, croissantes de b.

Le polynôme

$$5ax^3 + 5a^2x^2 - 6x + 18$$

est ordonné par rapport aux puissances décroissantes de x.

Lorsque plusieurs termes contiennent une même puissance de la lettre ordonnatrice, on commence par mettre cette puissance en facteur dans les termes qui la contiennent.

Soit donné, par exemple, le polynôme

$$a^3 + a^2x + ax^2 - b^3 + b^2x - bx^2 - c^2x,$$

qu'il s'agit d'ordonner par rapport aux puissances décroissantes de x. Ici, x^2 est facteur commun aux deux termes ax^2 et bx^2; de même, x est facteur commun aux termes a^2x, b^2x, c^2x; en appliquant à ces deux groupes de termes la règle du n° 47, on peut écrire ainsi le polynôme

$$(a - b)x^2 + (a^2 + b^2 - c^2)x + (a^3 - b^3).$$

Dans un polynôme ordonné, chaque puissance de la

lettre ordonnatrice est multipliée par un facteur, monôme ou polynôme, que, par extension de langage, on nomme son *coefficient* ; ainsi, dans le dernier polynôme, $a-b$ est le coefficient de x^2, $a^2+b^2-c^2$ est celui de x.

51. Pour plus de commodité dans la multiplication des polynômes, on les ordonne tous deux par rapport aux puissances croissantes ou décroissantes d'une même lettre ; les produits partiels se trouvant alors ordonnés de la même manière, on aperçoit plus facilement leurs termes semblables. *Exemple :*

$$6a^4b - 7a^3b^2 - 4a\,b^4 + 3b^5$$
$$2a^2b^2 + 6a\,b^3 - 5b^4$$

$$12a^6b^3 - 14a^5b^4 \ldots\ldots - 8a^3b^5 + 6a^2b^7$$
$$+36a^5b^4 - 42a^4b^5 \ldots\ldots - 24a^2b^7 + 18ab^8$$
$$- 30a^4b^5 + 35a^3b^6 \ldots\ldots + 20ab^8 - 15b^9$$

$$12a^6b^3 + 22a^5b^4 - 72a^4b^5 + 27a^3b^6 - 18a^2b^7 + 38ab^8 - 15b^9.$$

Ici, les divers produits partiels ne contenaient pas toutes les puissances de a, depuis la plus forte jusqu'à la plus faible ; nous avons laissé des vides, afin de pouvoir placer les termes semblables les uns sous les autres.

52. REMARQUE. Lorsque le multiplicande et le multiplicateur sont ordonnés tous deux par rapport aux puissances croissantes ou décroissantes d'une même lettre, il en est de même de leur produit ; cela résulte de la disposition même des calculs.

De plus, le premier terme du produit provient, sans réduction, du premier terme du multiplicande multiplié par le premier terme du multiplicateur ; en effet, ces deux termes contenant la lettre ordonnatrice avec ses deux plus faibles, ou ses deux plus forts exposants, donnent nécessairement le terme du produit qui contient cette lettre avec l'exposant le plus faible ou le plus fort. Aucun autre terme, dans le produit, ne peut donc être semblable au premier, et par suite le modifier.

De même, le dernier terme du produit provient, sans réduction, de la multiplication des deux derniers termes du multiplicande et du multiplicateur.

53. Il résulte de la remarque précédente que le produit de deux polynômes contient au moins *deux* termes, et par suite est un polynôme. Le nombre des termes se réduit à deux dans l'exemple suivant :

$$x^3 - ax^2 + a^2x - a^3$$
$$x + a$$

$$x^4 - ax^3 + a^2x^2 - a^3x$$
$$+ ax^3 - a^2x^2 + a^3x - a^4$$

$$x^4 \qquad\qquad\qquad - a^4;$$

le produit est le binôme $x^4 - a^4$.

54. Quand on veut seulement indiquer que deux polynômes doivent être multipliés l'un par l'autre, il faut avoir soin de mettre chacun d'eux dans une parenthèse ; ainsi le produit de $a - b$ par $c - d$ s'indique

$$(a - b)(c - d).$$

En écrivant $a - b(c - d)$, cela indiquerait le nombre a diminué du produit de b par $(c - d)$; si on écrivait $a - b\,c - d$, cela indiquerait que de a il faut retrancher le produit bc, et ensuite d.

55. Nous terminerons en établissant trois formules dont on fait un fréquent usage en algèbre.

1º Formons le carré du binôme $a + b$; et pour cela multiplions $a + b$ par $a + b$.

$$a + b$$
$$a + b$$

$$a^2 + ab$$
$$+ ab + b^2$$

$$a^2 + 2ab + b^2.$$

Nous pouvons donc écrire la formule

$$(a+b)^2=a^2+2ab+b^2,$$

qui se traduit ainsi en langage ordinaire : *le carré de la somme de deux nombres contient le carré du premier nombre, plus le double produit du premier par le second, plus le carré du second.*

2° Multiplions $a-b$ par $a-b$, ou faisons le carré de $a-b$.

$$\begin{array}{r} a - b \\ a - b \\ \hline a^2 - ab \quad\quad \\ - ab + b^2 \\ \hline a^2 - 2ab + b^2. \end{array}$$

Ce résultat nous conduit à la formule

$$(a-b)^2=a^2-2ab+b^2;$$

et celle-ci montre que : *le carré de la différence de deux nombres contient le carré du premier nombre, moins le double produit du premier par le second, plus le carré du second.*

3° Enfin multiplions $a+b$ par $a-b$.

$$\begin{array}{r} a + b \\ a - b \\ \hline a^2 + ab \quad\quad \\ - ab - b^2 \\ \hline a^2 \quad\quad\quad - b^2. \end{array}$$

Nous trouvons la formule

$$(a+b)(a-b)=a^2-b^2,$$

qui peut s'énoncer ainsi : *le produit de la somme de deux nombres par leur différence est égal à la différence des carrés de ces deux nombres.*

En remarquant que a est la racine carrée de a^2, et b

la racine carrée de b^2, on peut encore dire : *la différence de deux carrés est égale à la somme de leurs racines carrées multipliée par la différence de ces mêmes racines.*

Ce dernier énoncé permet de transformer une différence en un produit; nous en ferons par la suite un fréquent usage.

EXERCICES.

1. Effectuer les produits suivants : 1° $7a^2x \times 4ax$; 2° $5a^3b^4c \times 4a^3b^2c^2$; 3° $5a^3x^2y^3 \times 4ax^2y$.

Rép. 1° $28a^3x^2$; 2° $20a^5b^4c^3$; 3° $20a^2x^4y^4$.

2. Effectuer le produit $(3a^2x - 4ax^2 + 7x^3) 5a^2x^2$.

Rép. $15a^4x^3 - 20a^3x^4 + 35a^2x^5$.

3. Faire le cube de $(a - b)$, et énoncer le résultat en langage ordinaire.

Rép. $a^3 - 3a^2b + 3ab^2 - b^3$.

4. Effectuer les multiplications suivantes : 1° $\frac{4}{5}a^2 \times 3ab$; 2° $(3x^2 + 2x)(4x + 7)$; 3° $(a^2 - \frac{3}{4}a + 5)(a^2 - \frac{2}{3}a)$.

Rép. 1° $\frac{12}{5}a^3b$; 2° $12x^3 + 29x^2 + 14x$; 3° $a^4 - \frac{17}{12}a^3 + \frac{11}{2}a^2 - \frac{10}{3}a$.

5. Effectuer les produits : 1° de $a^2 + ab + b^2$ par $a - b$; 2° de $a^3 + a^2b + ab^2 + b^3$ par $a - b$.

Rép. 1° $a^3 - b^3$; 2° $a^4 - b^4$.

6. Mettre en évidence le facteur commun aux termes : 1° de $a^3 - a^2$; 2° de $9ab^3 + 18a^2b^3 - 27b^2$; 3° de $v + vkt$.

Rép. 1° $a^2(a - 1)$; 2° $9b^2(ab + 2a^2 - 3)$; 3° $v(1 + kt)$.

7. Transformer le binôme $16x^2 - 4a^2$ en un produit de deux facteurs.

Rép. $(4x + 2a)(4x - 2a)$.

8. Même question pour $(a + b)^2 - (a - b)^2$.

Rép. $4ab$.

9. Faire le carré du trinôme $a + b + c$; et énoncer le résultat en langage ordinaire.

Rép. Le carré est $a^2 + 2ab + 2ac + b^2 + 2bc + c^2$.

10. Multiplier : 1° $5x^6 - 2x^5 + 3x^4 + 4x^3 - 7x^2$ par le polynôme $6x^4 - 7x^3 - 3x^2 + 5x - 3$; 2° $3x^7 - 4x^5 - 2x^3 + 5x^2 - 2$ par $3x^6 - 2x^4 + 3x^3 - 6x + 12$.

Rép.

1° $30x^{10} - 47x^9 + 17x^8 + 34x^7 - 104x^6 + 58x^5 + 32x^4 - 47x^3 + 21x^2$;

2° $9x^{13} - 18x^{11} + 9x^{10} + 2x^9 + 3x^8 + 22x^7 - 46x^6 - 33x^5 + 16x^4 - 60x^3$
$+ 60x^2 + 12x - 24$.

11. Effectuer les calculs :
$$(3x^2 - 5x + 7)(x + 4) + (2x^2 - 8x + 3)(x - 4).$$

Rép. $5x^3 - 9x^2 + 22x + 16$.

12. Mettre en évidence le facteur commun aux termes de chacun des polynômes : 1° $4a^3b^2c - 6a^2b^3c + 2ab^4c$; 2° $12a^4x^4 - 18a^5x^3 + 42a^6x^2 - 36a^7x + 48a^8$; 3° $2a^3b^2c^2 - 4a^2b^3c^2 + 6a^3b^3c$.

Rép.

1° $2ab^2c(2a^2 - 3ab + b^2)$; 2° $6a^4(2x^4 - 3ax^3 + 7a^2x^2 - 6a^3x + 8a^4)$;
3° $2a^2b^2c(ac - 2bc + 3ab)$.

13. Multiplier $\frac{5}{2}x^3 + 3ax - \frac{7}{3}a^2$ par $2x^2 - ax - \frac{1}{2}a^2$.

Rép. $5x^4 + \frac{7}{2}ax^3 - \frac{107}{12}a^2x^2 + \frac{5}{6}a^3x + \frac{7}{6}a^4$.

14. Effectuer le produit $(a^2 + ab + b^2)(a + b)(a - b)(a^2 - ab + b^2)$.
Rép. $a^6 - b^6$.

15. Multiplier : 1° $a^2b - 3ab^2 + 2b^3$ par $4a^3b^2c$; 2° $5a^2b^3 - 3a^3b + 4a^4$ par $2a^4b - 3a^3b^2 + 6a^2b^3 + ab^4$.

Rép. 1° $4a^5b^3c - 12a^4b^4c + 8a^3b^5c$; 2° $8a^8b - 18a^7b^2$
$+ 43a^6b^3 - 29a^5b^4 + 27a^4b^5 + 5a^3b^6$.

16. Effectuer les calculs suivants $(2x^2 + ax - a^2)(x^2 + 2ax - a^2)$
$- (x^2 + 3ax - 2a^2)(x^2 - a^2)$.
Rép. $3x^4 + 8ax^3 - 4a^2x^2 - 6a^3x + 3a^4$.

17. Effectuer le produit $(a + b + c)(a + c - b)(a - c + b)(a - c - b)$.
Rép. $a^4 + c^4 + b^4 - 2a^2c^2 - 2a^2b^2 - 2b^2c^2$.

18. Multiplier : 1º $81a^4 - 54a^3b + 36a^2b^2 - 24ab^3$ par $3a + 2b$; 2º $a^4 + a^6 + a^8 + a^{10}$ par $a^2 - 1$.

Rép. 1º $243a^5 - 48ab^4$; 2º $a^{12} - a^4$.

19. Décomposer $(a^2 + c^2 - b^2)^2 - 4a^2c^2$ en un produit de quatre facteurs.

Rép. $(a + b + c)(a + c - b)(a - c + b)(a - b - c)$.

20. Effectuer les calculs $x(x + 1)(x + 2) + x(x - 1)(x - 2) + 9x(x - 1)(x + 1)$; et simplifier le résultat.

Rép. $11x^3 - 5x = x(11x^2 - 5)$.

21. Effectuer les calculs $2x(x + 1)(x + 2) - x(x + 1)(2x + 1)$; et simplifier.

Rép. $3x^2 + 3x = 3x(x + 1)$.

22. Vérifier l'égalité $(ab + cd)^2 + (ad - bc)^2 = (a^2 + c^2)(b^2 + d^2)$.

Rép. Les deux expressions sont égales à $a^2b^2 + c^2d^2 + a^2d^2 + b^2c^2$.

CHAPITRE IV

Division algébrique.

56. *Diviser une expression algébrique par une autre, c'est en chercher une troisième qui, multipliée par la seconde, reproduise la première.*

On nomme *quotient* l'expression algébrique cherchée; *dividende* celle que l'on doit diviser; *diviseur* celle par laquelle on divise.

DIVISION DES MONÔMES ENTIERS.

57. Le quotient de la division de deux monômes sera certainement un monôme; car s'il était un polynôme, en le multipliant par le monôme diviseur, on reproduirait un polynôme (nº 46), et non le dividende qui est un monôme.

Dans ce qui va suivre, nous supposerons toujours que les deux monômes donnés sont *entiers;* et nous chercherons à déterminer, quand il existe, un monôme *entier* qui, multiplié par le diviseur, reproduise le dividende.

58. Soit d'abord proposé de diviser a^5 par a^3.

Le quotient cherché, étant multiplié par le diviseur a^3, doit reproduire le dividende a^5; il contiendra donc seulement la lettre a, et avec un exposant qui, ajouté à 3, donne 5, d'après ce qu'on a vu dans la multiplication (n° 30); cet exposant est donc la différence entre 5 et 3, et le quotient est a^2. Donc :

RÈGLE. *Le quotient de deux puissances d'une même lettre est une puissance de cette lettre ayant pour exposant la différence des exposants du dividende et du diviseur.*

Cette règle, dite *règle des exposants,* s'exprime par l'égalité

$$a^m : a^n = a^{m-n},$$

m et *n* étant deux nombres entiers, et $m > n$.

59. Soit maintenant à diviser $20\,a^5\,b^3\,c^2$ par $4\,a^2\,b^3$.

S'il existe un monôme entier qui, multiplié par le diviseur $4\,a^2\,b^3$, reproduise le dividende $20\,a^5\,b^3\,c^2$, il ne pourra pas contenir d'autres lettres que a, b et c.

D'après la règle de multiplication des monômes (n° 41), son coefficient, multiplié par le coefficient 4 du diviseur, doit donner le coefficient 20 du dividende; il est donc égal au quotient de 20 par 4, ou à 5.

La lettre a doit avoir un exposant qui, ajouté à son exposant 2 dans le diviseur, reproduise son exposant 5 dans le dividende; cet exposant est donc la différence entre 5 et 2, ou 3.

La lettre b, ayant le même exposant 3 au dividende et au diviseur, ne figurera pas au quotient; car si elle y entrait, en multipliant par le diviseur, on obtiendrait pour b un exposant supérieur à 3.

Le facteur c^2, qui n'entre qu'au dividende, doit se trouver au quotient, puisqu'on n'introduit pas la lettre c en multipliant par le diviseur.

Le quotient de la division est donc $5\,a^3\,c^2$.

De là nous concluons la règle suivante :

RÈGLE. *Pour diviser deux monômes entiers l'un par l'autre, on divise le coefficient du dividende par celui du diviseur; puis on écrit :* 1° *les lettres communes aux deux monômes, avec un exposant égal à celui qu'elles ont au dividende diminué de celui qu'elles ont au diviseur;* 2° *les lettres qui n'entrent qu'au dividende avec l'exposant qu'elles y ont. On n'écrit pas les lettres qui ont le même exposant dans le dividende et dans le diviseur.*

Ainsi, en appliquant cette règle, on trouve

$$14\,a^3 b^2\, cd : 2\,ab = 7\,a^2\,bcd, \quad 20\,a^5 b^3\,c : 4\,ab^3 c = 5\,a^4.$$

60. La règle que nous venons de démontrer suppose que chaque lettre entrant au diviseur avec un certain exposant figure au dividende avec un exposant au moins égal; il n'en est plus ainsi quand on cherche le quotient de $24\,a^4\,c^2$ par $6\,a^5\,b^2\,c$.

Le diviseur contient la lettre a avec un exposant supérieur à celui qu'elle a dans le dividende, et de plus la lettre b qui ne figure pas au dividende; en le multipliant par un monôme entier, on obtiendrait donc un monôme contenant la lettre b, et la lettre a avec un exposant supérieur à 4, c'est-à-dire qu'on ne reproduirait pas le dividende. On dit alors que la division des deux monômes est *impossible*, ou que le dividende n'est pas *divisible* par le diviseur; et on indique de la manière suivante

$$\frac{24\,a^4\,c^2}{6\,a^5\,b^2\,c},$$

le quotient, qui est alors un monôme fractionnaire.

DIVISION D'UN POLYNÔME PAR UN MONÔME.

61. Le quotient de la division d'un polynôme par un

monôme ne peut être qu'un polynôme; car un monôme, multiplié par le diviseur, qui est un monôme, ne saurait reproduire le dividende, qui est un polynôme.

Cela étant, soit proposé de diviser le polynôme entier $12\,a^4 b - 15\,a^3 b^2 + 6\,a^2 b^3$ par le monôme entier $3\,a^2 b$.

D'après la règle de multiplication d'un polynôme par un monôme (n° 43), le premier terme $12\,a^4 b$ du dividende est le produit du premier terme du quotient par le diviseur $3\,a^2 b$, donc le premier terme du quotient s'obtient en divisant $12\,a^4 b$ par $3\,a^2 b$, d'après la règle de division des monômes, cela donne $4\,a^2$; pour les mêmes raisons, le second terme du quotient est égal au second terme $15\,a^3 b^2$ du dividende, divisé par le diviseur $3\,a^2 b$, ou à $5\,ab$, et il est soustractif, car en le multipliant par le diviseur, il doit donner au produit un terme soustractif; de même, le troisième terme du quotient est égal à $2\,b^2$, résultat obtenu en divisant le troisième terme du dividende par le diviseur, et il est additif. Le quotient demandé est donc $4\,a^2 - 5\,ab + 2\,b^2$; et l'on peut vérifier qu'en multipliant ce polynôme par le diviseur $3\,a^2 b$, on reproduirait bien le dividende. Donc :

RÈGLE. *Pour diviser un polynôme par un monôme, on divise chaque terme du polynôme par le monôme, en conservant le signe de ce terme.*

Appliquant cette règle à la division de

$$12\,a^4 b^3 c - 8\,a^3 b^4 c + 20\,a^2 b^4 c - 4\,ab^6 c \quad \text{par} \quad 4\,ab^2 c,$$

on trouve pour quotient

$$3\,a^3 b - 2\,a^2 b^2 + 5\,ab^3 - b^4.$$

82. Dans les deux divisions effectuées au numéro précédent, chaque terme du polynôme dividende étant divisible par le monôme diviseur, nous avons trouvé pour quotient un polynôme entier; mais, si l'un des termes du dividende n'était pas divisible par le diviseur, la règle précédente donnerait un polynôme fractionnaire. On dit alors que la division est *impossible*, et on se contente d'indiquer le quotient au moyen du signe de la division.

Ainsi, le polynôme $6a^4 - 7a^3b + 8a^2b^2$ n'est pas divisible par le monôme $3a^2b^2$, et le quotient est l'expression fractionnaire

$$\frac{6a^4 - 7a^3b + 8a^2b^2}{3a^2b^2}.$$

DIVISION DES POLYNÔMES.

63. La division de deux polynômes *entiers* n'est pas toujours *possible*, c'est-à-dire que le quotient de cette division n'est pas toujours *entier*. Nous allons ici faire connaître la marche à suivre pour trouver le quotient quand la division est possible.

Supposons qu'on ait à diviser

$$6a^4 + a^3b - 35a^2b^2 + 58ab^3 - 24b^4 \text{ par } 3a^2 - 7ab + 6b^2,$$

qui sont deux polynômes ordonnés par rapport aux puissances décroissantes d'une même lettre a.

Disposant les calculs comme en arithmétique, nous écrirons le diviseur à droite du dividende, en les séparant par un trait vertical; puis nous tirerons un trait horizontal sous le diviseur, pour le séparer du quotient, que nous supposerons ordonné de la même manière que les deux polynômes donnés.

$$
\begin{array}{l|l}
6a^4 +\quad a^3b - 35a^2b^2 + 58ab^3 - 24b^4 & 3a^2 - 7ab + 6b^2 \\
-6a^4 + 14a^3b - 12a^2b^2 & \overline{2a^2 + 5ab - 4b^2} \\
\hline
\qquad\quad 15a^3b - 47a^2b^2 + 58ab^3 - 24b^4 & \\
\qquad -15a^3b + 35a^2b^2 - 30ab^3 & \\
\hline
\qquad\qquad\quad -12a^2b^2 + 28ab^3 - 24b^4 & \\
\qquad\qquad\quad +12a^2b^2 - 28ab^3 + 24b^4 & \\
\hline
\qquad\qquad\qquad\qquad\quad 0 &
\end{array}
$$

Cela posé, pour trouver le quotient, nous raisonnerons

Ainsi, Si la division est possible, le dividende est le produit du diviseur par le quotient, qui sont deux polynômes ordonnés par rapport aux puissances décroissantes de a; or, d'après la remarque faite au n° 52, en multipliant le premier terme $3a^2$ du diviseur par le premier terme inconnu du quotient, on doit trouver exactement le premier terme $6a^4$ du dividende; donc ce premier terme du quotient s'obtiendra en divisant le monôme $6a^4$ par le monôme $3a^2$, d'après la règle connue (n° 59), il sera $2a^2$.

Multiplions le diviseur par $2a^2$, puis retranchons du dividende le produit obtenu; pour cela, d'après la règle de soustraction des polynômes (n° 35), nous écrirons les termes de ce produit, changés de signes, au-dessous des termes semblables du dividende. Ce changement de signes se fait au fur et à mesure qu'on obtient chaque terme du produit; ainsi, l'on dit : $3a^2$ multiplié par $2a^2$ donne $6a^4$, et pour retrancher *moins* $6a^4$, on écrit —$6a^4$ sous le premier terme du dividende; *moins* $7ab$ multiplié par *plus* $2a^2$ donne *moins* $14a^3b$, et pour retrancher *plus* $14a^3b$, on écrit $+14a^3b$ sous le terme semblable du dividende; et ainsi de suite. Effectuant ensuite la réduction des termes semblables, on trouve pour le reste de la soustraction

$$15a^3b - 47a^2b^2 + 58ab^3 - 24b^4.$$

Ce reste, qui est ordonné par rapport aux puissances décroissantes de a, contient évidemment le produit du diviseur par la partie encore inconnue du quotient; par suite, son premier terme $15a^3b$ est exactement le produit du premier terme du diviseur par le premier terme de cette partie inconnue, ou le second terme du quotient. Ce second terme est donc égal à $5ab$, quotient de $15a^3b$ par $3a^2$; il est de plus additif, car en le multipliant par le premier terme du diviseur, qui est additif, ca doit retrouver le terme additif $15a^3b$. Nous écrirons $+\,5ab$, à droite du premier terme du quotient.

Multiplions le diviseur par ce second terme additif du quotient, en observant la règle des signes dans la multiplication (n° 48); puis retranchons le produit obtenu du premier reste, comme nous venons de l'indiquer, nous obtenons un second reste

$$-12a^2b^2+28ab^3-24b^4.$$

Ce second reste contient encore le produit du diviseur par la partie du quotient qui reste à trouver ; en raisonnant sur lui comme sur le dividende donné et le premier reste, nous voyons que le troisième terme du quotient est égal au quotient de la division de $12a^2b^2$ par $3a^2$, ou à $4b^2$. De plus, il est soustractif, car en le multipliant par $3a^2$, on doit reproduire le premier terme du second reste, qui est soustractif ; nous écrirons donc $-4b^2$ à droite du second terme du quotient.

Multiplions encore le diviseur par ce troisième terme soustractif du quotient, en ayant soin d'observer la règle des signes dans la multiplication ; puis retranchons du second reste le produit obtenu, nous trouvons pour reste *zéro*.

En opérant comme nous venons de le faire, nous avons retranché du dividende, en trois fois, le produit du diviseur par le polynôme

$$2a^2+5ab-4b^2,$$

et nous avons obtenu *zéro* pour reste ; le dividende est donc égal à ce produit, et $2a^2+5ab-4b^2$ est le quotient cherché.

De ce qui précède résulte la règle suivante :

RÈGLE. *Pour diviser deux polynômes l'un par l'autre, on les ordonne d'abord par rapport aux puissances décroissantes d'une même lettre ; puis on divise le premier terme du dividende par le premier terme du diviseur, et* on a le premier terme du quotient. Du dividende, on retranche le produit du diviseur par ce premier terme, et on a un reste ordonné comme le dividende ; on opère sur ce reste comme sur le dividende ; et ainsi de suite. Si la division est possible, l'un des restes successifs est zéro, et alors l'opération est terminée.

Chaque terme du quotient est additif ou soustractif, suivant qu'il est obtenu en divisant deux monômes précédés d'un même signe ou de signes contraires.

Cette règle des signes s'écrit et s'énonce souvent, d'une manière abrégée, comme il suit :

$+:+=+$, plus divisé par plus donne plus,

$+:-=-$, plus divisé par moins donne moins,

$-:+=-$, moins divisé par plus donne moins,

$-:-=+$, moins divisé par moins donne plus.

64. Supposons encore qu'on ait à diviser

$$12a^2x^4 - 37a^3x^3 + 29a^4x^2 + a^5x - 8a^6 \text{ par } 4a^2x^2 - 3a^3x.$$

Nous disposerons les calculs comme plus haut :

$$
\begin{array}{l|l}
12a^2x^4 - 37a^3x^3 + 29a^4x^2 + a^5x - 8a^6 & \,4a^2x^2 - 3a^3x \\
\underline{-12a^2x^4 + 9a^3x^3} & \overline{\,3x^2 - 7ax + 2a^2.} \\
\quad -28a^3x^3 + 29a^4x^2 + a^5x - 8a^6 & \\
\quad \underline{+28a^3x^3 - 21a^4x^2} & \\
\qquad\quad + 8a^4x^2 + a^5x - 8a^6 & \\
\qquad\quad \underline{- 8a^4x^2 + 6a^5x} & \\
\qquad\qquad\quad 7a^5x - 8a^6 &
\end{array}
$$

En raisonnant comme au numéro précédent, nous trouvons que, si la division était possible, l'ensemble des trois premiers termes du quotient serait

$$3x^2 - 7ax + 2a^2 ;$$

puis, en retranchant du dividende le produit du diviseur

par ce polynôme, nous obtenons un reste

$$7a^5x - 8a^6.$$

Le quatrième terme du quotient s'obtiendrait en divisant le premier terme $7a^5x$ de ce reste par le premier terme $4a^2x^2$ du diviseur ; mais le premier de ces deux monômes n'est pas divisible par le second, donc la division des deux polynômes proposés est impossible.

On se contente alors d'indiquer le quotient, en écrivant

$$\frac{12a^2x^4 - 37a^3x^3 + 29a^4x^2 + a^5x - 8a^6}{4a^2x^2 - 3a^3x}$$

Le reste $7a^5x - 8a^6$, à partir duquel s'est manifestée l'impossibilité de l'opération, se nomme *reste* de la division ; le polynôme $3x^2 - 7ax + 2a^2$ formé par l'ensemble des quotients partiels se nomme *quotient entier*, par analogie avec ce qui a lieu dans la division des nombres entiers.

EXERCICES.

1. Diviser : 1° $25a^3b^2$ par $5a$; 2° $20a^2b^2c^3$ par $4ab^2$; 3° $15a^4b^4c^3d$ par $5a^4b^2c^2$.

Rép. 1° $5a^2b^2$; 2° $5ac^3$; 3° $3a^2b^2d$.

2. Diviser : 1° $42a^3 + 3a^2b + 12a^3b^2$ par $3a^2$; 2° $45a^3b - 36a^2b^2 + 18ab^3$ par $9ab$.

Rép. 1° $14a + b + 4b^2$; 2° $5a^2 - 4ab + 2b^2$.

3. Effectuer la division de $4a^2b - 12a^3b^2 + 20a^4b^6$ par $4a^2b$.

Rép. $1 - 3ab + 5a^2b^5$.

4. Diviser $7a^{10} + 48a^6b^4 - 23a^4b^4 - 25a^8b^2 + 5a^2b^8$ par $7a^4 + b^4 - 4a^2b^2$.

Rép. $a^6 - 3a^4b^2 + 4a^2b^4$.

5. Effectuer la division de $16a^8 - 81x^4$ par $2a^2 - 3x^2$.

Rép. $8a^6 + 12a^4x^2 + 18a^2x^4 + 27x^6$.

6. Quelle valeur faut-il attribuer à y dans le polynôme $16x^4 - 24a^2x^2 + 9a^4 + y - 5$, pour qu'il soit divisible par $4x^2 - 3a^2$?

Rép. $y = 5$.

7. Diviser : 1° $4a^4 - 9a^2b^2 + 6ab^3 - b^4$ par $2a^2 - 3ab + b^2$; 2° $12a^4b^2 - 12a^2b^4$ par $6a^4 - 6a^2b^2$.

Rép. 1° $2a^2 + 3ab - b^2$; 2° $2b^2$.

8. Diviser $32x^5 + 243$ par $2x + 3$.

Rép. $16x^4 - 24x^3 + 36x^2 - 54x + 81$.

9. Quelle valeur faut-il donner à la lettre a, pour que le polynôme $x^5 + 6x^4 - 8x^3 - 26x^2 + 39x - a$ soit divisible par $x^2 + 6x - 3$?

Rép. $a = 12$.

10. Diviser : 1° $x^4 - a^4$; 2° $x^5 - a^5$, par $x - a$.

Rép. 1° $x^3 + ax^2 + a^2x + a^3$; 2° $x^4 + ax^3 + a^2x^2 + a^3x + a^4$.

11. Diviser $x^4 + a^4$ par $x + a$.

Rép. Le quotient entier est $x^3 - ax^2 + a^2x - a^3$; le reste est $2a^4$.

12. Déterminer q de manière que la division de $3x^2 - 5x + q$ par $x - 1$ se fasse sans reste.

Rép. $q = 2$.

13. Diviser $12x^8 - 6x^7 - 22x^6 + 45x^5 - 19x^4 - 19x^3 + 30x^2 - 25x$ par $2x^4 - 3x^3 + 5x$.

Rép. $6x^4 - 3x^3 - 2x^2 + 3x - 5$,

14. Diviser $51a^2b^2 + 10a^4 - 48a^3b - 15b^4 + 4ab^3$ par $4ab - 5a^2 + 3b^2$.

Rép. $-2a^2 + 8ab - 5b^2$,

15. Par quel nombre faut-il remplacer la lettre c pour que le polynôme $a^4 + ca^2b^2 + b^4$ soit divisible par $a^2 - ab + b^2$?

Rép. Par 1.

16. Diviser $10a^5b - 21a^4b^2 - 10a^3b^3 - 3a^2b^4 - 56ab^5$ par $5a^2b - 3ab^2 + 8b^3$.

Rép. $2a^3 - 3a^2b - 7ab^2$.

17. Effectuer la division de $56a^4 - 59a^3 - 73a^2 + 95a - 25$ par $7a^2 - 3a^2 - 11a + 5$.

Rép. $8a - 5$.

18. Quelle valeur faut-il attribuer à la lettre a pour que le polynôme $5x^7 - 4x^6 + 2x^5 - 5x^3 - 11x - a$ devienne divisible: 1° par $x - 7$; 2° par $x - 2$?

Rép. 1° $a = 3679431$; 2° $a = 396$.

19. Diviser $-40y^5 + 68xy^4 + 25x^2y^3 - 18x^4y - 56x^5$ par $5y^2 - 6xy - 8x^2$.

Rép. $-8y^3 + 4xy^2 - x^2y + 7x^3$.

20. Diviser $2x^3 + 9x^2 + 15x + 8$ par $x^2 + 3x + 2$.

Rép. Le quotient est $2x + 3$, et le reste $2x + 2$.

21. Le polynôme $x^3 - 6x^2 + 11x - 6$ est-il divisible par le produit $(x-1)(x-2)$? Si la division est possible, déterminer le quotient.

Rép. La division est possible; le quotient est $x - 3$.

22. Diviser $x^4 - 4ax^3 + 6a^2x^2 - 2a^3x - a^4$ par $x^2 - 2ax + a^2$.

Rép. Quotient: $x^2 - 2ax + a^2$; reste $2a^3x - 2a^4$.

23. Diviser $(x^3 + y^3)^2$ par $(x+y)^2$.

Rép. $x^4 - 2x^3y + 3x^2y^2 - 2xy^3 + y^4$.

CHAPITRE V.

Fractions algébriques.

65. Nous avons dit plusieurs fois qu'on écrit

$$\frac{A}{B}$$

pour indiquer le quotient de la division d'une expression algébrique A par une autre B; l'expression $\frac{A}{B}$ ainsi obtenue se nomme *fraction algébrique*.

Le dividende A est son *numérateur*, le diviseur B est

son *dénominateur*; le numérateur et le dénominateur sont aussi appelés *termes* de la fraction.

66. Les fractions algébriques diffèrent essentiellement des fractions arithmétiques. En effet, les deux termes d'une fraction arithmétique sont toujours des nombres entiers; tandis que les termes d'une fraction algébrique peuvent prendre des valeurs fractionnaires pour des valeurs particulières attribuées aux lettres qu'ils renferment.

Considérons, par exemple, la fraction

$$\frac{4a^2 - 5ab}{6ab - 3b^2};$$

1° Pour $a = 3$ et $b = 2$, les valeurs du numérateur et du dénominateur sont les nombres entiers 6 et 24, et la fraction prend la valeur $\frac{1}{6}$;

2° Pour $a = \frac{1}{2}$ et $b = \frac{1}{4}$, le numérateur et le dénominateur deviennent respectivement égaux aux fractions $\frac{3}{8}$ et $\frac{9}{16}$, et la valeur numérique de la fraction donnée est le quotient de $\frac{3}{8}$ divisé par $\frac{9}{16}$, ou $\frac{2}{3}$.

Toutefois, les propriétés et les règles du calcul sont les mêmes pour les fractions algébriques et pour les fractions arithmétiques.

67. THÉORÈME. *On ne change pas la valeur d'une fraction algébrique en multipliant ou en divisant ses deux termes par une même quantité.*

Soit $\frac{A}{B}$ une fraction algébrique, et C une quantité quelconque.

3

La fraction $\frac{A}{B}$ désignant le quotient de la division de son numérateur A par son dénominateur B, on a, par définition,

$$A = \frac{A}{B} \times B;$$

multipliant par une même quantité C les deux membres de cette égalité, il vient

$$AC = \frac{A}{B} \times B \times C = \frac{A}{B} \times BC.$$

Ainsi, en multipliant $\frac{A}{B}$ par BC, on reproduit AC, donc $\frac{A}{B}$ est le quotient de la division de AC par BC; et l'on peut écrire

$$\frac{AC}{BC} = \frac{A}{B}.$$

Cette égalité prouve que les deux fractions $\frac{AC}{BC}$ et $\frac{A}{B}$ ont la même valeur; or, la première s'obtient en multipliant les deux termes de la seconde par C; la seconde s'obtient en divisant par C les deux termes de la première; donc le théorème est démontré.

Le principe fondamental étant le même en algèbre qu'en arithmétique, les conséquences seront les mêmes.

SIMPLIFICATION DES FRACTIONS.

68. *On simplifie une fraction en supprimant les facteurs communs à ses deux termes.*

Quand les deux termes de la fraction sont des monômes, il est toujours facile de découvrir leurs facteurs communs. Soit, par exemple, la fraction

$$\frac{36\,a^4b^3c^2d}{6o\,ab^5c^3};$$

le plus grand commun diviseur des coefficients est 12; et on aperçoit facilement les facteurs littéraux communs a, b^3, c^2; en supprimant ces facteurs, c'est-à-dire en divisant les deux termes de la fraction par $12\,ab^3c^2$, on obtient la fraction

$$\frac{3a^3d}{5\,b^2c},$$

qui est plus simple que la proposée, et a même valeur (n° 67).

Si les deux termes sont des polynômes, on commence par mettre en évidence les facteurs communs à tous les termes du numérateur, puis ceux qui sont communs à tous les termes du dénominateur. Ainsi la fraction donnée étant

$$\frac{12a^5b^5-48a^3b^7}{16a^6b^5-64a^5b^6+64a^4b^7},$$

on l'écrit ainsi

$$\frac{12a^3b^5(a^2-4b^2)}{16a^4b^5(a^2-4ab+4b^2)};$$

puis divisant ses deux termes par le produit $4a^3b^5$ de tous leurs facteurs monômes communs, il vient

$$\frac{3(a^2-4b^2)}{4a(a^2-4ab+4b^2)}.$$

Pour simplifier maintenant cette dernière fraction, il faudrait chercher le plus grand commun diviseur à ses deux termes; mais cette recherche dépend de l'algèbre supérieure. Toutefois, dans l'exemple proposé, on voit facilement que le binôme a^2-4b^2 est une différence de deux carrés, et peut s'écrire

$$(a + 2b)(a - 2b);$$

puis le trinôme $a^2 - 4ab + 4b^2$ est le carré de $(a - 2b)$; de sorte que la fraction peut s'écrire

$$\frac{3(a + 2b)(a - 2b)}{4a(a - 2b)^2}.$$

On reconnaît alors que ses deux termes sont divisibles par le facteur $a - 2b$; en le supprimant, il vient enfin

$$\frac{3(a + 2b)}{4a(a - 2b)} = \frac{3a + 6b}{4a^2 - 8ab}.$$

On doit s'habituer de bonne heure à simplifier le plus possible les fractions algébriques.

RÉDUCTION DES FRACTIONS AU MÊME DÉNOMINATEUR.

69. *On réduit des fractions algébriques au même dénominateur, en multipliant les deux termes de chacune d'elles par le produit des dénominateurs de toutes les autres.*

Ainsi les fractions

$$\frac{a}{b}, \quad \frac{c}{d}, \quad \frac{e}{f},$$

deviennent par cette transformation

$$\frac{adf}{bdf}, \quad \frac{cbf}{bdf}, \quad \frac{bde}{bdf};$$

elles n'ont pas changé de valeur (n° 67), et elles ont toutes pour dénominateur le produit dbf des dénominateurs des fractions données.

70. Lorsqu'on peut décomposer en facteurs les dénominateurs des fractions données, on obtient un dénominateur commun plus simple, en procédant comme en arithmétique.

Considérons, par exemple, les fractions

$$\frac{a^2}{4b^4}, \quad \frac{a-b}{3a(a+b)}, \quad \frac{a+b}{2b(a-b)}, \quad \frac{a^2+b^2}{6a^3(a^2-b^2)}.$$

Le binôme $a^2 - b^2$ étant égal à $(a+b)(a-b)$, les dénominateurs peuvent s'écrire

$$2^2.b^4, \quad 3a(a+b), \quad 2b(a-b), \quad 2.3.a^3(a+b)(a-b);$$

le produit de tous les facteurs simples, affectés chacun de son plus haut exposant, est dès lors

$$2^2.3.b^4a^3(a+b)(a-b) = 12a^3b^4(a^2-b^2),$$

nous le prendrons pour dénominateur commun, puisqu'il est divisible par le dénominateur de chaque fraction. En le divisant par ces dénominateurs, nous obtenons les quotients

$$3a^3(a^2-b^2), \quad 4ab^4(a-b), \quad 6a^2b^3(a+b), \quad 2b^4;$$

multiplions maintenant les deux termes de la première fraction par $3a^3(a^2-b^2)$; ceux de la seconde par $4ab^4(a-b)$; ceux de la troisième par $6a^2b^3(a+b)$; enfin ceux de la quatrième par $2b^4$; nous trouvons ainsi les fractions

$$\frac{3a^4(a^2-b^2)}{12a^3b^4(a^2-b^2)}, \quad \frac{4ab^4(a-b)^2}{12a^3b^4(a^2-b^2)}, \quad \frac{6a^2b^3(a+b)^2}{12a^3b^4(a^2-b^2)},$$

$$\frac{2b^4(a^2+b^2)}{12a^3b^4(a^2-b^2)},$$

qui sont équivalentes aux fractions proposées, et ont le même dénominateur.

71. Occupons-nous maintenant du calcul des fractions algébriques, et disons tout d'abord qu'il a pour objet de remplacer par une seule fraction l'expression indiquant la somme ou la différence, ou le produit, ou enfin le quotient, de fractions algébriques données.

ADDITION.

72. *Pour additionner des fractions algébriques, on les réduit au même dénominateur; puis on forme une fraction ayant pour numérateur la somme des numérateurs et pour dénominateur le dénominateur commun.*

Par exemple, soit proposé d'effectuer l'addition

$$\frac{a+b}{a^2-ab} + \frac{a-b}{a^2+ab} + \frac{a}{a^2-b^2}.$$

Les fractions étant réduites au même dénominateur $a(a^2-b^2)$ (n° 69), cette somme devient

$$\frac{a+2ab+b^2}{a(a^2-b^2)} + \frac{a^2-2ab+b^2}{a(a^2-b^2)} + \frac{a^2}{a(a^2-b^2)};$$

on doit donc diviser par $a(a^2-b^2)$, d'abord $a^2+2ab+b^2$, ensuite $a^2-2ab+b^2$, et enfin a^2, puis faire la somme des quotients; mais cela revient évidemment à diviser tout d'un coup par $a(a^2-b^2)$ la somme

$$a^2+2ab+b^2+a^2-2ab+b^2+a^2.$$

De sorte que la somme des trois fractions données peut être remplacée par la fraction unique

$$\frac{a^2+2ab+b^2+a^2-2ab+b^2+a^2}{a(a^2-b^2)} = \frac{3a^2+2b^2}{a(a^2-b^2)}.$$

SOUSTRACTION.

73. *Pour soustraire une fraction algébrique d'une autre, on les réduit au même dénominateur; puis on* *forme une fraction ayant pour numérateur la différence des numérateurs, et pour dénominateur le dénominateur commun.*

Soit à effectuer la soustraction, indiquée seulement,

$$\frac{a+b}{a-b} - \frac{a-b}{a+b}.$$

Après avoir réduit les deux fractions au **même déno-**minateur $a^2 - b^2$, il vient

$$\frac{a^2 + 2ab + b^2}{a^2 - b^2} - \frac{a^2 - 2ab + b^2}{a^2 - b^2};$$

et cette expression algébrique signifie qu'il **faut diviser** par $a^2 - b^2$, d'abord le numérateur $a^2 + 2ab + b^2$, en-suite le numérateur $a^2 - 2ab + b^2$, puis faire la **diffé-**rence des quotients; on obtiendrait le même résultat **en** divisant par $a^2 - b^2$ la différence

$$a^2 + 2ab + b^2 - (a^2 - 2ab + b^2),$$

ce qui donne la fraction

$$\frac{a^2 + 2ab + b^2 - (a^2 - 2ab + b^2)}{a^2 - b^2} = \frac{4ab}{a^2 + b^2}.$$

74. Lorsqu'une expression entière et une fraction al-gébrique doivent être combinées par voie d'addition **ou** de soustraction, on peut réunir le tout en une seule frac-tion d'après les mêmes règles qu'en arithmétique; ainsi,

A désignant une expression entière, et $\frac{B}{C}$ une **fraction** algébrique, les deux expressions suivantes

$$A + \frac{B}{C}, \quad A - \frac{B}{C},$$

peuvent être remplacées respectivement par

$$\frac{AC + B}{C}, \quad \frac{AC - B}{C}$$

En effet l'expression A est égale à $\frac{AC}{C}$, puisqu'on l'a multipliée et divisée par C; la somme et la différence considérées peuvent donc s'écrire

$$\frac{AC}{C} + \frac{B}{C}, \quad \frac{AC}{C} - \frac{B}{C};$$

et l'on n'a plus alors qu'à faire la somme ou la différence de deux fractions ayant le même dénominateur (n⁰ˢ 72, 73).

D'après cela on a

$$\frac{(a+b)^2}{b} - 4a = \frac{(a+b)^2 - 4ab}{b} = \frac{a^2 + b^2 + 2ab - 4ab}{b} = \frac{(a-b)^2}{b}.$$

75. Inversement, les deux fractions

$$\frac{AC+B}{C} \quad \text{et} \quad \frac{AC-B}{C},$$

peuvent être remplacées par les deux expressions

$$A + \frac{B}{C} \quad \text{et} \quad A - \frac{B}{C}$$

qui ont même valeur.

Cette seconde transformation permet de mettre sous forme d'un polynôme entier et d'une fraction le quotient de la division de deux polynômes quand la division est impossible. Ainsi, au n° 64, en divisant $12\,a^2 x^4 - 37\,a^3 x^3 + 29\,a^4 x^2 + a^5 x - 8\,a^6$ par $4\,a^2 x^3 - 3\,a^3 x$, nous avons trouvé un *quotient entier* $3x^2 - 7ax + 2a^2$, et un *reste* $7\,a^5 x - 8\,a^6$; alors, le dividende étant égal au produit du diviseur par le quotient, plus le reste, il peut s'écrire

$$(3x^2 - 7ax + 2a^2)(4\,a^2 x^2 - 3\,a^3 x) + 7\,a^5 x - 8\,a^6;$$

et le quotient de la division des deux polynômes est la

fraction

$$\frac{(3x^2-7ax+2a^2)(4a^2x^2-3a^3x)+7a^5x-8a^6}{4a^2x^2-3a^3x}$$

ou bien, d'après ce que nous venons de dire,

$$3x^2-7ax+2a^2+\frac{7a^5x-8a^6}{4a^2x^2-3a^3x}.$$

Le polynôme entier est ce que nous avons appelé le quotient entier; la fraction a pour numérateur le reste de la division, et pour dénominateur le diviseur.

MULTIPLICATION.

76. *Le produit de deux fractions est une fraction ayant pour numérateur le produit des numérateurs, et pour dénominateur le produit des dénominateurs.*

Ainsi, on a

$$\frac{A}{B}\cdot\frac{C}{D}=\frac{AC}{BD}.$$

En effet, par définition, on sait que

$$A=\frac{A}{B}\cdot B,\quad C=\frac{C}{D}\cdot D;$$

maintenant, le produit des premiers membres de ces deux égalités étant évidemment égal à celui des seconds membres, il vient

$$AC=\frac{A}{B}\cdot B\cdot\frac{C}{D}\cdot D;$$

ou bien, en intervertissant l'ordre des facteurs du second membre,

$$AC=\frac{A}{B}\cdot\frac{C}{D}\cdot BD.$$

Ainsi, en multipliant par BD le produit $\frac{A}{B}\cdot\frac{C}{D}$, on ob-

3.

tient AC, donc le quotient de AC par BD est bien $\dfrac{A}{B} \cdot \dfrac{C}{D}$; ce qui démontre la règle énoncée.

D'après cette règle, le produit des deux fractions $\dfrac{a^2 - b^2}{3\,ab}$ et $\dfrac{5\,b}{a+b}$ est

$$\frac{5\,b\,(a^2 - b^2)}{3\,ab\,(a+b)} = \frac{5\,b\,(a+b)\,(a-b)}{3\,ab\,(a+b)} = \frac{5\,(a-b)}{3\,a}.$$

77. *Le produit de deux expressions algébriques, l'une entière et l'autre fractionnaire, s'obtient en multipliant le numérateur de la fraction par l'expression entière.*

Ainsi, l'on a

$$A \cdot \frac{B}{C} = \frac{B}{C} \cdot A = \frac{AB}{C}.$$

En effet, de l'égalité

$$B = \frac{B}{C} \times C,$$

on déduit, en multipliant ses deux membres par **A,**

$$AB = \frac{B}{C} \times C \times A = \frac{B}{C} \cdot A \cdot C ;$$

et cette dernière égalité prouve que le quotient de AB par C est $\dfrac{B}{C} \cdot A$, ou bien $A \cdot \dfrac{B}{C}$.

DIVISION.

78. *Pour diviser une fraction algébrique par une expression entière, on multiplie son dénominateur par cette expression ; ou bien, quand cela est possible, on divise son numérateur.*

Ainsi, A désignant une expression entière, on a

$$\frac{B}{C} : A = \frac{B}{CA}.$$

En effet, en multipliant par A la fraction $\dfrac{B}{CA}$, on trouve pour résultat (n° 77),

$$\frac{BA}{CA} = \frac{B}{C};$$

donc $\dfrac{B}{CA}$ est bien le quotient de $\dfrac{B}{C}$ par A.

Exemple : 1° Le quotient de $\dfrac{2b^2}{a+b}$ par $a-b$ est

$$\frac{2b^2}{(a+b)(a-b)} = \frac{2b^2}{a^2-b^2}.$$

2° Le quotient de $\dfrac{a^2-b^2}{4ab}$ par $a+b$ est

$$\frac{a^2-b^2}{4ab(a+b)} = \frac{(a+b)(a-b)}{4ab(a+b)} = \frac{a-b}{4ab};$$

ici, il a suffi de diviser par $a+b$ le numérateur a^2-b^2 de la fraction.

79. *Pour diviser une expression algébrique quelconque par une fraction, on la multiplie par la fraction diviseur renversée.*

Ainsi, quelle que soit l'expression A, on a

$$A : \frac{B}{C} = A \times \frac{C}{B}.$$

En effet, en multipliant par la fraction $\dfrac{B}{C}$ le produit $A \times \dfrac{C}{B}$, on trouve pour résultat

$$A \times \frac{C}{B} \times \frac{B}{C} = A \times \frac{BC}{BC} = A;$$

c'est-à-dire que le produit $A \times \dfrac{C}{B}$ est le quotient de A par la fraction $\dfrac{B}{C}$.

Exemple: Le quotient de $\dfrac{a^3+b^3}{a^2-b^2}$ par $\dfrac{a^2+b^2}{a-b}$ est égal au produit de $\dfrac{a^3+b^3}{a^2-b^2}$ par $\dfrac{a-b}{a^2+b^2}$, c'est-à-dire à

$$\frac{(a^3+b^3)(a-b)}{(a^2-b^2)(a^2+b^2)} = \frac{a^2-ab+b^2}{a^2+b^2} = 1 - \frac{ab}{a^2+b^2}.$$

80. Nous terminerons en démontrant un théorème important, et dont les applications sont très-nombreuses.

THÉORÈME. *Quand plusieurs fractions sont égales, une fraction ayant pour numérateur la somme des numérateurs, et pour dénominateur la somme des dénominateurs, est égale à chacune d'elles.*

Ainsi, les fractions $\dfrac{a}{b}$, $\dfrac{a'}{b'}$, $\dfrac{a''}{b''}$, étant égales entre elles, elles sont aussi égales à la fraction

$$\frac{a+a'+a''}{b+b'+b''}.$$

En effet, $\dfrac{a}{b}$ représentant le quotient de a par b, de a' par b', et de a'' par b'', on a les égalités

$$a = \frac{a}{b} \times b, \quad a' = \frac{a}{b} \times b', \quad a'' = \frac{a}{b} \times b'';$$

faisons la somme de ces égalités membre à membre, nous aurons

$$a+a'+a'' = \frac{a}{b}(b+b'+b'');$$

alors, $a+a'+a''$ étant le produit de $\dfrac{a}{b}$ par $(b+b'+b'')$,

$\dfrac{a}{b}$ est le quotient de $a+a'+a''$ par $b+b'+b''$. On peut

donc écrire

$$\frac{a}{b}=\frac{a'}{b'}=\frac{a''}{b''}=\frac{a+a'+a''}{b+b'+b''}.$$

EXERCICES.

1. Simplifier la fraction $\dfrac{4a^2c-4abc+4ac^2}{5a^2-5ab+5ac}$.

Rép. $\dfrac{4c}{5}$.

2. Simplifier la fraction $\dfrac{4a^5b^2-4a^3b^4}{3a^4b^3-6a^3b^4+3a^2b^5}$.

Rép. $\dfrac{4a(a+b)}{3b(a-b)}$.

3. Simplifier la fraction $\dfrac{4a^2x-6a^2x^2}{8a^4x-24a^3x^2+18a^2x^3}$.

Rép. $\dfrac{1}{2a-3x}$.

4. Faire la somme et la différence de $\dfrac{3a^2}{2b}$ et $\dfrac{2a}{5}$.

Rép. $\dfrac{15a^2+4ab}{10b}$ et $\dfrac{15a^2-4ab}{10b}$.

5. Ajouter $\dfrac{2a+1}{3b}$ et $\dfrac{4a+2}{5b}$.

Rép. $\dfrac{22a+11}{15b}$.

6. Simplifier la fraction $\dfrac{(a-b)(a+b+c)(a+b-c)}{2a^2b^2+2a^2c^2+2b^2c^2-a^4-b^4-c^4}$.

Rép. $\dfrac{a-b}{(c+a-b)(c-a+b)}$.

7. Faire la somme $\dfrac{a}{a+b}+\dfrac{a}{a-b}+\dfrac{c^2-2a^2}{a^2-b^2}$.

Rép. $\dfrac{c^2}{a^2-b^2}$.

8. Soustraire $\dfrac{1}{a^2-b^2}$ de $\dfrac{a+b}{a^3-b^3}$.

Rép. $\dfrac{ab}{(a+b)(a^3-b^3)}$.

9. Réduire $\dfrac{a^3-b^3}{a^3-2a^2b+2ab^2-b^3}$ à sa plus simple expression

Rép. $\dfrac{a^2+ab+b^2}{a^2-ab+b^2}$.

10. Faire la somme $\dfrac{5a^2+b}{3b}+\dfrac{4a^2+2b}{5b}$.

Rép. $\dfrac{37a^2+11b}{15b}$.

11. Ajouter les fractions $\dfrac{a+b}{a-b}$ et $\dfrac{a-b}{a+b}$.

Rép. $\dfrac{2(a^2+b^2)}{a^2-b^2}$.

12. Simplifier la fraction $\dfrac{abx^2+a^2xy+aby^2+b^2xy}{abx^2+a^2xy-aby^2-b^2xy}$.

Rép. $\dfrac{ax+by}{ax-by}$.

13. Faire la somme $\dfrac{a^2b^2(1+m^2)}{a^2m^2+b^2}+\dfrac{a^4m^2+b^4}{a^2m^2+b^2}$.

Rép. a^2+b^2.

14. Mettre la somme $3a+\dfrac{4a}{b}$ sous forme de fraction.

Rép. $\dfrac{3ab+4a}{b}$.

15. De $\dfrac{4c}{a-b}$ retrancher $\dfrac{4c}{a+b}$.

Rép. $\dfrac{8bc}{a^2-b^2}$.

16. Effectuer la différence $\dfrac{(a+b)^2}{a^3-b^3}-\dfrac{a-b}{a^2+ab+b^2}$.

Rép. $\dfrac{4ab}{a^3-b^3}$.

17. Effectuer les calculs $\dfrac{a^2x-ax^2}{a^2-x^2} + \dfrac{a^3+a^2x}{a^2+2ax+x^2} - \dfrac{a^3-2ax}{a-x}$.

Rép. $\dfrac{ax}{a-x}$.

18. Effectuer $\dfrac{1}{2a^2-4a+2} + \dfrac{1}{2a^2+4a+2} - \dfrac{1}{a^2-1}$.

Rép. $\dfrac{2}{(a^2-1)^2}$.

19. Effectuer et simplifier le produit $\dfrac{a^2-b^2}{5a} \times \dfrac{2b}{a-b}$.

Rép. $\dfrac{2b(a+b)}{5a}$,

20. Multiplier $\dfrac{3a^2-5a}{14b}$ par $\dfrac{7b}{2a^2-3a}$.

Rép. $\dfrac{3a-5}{2(2a-3)}$.

21. Multiplier $\dfrac{2a}{a-b}$ par $\dfrac{a^2-b^2}{4a}$.

Rép. $\dfrac{a+b}{2}$.

22. Diviser : 1° $\dfrac{6a^2}{7a-7}$ par $\dfrac{2a}{a-1}$; 2° $\dfrac{3(a^2-b^2)}{2a(a+b)}$ par $\dfrac{4a^2b}{2a}$.

Rép. 1° $\dfrac{3a}{7}$; 2° $\dfrac{3(a-b)}{4a^2b}$.

23. Effectuer l'addition $\dfrac{x^2y^2}{b^2c^2} + \dfrac{(x^2-b^2)(y^2-b^2)}{b^2(b^2-c^2)}$

$+ \dfrac{(x^2-c^2)(y^2-c^2)}{c^2(c^2-b^2)}$, et simplifier le résultat.

Rép. 1.

24. Effectuer $\dfrac{x^2y^2z^2}{b^2c^2} + \dfrac{(x^2-b^2)(y^2-b^2)(z^2-b^2)}{b^2(b^2-c^2)}$

$+ \dfrac{(x^2-c^2)(y^2-c^2)(z^2-c^2)}{c^2(c^2-b^2)}$, et simplifier le résultat.

Rép. $x^2+y^2+z^2-b^2-c^2$.

25. **Mettre sous forme d'un polynôme entier et d'une fraction** le quotient de $x^5 - 2x^3 + x - 1$ par $x^2 - 3$.

Rép. $x^3 + x + \dfrac{4x - 1}{x^2 - 3}$.

26. Diviser $\dfrac{3a^2b - 3ab^2}{5cd}$ par $\dfrac{4c^2d + 3d^2}{5c^2}$.

Rép. $\dfrac{3abc\,(a - b)}{d^2\,(4c^2 + 3d^2)}$.

27. Diviser $2a + \dfrac{3a^2 + b^2}{5a}$ par $\dfrac{4a + b}{3}$.

Rép. $\dfrac{39a^2 + 3b^2}{20a^2 + 5ab}$.

28. **Mettre le quotient de** $x^5 + 5x^4 + 2x^3$ par $x^2 + x$ **sous** forme d'un polynôme entier et d'une fraction.

Rép. $x^3 + 4x^2 - 2x + 2 - \dfrac{2x}{x^2 + x}$.

29. Diviser par

$\dfrac{a - 2x}{a + x}$ le produit suivant $\left(1 + \dfrac{a - x}{a + x}\right)\left(2a - \dfrac{a^2 - ax}{a - x}\right)$.

Rép. $\dfrac{2a^2}{a - 2x}$.

30. Simplifier la fraction $\dfrac{1 - a^2}{(1 + ax)^2 - (a + x)^2}$.

Rép. $\dfrac{1}{1 - x^2}$.

31. Effectuer les calculs $\dfrac{x^3}{x - 1} - \dfrac{x^2}{x + 1} - \dfrac{1}{x - 1} + \dfrac{1}{x + 1}$.

Rép. $x^2 + 2$.

LIVRE II

ÉQUATIONS ET PROBLÈMES DU PREMIER DEGRÉ.

CHAPITRE I

Équations du premier degré à une inconnue.

DÉFINITIONS.

81. On appelle *égalité* la réunion par le signe $=$ de deux expressions algébriques, qui sont les *membres* de l'égalité ; celle qui est à gauche du signe $=$ est le *premier membre* ; celle qui est à droite est le *second membre*.

82. Une *identité* est une égalité dans laquelle il n'entre aucune lettre ; ou bien dont les deux membres sont égaux, quels que soient les nombres mis à la place des lettres.

Exemples: $5 \times 2 = 7 + 3$, $(a + b)(a - b) = a^2 - b^2$.

83. On nomme *équation* une égalité qui n'a lieu que pour certaines valeurs particulières attribuées à une ou plusieurs des lettres qu'elle renferme, et qu'on appelle *inconnues*. Ainsi

$$5x - 4 = 6 + 3x, \quad 2x - 5y = 3,$$

sont des équations.

En effet, les deux membres de la première sont égaux seulement quand on remplace x par 5. Ceux de la seconde sont égaux, pour $x=4$ et $y=1$; pour $x=2$ et $y=\dfrac{1}{5}$; ils ne le sont pas pour $x=8$ et $y=2$.

84. On appelle *solutions* ou *racines* d'une équation les nombres qui, mis à la place des inconnues, rendent égaux les deux membres de cette équation ; on dit que ces solutions *satisfont* à l'équation, ou encore la *vérifient*.

Ainsi, $x=5$ est une solution de la première des deux équations précédentes; l'ensemble des deux valeurs $x=4$ et $y=1$ en est une de la seconde.

Trouver toutes les solutions d'une équation, c'est la *résoudre*.

85. Le *degré* d'une équation qui ne contient aucune inconnue, soit sous un radical, soit en dénominateur, est la somme des exposants des inconnues dans le terme où cette somme est la plus grande. Les équations d'un même degré se distinguent d'après le nombre des inconnues qu'elles contiennent. Ainsi, des deux équations

$$x^2+5=5x, \quad 4xy^2-8x=7y+3,$$

la première est du second degré et à une inconnue, la seconde est du troisième degré et à deux inconnues.

86. Deux équations sont dites *équivalentes* quand elles ont exactement toutes les mêmes solutions.

Nous allons démontrer deux principes qui sont continuellement employés pour transformer une équation en une autre équivalente.

PRINCIPES GÉNÉRAUX.

87. PREMIER PRINCIPE. *En ajoutant ou retranchant aux deux membres d'une équation une même quantité pouvant contenir l'inconnue, ou les inconnues quand y en a plusieurs, on la transforme en une autre équivalente.*

Ainsi les deux équations

(1) $$2x^2 - 7x + 16 = x^2 + 6,$$

(2) $$2x^2 - 7x + 16 + 3x - 2 = x^2 + 6 + 3x - 2,$$

dont la seconde a été obtenue en ajoutant $3x - 2$ aux deux membres de la première, sont équivalentes.

D'abord, toutes les solutions de l'équation (1) sont des solutions de l'équation (2). En effet, un nombre qui est racine de l'équation (1), substitué à x, transforme les deux membres de cette équation en deux nombres égaux; et si à chacun de ces nombres on ajoute la valeur correspondante de $3x - 2$, on obtient deux sommes égales. Or, ces deux sommes sont les valeurs que prennent les deux membres de l'équation (2) lorsqu'on y remplace x par le nombre considéré; celui-ci est donc une solution de l'équation (2).

Réciproquement, toutes les solutions de l'équation (2) sont des solutions de l'équation (1). Car, les deux membres de l'équation (2) deviennent des nombres égaux quand on substitue à x un nombre qui est solution de cette équation; et si de chacun de ces deux nombres égaux on retranche la valeur correspondante de $3x - 2$, on obtient deux restes égaux. Mais ces deux restes sont les valeurs des deux membres de l'équation (1) lorsqu'on remplace x par le nombre considéré; donc celui-ci est une solution de l'équation (1) comme de l'équation (2).

Ainsi, les deux équations admettent les mêmes solutions, elles sont équivalentes.

Si l'on avait retranché des deux membres de l'équation une même quantité, $3x - 2$ par exemple, la démonstration aurait été la même.

88. Les raisonnements qui précèdent subsistent sans modification pour une équation contenant plusieurs inconnues; le principe s'applique donc à une telle équation.

89. APPLICATION. Ce principe sert à faire passer un terme d'une équation d'un membre dans l'autre.

En effet, considérons l'équation

$$2x^2 - 7x + 16 = x^2 + 6 ;$$

ajoutons $7x$ à ses deux membres, nous obtiendrons l'équation équivalente

$$2x^2 - 7x + 16 + 7x = x^2 + 6 + 7x.$$

Les termes $+7x$ et $-7x$ se détruisant dans le premier membre, l'équation peut s'écrire

$$2x^2 + 16 = x^2 + 6 + 7x ;$$

et l'on voit que le terme $7x$, qui avait le signe $-$ dans le premier membre, se trouve dans le second avec le signe $+$. Donc :

RÈGLE. *Pour faire passer un terme d'une équation d'un membre dans l'autre, on l'efface dans le membre où il est, et on l'écrit dans l'autre avec un signe contraire.*

90. DEUXIÈME PRINCIPE. *Quand on multiplie ou divise les deux membres d'une équation par une même quantité, qui n'est pas nulle, et qui ne contient aucune inconnue, on forme une équation équivalente à la première.*

Ainsi, les deux équations

(1) $$2x - 3 = 7 - 4x,$$

(2) $$(2x - 3)m = (7 - 4x)m,$$

dont la seconde a été obtenue en multipliant les deux membres de la première par un même nombre m, différent de zéro, sont équivalentes.

En effet, une solution de l'équation (1) rend ses deux membres égaux, par suite aussi ces deux membres multipliés par un même nombre m, c'est-à-dire ceux de l'équation (2); en d'autres termes toute solution de l'équation (1) en est une de l'équation (2).

Réciproquement, toute solution de l'équation (2) en est une de l'équation (1); car elle rend égaux les deux membres de cette équation (2), et aussi le quotient de leur division par le nombre m, c'est-à-dire les deux membres de l'équation (1).

Les deux équations ont donc bien les mêmes solutions, elles sont équivalentes.

Diviser par m, c'est multiplier par $\dfrac{1}{m}$, de sorte que le principe est démontré complétement.

91. Les raisonnements qui viennent d'être faits ne supposent point que l'équation considérée contient une seule inconnue.

92. Lorsque l'on multiplie ou divise les deux membres d'une équation par une expression algébrique contenant l'inconnue ou quelques-unes des inconnues, l'équation obtenue peut n'être pas équivalente à l'équation donnée.

1° En multipliant par $x-8$ les deux membres de l'équation

(1) $$2x-3=7-4x,$$

on obtient l'équation

(2) $$(2x-3)(x-8)=(7-4x)(x-8).$$

Cette équation (2) admet toutes les solutions de l'équation (1), on le démontrerait comme plus haut (n° 90); mais elle admet en outre la solution $x=8$, pour laquelle le binôme $x-8$ est nul, ainsi que les deux membres de l'équation (2).

Si donc on est obligé de multiplier les deux membres d'une équation par une expression algébrique contenant des inconnues, après avoir résolu la nouvelle équation, on devra vérifier quelles sont les solutions trouvées qui satisfont à la première équation, et rejeter les autres qui sont *étrangères*.

2º Supposons qu'on ait à résoudre l'équation

$$x^2 = 3x,$$

qui admet la solution $x = 0$; en divisant ses deux membres par x, on obtient une nouvelle équation

$$x = 3,$$

qui n'est plus vérifiée pour $x = 0$. Ainsi, en divisant les deux membres d'une équation par une expression contenant une inconnue, on supprime les solutions pour lesquelles cette expression serait nulle. Il faut tenir compte de ces solutions.

3º Si le multiplicateur ou le diviseur qu'on emploie, sans contenir aucune inconnue, est composé de lettres représentant des nombres connus, les deux équations ne sont pas toujours équivalentes. Ainsi les deux équations

$$2x - 3 = 7 - 4x$$
$$(a - 5b)(2x - 3) = (7 - 4x)(a - 5b)$$

sont équivalentes si a est différent de $5b$, car l'une d'elles s'obtient en multipliant ou divisant les deux membres de l'autre par le nombre $a - 5b$ différent de zéro ; mais si a est égal à $5b$, $a - 5b$ est nul, la seconde équation admet pour solutions tous les nombres possibles, et non pas la première.

On doit donc se garder, dans ce cas, de faire plus tard aucune hypothèse pouvant annuler le multiplicateur ou le diviseur.

93. APPLICATION. Le second principe (nº 90) permet de transformer une équation qui contient des dénominateurs en une autre qui n'en a plus. On dit alors qu'on a *fait disparaître* ou *chassé* les dénominateurs.

Soit, par exemple, l'équation

$$2x - \frac{3}{4} + \frac{x}{2} = 7 + \frac{5x}{8};$$

réduisons tous les termes au même dénominateur 8, nous aurons

$$\frac{16x}{8} - \frac{6}{8} + \frac{4x}{8} = \frac{56}{8} + \frac{5x}{8}.$$

Multiplions maintenant les deux membres par 8, ce qui revient à supprimer tous les dénominateurs ; nous obtiendrons l'équation

$$16x - 6 + 4x = 56 + 5x,$$

qui ne contient plus de dénominateurs, et qui est équivalente à l'équation donnée, d'après le second principe. On a donc cette règle :

RÈGLE. *Pour chasser les dénominateurs d'une équation, on opère comme si l'on voulait réduire tous ses termes au même dénominateur ; et on n'écrit pas le dénominateur commun.*

RÉSOLUTION D'UNE ÉQUATION DU PREMIER DEGRÉ

A UNE INCONNUE.

94. 1° Soit proposé de résoudre l'équation

$$4x + 3 = 2x + 13.$$

Faisons passer tous les termes qui contiennent l'inconnue x dans le premier membre, et dans le second les termes connus, d'après la règle du n° 89, nous aurons

$$4x - 2x = 13 - 3 ;$$

effectuons dans les deux membres toutes les réductions possibles, il vient

$$2x = 10 ;$$

enfin, divisons les deux membres de cette dernière équation par le coefficient de x, qui est 2, nous obtiendrons

$$x = \frac{10}{2} = 5.$$

Cette dernière équation est équivalente à la proposée dont on l'a déduite en appliquant seulement les principes démontrés aux n⁰ˢ 87 et 90. Or, sous cette forme, on voit que le nombre 5 est le seul qui puisse rendre égaux les deux membres ; 5 est donc la solution unique de l'équation.

Pour vérifier cette solution, substituons-la dans l'équation proposée ; le premier membre devient alors $20 + 3 = 23$, le second devient $10 + 13 = 23$, ils sont bien égaux.

2° Soit encore proposée l'équation

$$\frac{3x}{2} - 1 = \frac{3x}{4} + 2.$$

Chassons d'abord les dénominateurs ; et pour cela, réduisons tous les termes au même dénominateur 4, sans toutefois écrire le dénominateur commun, nous aurons

$$6x - 4 = 3x + 8.$$

Faisons ensuite passer dans le premier membre tous les termes contenant l'inconnue, dans le second les termes tout connus,

$$6x - 3x = 8 + 4 ;$$

effectuons les réductions,

$$3x = 12,$$

divisons les deux membres par le coefficient 3 de x,

$$x = \frac{12}{3} = 4.$$

La racine de l'équation est donc 4.

Vérifions : en substituant 4 à x, nous trouvons $6 - 1$ ou 5 pour le premier membre, et $3 + 2$ ou 5 pour le second.

95. De ces deux exemples résulte la règle suivante pour résoudre une équation du premier degré à une inconnue :

RÈGLE. *On chasse d'abord les dénominateurs, s'il y en a; on fait ensuite passer dans un membre tous les termes contenant l'inconnue, dans l'autre tous les termes connus. On réunit en un seul tous les termes de chaque membre; on divise par le coefficient de l'inconnue le nombre tout connu, et le quotient de cette division est la solution de l'équation proposée.*

Après avoir résolu une équation, on doit toujours s'assurer qu'on ne s'est pas trompé dans les calculs. Pour cela, on substitue à l'inconnue le nombre trouvé pour solution, successivement dans les deux membres de l'équation proposée, et on voit si on obtient deux résultats égaux.

96. Appliquons cette règle à quelques **exemples.**

1° Soit proposé de résoudre l'équation

$$5 + \frac{11x - 37}{2} = 3x + \frac{2x + 6}{5}.$$

Chassons les dénominateurs, d'après la **règle du** n° 93,

$$50 + 55x - 185 = 30x + 4x + 12;$$

transposons les termes, c'est-à-dire faisons passer dans le premier membre les termes en x, dans le second les termes connus,

$$55x - 30x - 4x = 12 - 50 + 185;$$

effectuons les réductions dans les deux membres,

$$21x = 147;$$

enfin, divisons les deux membres par 21,

$$x = 7.$$

Pour vérifier, remplaçons x par 7 dans l'équation proposée; le premier membre devient égal à $5 + 20$ ou 25, le second devient égal à $21 + 4$ ou 25; ils sont bien égaux.

2º Résoudre l'équation

$$\frac{19-x}{2} = x + \frac{11-x}{3}.$$

Chassons les dénominateurs, en multipliant tous les termes par 6,

$$57 - 3x = 6x + 22 - 2x;$$

faisons passer dans le premier membre les termes en x, et dans le second les termes connus,

$$-3x - 6x + 2x = 22 - 57.$$

Ici les réductions ne peuvent s'effectuer dans aucun des deux membres; en effet, dans le premier on a $9x$ à retrancher de $2x$, et dans le second 57 à retrancher de 22. Toute difficulté disparaîtra si l'on fait passer tous les termes du premier membre dans le second, et inversement, car alors tous les termes changeront de signe, et l'on aura

$$-22 + 57 = 3x + 6x - 2x.$$

Mais on peut évidemment écrire cette dernière équation ainsi

$$3x + 6x - 2x = -22 + 57;$$

et on voit qu'on l'obtient sous cette forme en changeant simplement les signes de tous les termes dans l'équation où les soustractions étaient impossibles.

Faisant maintenant les réductions, on trouve successivement

$$7x = 35,$$

puis

$$x = 7.$$

3° La règle énoncée au n° 95 s'applique aussi aux équations dans lesquelles les nombres connus sont représentés par des lettres. Considérons, par exemple, l'équation

$$\frac{3(x-a)}{a+b} - \frac{x+a}{b} = 4.$$

Chassons les dénominateurs en multipliant tous les termes par $b(a+b)$, nous aurons

$$3b(x-a) - (a+b)(x+a) = 4b(a+b),$$

ou bien, en effectuant les calculs indiqués,

$$3bx - 3ab - ax - bx - a^2 - ab = 4ab + 4b^2.$$

transposons les termes

$$3bx - ax - bx = 4ab + 4b^2 + 3ab + a^2 + ab;$$

réduisons les termes semblables,

$$2bx - ax = 8ab + 4b^2 + a^2;$$

mettons x en facteur commun dans le premier membre,

$$x(2b - a) = 4b^2 + 8ab + a^2.$$

Enfin, supposons que a ne soit pas égal à $2b$, et divisons les deux membres par $2b - a$, nous aurons définitivement

$$x = \frac{4b^2 + 8ab + a^2}{2b - a}.$$

Pour vérifier cette valeur de x, substituons-la dans le premier membre de l'équation proposée. Nous aurons d'abord, toutes réductions opérées,

$$x - a = \frac{4b^2 + 6ab + 2a^2}{2b - a}, \quad \frac{3(x-a)}{a+b} = \frac{12b^2 + 18ab + 6a^2}{(2b-a)(a+b)};$$

nous trouverons de même,

$$x + a = \frac{4b^2 + 10ab}{2b - a}, \quad \frac{x+a}{b} = \frac{4b + 10a}{2b - a}.$$

Donnons à cette dernière fraction le même dénominateur qu'à la première, en multipliant ses deux termes par $a+b$, nous aurons

$$\frac{(4b+10a)(a+b)}{(2b-a)(a+b)}=\frac{4b^2+14ab+10a^2}{(2b-a)(a+b)};$$

le premier membre devient donc égal à

$$\frac{12b^2+18ab+6a^2}{(2b-a)(a+b)}-\frac{4b^2+14ab+10a^2}{(2b-a)(a+b)}=\frac{8b^2+4ab-4a^2}{(2b-a)(a+b)}.$$

Effectuant les calculs indiqués au dénominateur, il vient

$$\frac{8b^2+4ab-4a^2}{2b^2+ab-a^2}=\frac{4(2b^2+ab-a^2)}{2b^2+ab-a^2}=4;$$

le premier membre est bien égal au second.

97. Les équations que nous venons de résoudre admettent toutes une solution, et une seule ; les suivantes en ont une infinité, ou aucune.

1° Considérons l'équation

$$\frac{x}{3}+8-\frac{3x}{4}=2+\frac{17x}{60}-\frac{7x}{10}+6.$$

Les dénominateurs étant chassés, elle devient

$$20x+480-45x=120+17x-42x+360;$$

faisons passer tous les termes en x dans le premier membre, tous les autres dans le second, nous aurons

$$20x-45x-17x+42x=120+360-480.$$

En faisant les réductions dans les deux membres, nous trouvons que tous les termes se détruisent ; quel que soit le nombre substitué à x, les deux membres sont nuls, et par suite égaux. Ainsi, l'équation a pour solutions tous les nombres possibles.

2° Soit encore l'équation

$$\frac{x}{3}+8-\frac{3x}{4}=2+\frac{17x}{60}-\frac{7x}{10}+9.$$

Chassons les dénominateurs,

$$20x + 480 - 45x = 120 + 17x - 42x + 540;$$

transposons les termes,

$$20x - 45x - 17x + 42x = 120 + 540 - 480$$

Effectuant les réductions, nous trouvons que les termes en x se détruisent dans le premier membre, et que le second membre est égal à 180. Ainsi, quel que soit le nombre substitué à x, le premier membre est toujours nul, et par suite n'est pas égal au second; l'équation n'a aucune solution.

EXERCICES.

1. Résoudre l'équation : $3(x - 9) = 2x - 5(x - 3)$.
Rép. $x = 7$.

2. Résoudre l'équation : $\dfrac{x}{2} + \dfrac{x}{3} + \dfrac{x}{4} = 13$.
Rép. $x = 12$.

3. Résoudre l'équation : $\dfrac{2x}{3} + \dfrac{3x}{4} - \dfrac{x}{6} = x - \dfrac{7x}{12} + 5$.
Rép. $x = 6$.

4. Résoudre l'équation : $\dfrac{6x - 4}{3} - 2 = \dfrac{18 - 4x}{3} + x$.
Rép. $x = 4$.

5. Résoudre $\dfrac{3x - 11}{16} + 21 = \dfrac{5x - 5}{8} + \dfrac{97 - 7x}{2}$.
Rép. $x = 9$.

6. Résoudre $2x - \dfrac{x + 3}{3} = \dfrac{12x + 26}{5} - 15$.
Rép. $x = 12$.

7. Résoudre $\dfrac{5ax}{2b} - \dfrac{(a + b)x}{b} = \dfrac{ac}{b}$.
Rép. $x = \dfrac{2ac}{3a - 2b}$.

8. Résoudre $\dfrac{7x+5}{3} - \dfrac{16+4x}{5} + 6 = \dfrac{3x+9}{2}$.

Rép. $x=1$.

9. Résoudre $\dfrac{17-3x}{5} - \dfrac{4x+2}{3} = 5 - 6x + \dfrac{7x+14}{3}$.

Rép. $x=4$.

10. Résoudre $x - \dfrac{3x-3}{5} + 4 = \dfrac{20-x}{2} - \dfrac{6x-8}{7} + \dfrac{4x-4}{5}$.

Rép. $x=6$.

11. Résoudre l'équation $\sqrt{4x+16} = 12$.

Rép. On élève au carré les deux membres, et on trouve $x=32$.

12. Résoudre l'équation $\sqrt[3]{2x+3} = 3$.

Rép. En élevant au cube, on trouve $x=12$.

13. Résoudre l'équation $2 + \sqrt{x} = \sqrt{12+x}$.

Rép. En élevant au carré, on trouve

$$4 + x + 4\sqrt{x} = 12 + x;$$

transposant les termes,

$x + 4\sqrt{x} - x = 12 - 4$, ou $4\sqrt{x} = 8$, ou encore $\sqrt{x} = 2$;

élevant encore au carré, on trouve $x = 4$.

14. Résoudre $3x + \dfrac{a}{b} + cx = \dfrac{a+x}{3} - \dfrac{b-x}{a}$.

Rép. $x = \dfrac{a^2b + 3a^2 - 3b^2}{8ab + 3abc - 3b}$.

15. Résoudre $5x - \dfrac{2x-1}{3} + 1 = 3x + \dfrac{x+2}{2} + 7$.

Rép. $x=8$.

16. Résoudre l'équation $5x + 1 = 8 - 2x$.

Rép. $x=1$.

17. Résoudre l'équation $6x - 5 = 1 + 3x$.

Rép. $x=2$.

18. Résoudre $7x + 4 = 40 - 5x$.

Rép. $x=3$.

19. Résoudre $\dfrac{10x+5}{3} = 2x+7$.

Rép. $x = 4$.

20. Résoudre $\dfrac{ax}{a+c} + 2ac - a^2 = \dfrac{cx}{a-c} - c^2$.

Rép. $x = a^2 - c^2$.

21. Résoudre $3x - 10 = \dfrac{x+20}{5}$.

Rép. $x = 5$.

22. Résoudre $\dfrac{5x}{2} - 7{,}2 = 9 + x$.

Rép. $x = 10{,}8$.

23. Résoudre $\dfrac{6}{5} - x = \dfrac{4x}{5}$.

Rép. $x = \dfrac{2}{3} = 0{,}666\ldots$

24. Résoudre $(a+x)(b+x) - a(b+c) = \dfrac{a^2c}{b} + x^2$.

Rép. $x = \dfrac{ac}{b}$.

25. Résoudre $\dfrac{3(2x+1)}{4} - 5 - \dfrac{3x+2}{10} = \dfrac{2(3x-1)}{5}$.

Rép. Impossibilité.

26. Résoudre $\dfrac{x}{3} + 75 + \dfrac{5x}{12} - 35 = 2 + \dfrac{x+1}{3}$.

Rép. Impossibilité.

27. Résoudre $\dfrac{x+1}{2} + \dfrac{5-x}{6} = 2 + \dfrac{x+1}{3}$.

Rép. Impossibilité.

28. Résoudre $\dfrac{x+1}{2} + \dfrac{5-x}{6} = 1 + \dfrac{x+1}{3}$.

Rép. Indétermination.

29. Résoudre $\dfrac{x+10}{2} + \dfrac{2}{3}(x+20) + \dfrac{5}{6}(x-34) = 2(x-5)$.

Rép. Indétermination.

30. Résoudre $\dfrac{3(2x+1)}{4} - \dfrac{5x+3}{6} + \dfrac{x+1}{4} = x + \dfrac{7}{12}$.

Rép. Indétermination.

CHAPITRE II.

Problèmes du premier degré à une inconnue.

98. La résolution d'un problème d'algèbre se compose toujours de deux parties distinctes :

1° La *mise en équation*, ou formation d'une ou plusieurs équations que doivent vérifier l'inconnue ou les inconnues de la question ;

2° La *résolution* de cette équation ou de ces équations.

Quand les données sont représentées par des lettres, il y a une troisième partie, la *discussion* du problème ; elle consiste à chercher les limites entre lesquelles peuvent varier les données pour que le problème soit possible, et à examiner les circonstances remarquables que peuvent présenter les formules trouvées entre ces limites.

99. Il est impossible de donner, pour la mise en équation, une règle précise et applicable à tous les problèmes. Voici ce qu'on peut dire de plus général : *Après avoir bien étudié les définitions et les principes relatifs à la question qu'il s'agit de résoudre, on représente par des lettres* x, y, z,... *les nombres dont la connaissance fournirait la solution ; puis on indique les opérations qu'il faudrait effectuer sur les données et ces lettres, si on voulait vérifier qu'elles représentent bien les nombres cherchés ; et on écrit les égalités qui auraient lieu si cela était ; ce sont les équations du problème.*

Dans le chapitre précédent, nous avons appris à traiter la seconde partie, toutes les fois que le problème conduit à une seule équation du premier degré à une inconnue ; c'est le cas des problèmes qui suivent.

Quant à la troisième partie, ou discussion, nous en parlerons dans un des chapitres suivants.

100. PROBLÈME I. — *Trouver un nombre dont les $\frac{3}{5}$ diminués de 15 donnent 21.*

Représentons par x le nombre cherché; les $\frac{3}{5}$ de ce nombre, diminués de 15, donnent $\frac{3}{5}x - 15$; ce résultat doit être égal à 21, on a donc l'équation

$$\frac{3}{5}x - 15 = 21.$$

En la résolvant, on trouve $x = 60$; le nombre cherché est donc 60.

Vérifions: les $\frac{3}{5}$ de 60 valent 36; en retranchant 15 de 36, on a bien 21.

101. PROBLÈME II. — *Un pêcheur promet à son fils 5 centimes chaque fois que celui-ci prendra du poisson; mais le fils rendra 3 centimes chaque fois qu'il ne prendra rien. Après 12 coups de filet, le père doit au fils 36 centimes; combien de fois ce dernier a-t-il pris du poisson?*

Soit x ce nombre de fois; $12 - x$ sera le nombre de fois qu'il n'a rien pris. Il a donc reçu x fois 5 centimes, ou $5x$ centimes; et il a rendu $(12 - x)$ fois 3 centimes, ou $(12 - x) \times 3$ centimes. Mais, ce qu'il a reçu surpasse de 36 centimes ce qu'il a rendu, donc on doit avoir

$$5x - (12 - x) \times 3 = 36,$$

telle est l'équation du problème. En la résolvant, on trouve successivement

$$5x - 36 + 3x = 36,$$

puis
$$8x = 72,$$

et enfin
$$x = 9.$$

Le fils a pris 9 fois du poisson; 3 fois il n'a rien pris.

4.

Vérifions ce nombre: le fils a reçu 9 fois 5, ou 45 centimes; il a rendu 3 fois 3 ou 9 centimes ; la différence entre 45 et 9 est bien 36.

102. PROBLÈME III. — *Une personne possède un capital de* 13000 *francs placé, partie à* 5%, *partie à* 4%; *quelles sont ces deux parties, la rente totale étant de* 550 *francs?*

Soit x francs la somme placée à 5%; 13000 — x sera l'autre: Les x francs rapportent $\dfrac{5x}{100}$ par an, et les (13000 — x) rapportent $\dfrac{(13000 — x)\times 4}{100}$; or, la rente totale est de 550 francs, donc

$$\frac{5x}{100} + \frac{(13000 — x)4}{100} = 550.$$

En résolvant cette équation, on trouve $x=$ 3000.

La personne possède 3000 fr. placés à 5 o/o, et 10000 fr. placés à 4 o/o.

Vérifions ces résultats : les 3000 fr. à 5 o/o produisent une rente de 150 fr.; les 10000 fr. à 4 o/o produisent une rente de 400 fr. ; cela fait bien en tout 550 fr. de rente.

103. PROBLÈME IV. — *Un orfèvre a deux lingots d'argent ; le titre de l'un est* 0,912; *celui de l'autre est* 0,840. *Quels poids doit-il prendre de ces deux lingots, pour avoir* 40 *grammes d'un alliage au titre de* 0,900?

Soit x le poids, en grammes, qu'il faut prendre du premier lingot; 40 — x sera le poids du second.

Dans 1$^{gr.}$ du premier lingot, il y a 0$^{gr.}$,912 d'argent pur, dans $x^{gr.}$ il y en a 0$^{gr.}$,912 $\times x$; de même, dans (40 — x) grammes du second lingot, il y a 0$^{gr.}$,840 $\times$ (40 — x) d'argent pur. Le poids d'argent contenu dans le nouvel alliage est la somme de ces deux poids ; en le divisant par 40, poids de cet alliage, on aura son titre ; et comme ce titre doit être 0,900,

$$\frac{0,912 \times x + 0,840 (40 - x)}{40} = 0,900$$

est l'équation du problème. En la résolvant, on trouve

$$x = 33^{gr.},33 \text{ à un centième près.}$$

Il faut donc prendre $33^{gr.},33$ du premier lingot, et $6^{gr.},67$ du second.

104. PROBLÈME V. — *Combien faut-il ajouter de cuivre à un alliage d'or et de cuivre pesant $30^{gr.}$, et au titre de 0,917, pour que le titre du lingot obtenu soit 0,840 ?*

Soit x le poids, en grammes, du cuivre qu'il faut ajouter ; $x + 30$ sera celui du nouveau lingot.

Ecrivons maintenant que les deux lingots contiennent le même poids d'or ; le premier contient $30 \times 0,917$ puisque son titre est 0,917 ; le second contient $(x + 30)0,840$.

On a donc l'équation

$$30 \times 0,917 = (x + 30)0,840;$$

en la résolvant, on trouve $x = 2,75$.

Il faut ajouter $2^{gr.},75$ de cuivre au lingot.

105. PROBLÈME VI. — *Deux trains partent en même temps, l'un de Paris, avec une vitesse de 46 kilom. à l'heure, l'autre de Saint-Quentin, avec une vitesse de 52 kilom. La distance entre ces deux villes est de 160 kilom. ; à quel point de la ligne se rencontreront les deux trains ?*

Soit x kilom. la distance de Paris au point de rencontre ; $160 - x$ sera la distance de Saint-Quentin au même point.

Les deux trains ont mis le même temps pour se rendre de leur point de départ au point de rencontre. Or, le premier met 1^h pour parcourir 46 kilom., $\frac{1}{46}$ d'heure pour parcourir 1 kilom., et $\frac{x}{46}$ d'heure pour parcourir

x kilom. De même le second met un temps $\frac{160 - x}{52}$

pour parcourir le chemin $160 - x$.

On a donc l'équation

$$\frac{x}{46} = \frac{160 - x}{52}; \quad \text{d'où} \quad x = 75,10.$$

La rencontre se fait donc à $75^{km},10$ de Paris ; à $84^{km},90$ de Saint-Quentin.

106. PROBLÈME VII. — *On a payé, pour 9 journées de travail, à 3 enfants, 5 femmes, et 10 hommes, une somme de 702 francs ; un homme gagne 12 fois autant qu'une femme, et une femme 3 fois autant qu'un enfant. Quel est le prix de la journée d'un homme, d'une femme, d'un enfant ?*

Ces ouvriers gagnent ensemble $\frac{702}{9}$ francs, ou 78 fr. par jour.

Soit x le prix d'une journée d'enfant, $3x$ sera celui d'une journée de femme, et 2 fois $3x$ ou $6x$ celui d'une journée d'homme. Donc, pour les 3 enfants, on paye $3x$ par jour ; pour les 5 femmes, 5 fois $3x$ ou $15x$; et pour les hommes, 10 fois $6x$ ou $60x$. Or, en totalité, on paye 78 francs par jour, d'où l'équation

$$3x + 15x + 60x = 78.$$

On tire de là

$$x = 1.$$

Un enfant reçoit donc 1 fr. par jour ; une femme 3 fr.; et un homme 6 fr.

107. PROBLÈME VIII. — *Une fontaine emplirait seule un bassin en 4 heures ; une seconde fontaine le remplirait seule en 3 heures ; combien de temps mettront-elles à le remplir, si elles coulent ensemble, et si le bassin est percé d'une ouverture par laquelle il se viderait en 12 heures ?*

Soit x heures le temps cherché.

En 1 heure, la première fontaine remplirait $\frac{1}{4}$ du bassin; en x heures, elle en remplira x fois $\frac{1}{4}$ ou $\frac{x}{4}$; la seconde en x heures en remplira $\frac{x}{3}$; et dans le même temps, l'ouverture laissera échapper $\frac{x}{12}$.

Or, après x heures le bassin est rempli; donc

$$\frac{x}{4}+\frac{x}{3}-\frac{x}{12}=1,$$

puisque la capacité du bassin est l'unité. En résolvant, on trouve $x=2$.

C'est donc en 2 heures que le bassin sera rempli. On peut le vérifier.

108. PROBLÈME IX. *Les aiguilles d'une montre sont exactement l'une sur l'autre entre les chiffres 5 et 6 du cadran. Quelle heure est-il?*

Le cadran est divisé en 60 parties égales. Soit x le nombre de ces divisions parcourues par la grande aiguille depuis que 5 heures sont sonnées; $x-25$ sera le nombre de divisions parcourues par la petite dans le même temps, puisqu'elle est partie du chiffre 5 en même temps que la grande du chiffre 12.

Mais la grande aiguille va douze fois plus vite que la petite, donc on a l'équation

$$x=(x-25)\times 12, \quad \text{d'où} \quad x=27+\frac{3}{11}.$$

Or, à 1 division parcourue par la grande aiguille correspond 1 minute de temps; donc il est 5 heures et 27 minutes 3/11.

109. PROBLÈME X. — *Une couronne pesant 300 grammes est formée d'or et d'argent, ou bien d'un alliage de ces deux métaux. On la pèse dans l'eau et on*

trouve qu'elle a perdu 20 grammes de son poids; on de-
mande quelle est la composition de la couronne, sachant
que la densité de l'or est 19,5 et celle de l'argent 10,5.

Soit x le poids, en grammes, de l'or qui entre dans
la composition de la couronne; $300 - x$ sera le poids
de l'argent.

On a vu, en physique, que le volume d'un corps est
égal au quotient de son poids par sa densité; $\dfrac{x}{19,5}$ et
$\dfrac{300 - x}{10,5}$ seront donc les volumes de l'or et de l'argent.

De plus, d'après le principe d'Archimède, un corps
plongé dans l'eau perd de son poids une partie égale au
poids d'un égal volume d'eau; donc 20 gr. est le poids
d'un volume d'eau égal au volume de la couronne. Mais
1 gramme est le poids de 1 centimètre cube d'eau, donc
la couronne a un volume de 20 centimètres cubes.

Maintenant, il est évident que le volume de la couronne est égal à la somme des volumes de l'or et de l'argent qui la composent; on a donc l'équation

$$\frac{x}{19,5} + \frac{300 - x}{10,5} = 20.$$

En résolvant cette équation, on trouve $x = 195$. Donc
il entre dans la couronne 195 grammes d'or et 105
grammes d'argent.

EXERCICES.

1. Deux personnes avaient un même capital; la première ayant
gagné 12000 francs; et la seconde en ayant perdu 8000, la première a le triple de l'autre. Quel est ce capital?

Rép. 18000 francs.

2. Une personne a dépensé le cinquième de son argent plus
10 francs, et il lui en reste encore la moitié plus 35 francs. Combien avait-elle?

Rép. 150 francs.

3. On a du vin à 0 fr. 65 le litre, et du vin à 0 fr. 90 : on veut former 150 litres d'un mélange qui revienne à 0 fr. 75 le litre; combien faut-il prendre de chaque espèce de vin ?

Rép. 90 litres à 0 fr. 65, et 60 litres à 0 fr. 90.

4. On veut échanger du velours à 15 fr. le mètre contre du drap à 12 fr.; combien doit-on recevoir de drap pour 18m de velours ?

Rép. 22m,50.

5. Partager 326 en deux parties telles que les $\frac{6}{5}$ de l'une soient égaux à la seconde diminuée de 7.

Rép. Les deux parties sont 145 et 181.

6. Une personne met en loterie un objet valant 378 fr. En mettant le billet à 3 fr. 40, elle perdrait autant qu'elle gagnerait en mettant à 5 fr.; combien a-t-elle fait de billets?

Rép. 90.

7. Un père a 57 ans, son fils en a 13; dans combien de temps l'âge du père sera-t-il triple de celui du fils?

Rép. Dans 9 ans.

8. Combien faut-il ajouter d'or pur à 25 gr. d'un lingot d'or au titre de 0,800, pour avoir un lingot au titre de 0,900?

Rép. 25gr

9. On a 30 gr. d'un lingot d'argent au titre de 0,800; combien faut-il ajouter d'un lingot d'argent au titre de 0,900, pour que le titre de l'alliage résultant soit 0,870?

Rép. 70 grammes.

10. Une personne achète un certain nombre d'objets pour 94 fr. Elle en perd 7; et en vendant au prix coûtant le quart de ce qui lui reste, elle reçoit 20 fr. Combien a-t-elle acheté d'objets?

Rép. 47.

11. Un maître promet à son domestique 400 fr. et un habit par an. Il le renvoie au bout de 10 mois, et lui donne, pour le payer intégralement, 325 fr. et l'habit. On demande la valeur de l'habit.

Rép. 50 francs.

12. Un marchand a deux espèces de thé, la 1re à 14 fr. le kilog., la 2e à 18 fr. Combien doit-il prendre de chaque espèce pour former une caisse de 100 kilog., qui vaille 1680 fr.?

Rép. 3o kilog. à 14 fr., et 70 kilog. à 18 fr.

13. Un entrepreneur a un certain nombre d'ouvriers. S'il donne 2 fr. 5o à chacun par jour, il gagne 10 fr. sur leur travail ; s'il donnait 3 fr., il perdrait 18 fr. Combien a-t-il d'ouvriers, et que reçoit-il par jour pour leur travail?

Rép. Il a 56 ouvriers, et reçoit 15o fr. par jour.

14. Une personne veut donner de l'argent à des pauvres. Il lui manque 2 fr. 5o pour donner o fr. 5o à chacun d'eux ; elle ne donne alors que o fr. 3o, et il lui reste 2 fr. 5o. Combien avait-elle d'argent, et quel est le nombre des pauvres?

Rép. On prend pour inconnue unique le nombre des pauvres ; on trouve qu'il y en a 25 : par suite la personne avait 10 fr.

15. On a 1200 litres de vin à 0,90 cent. le litre ; combien faut-il ajouter d'eau pour que le litre du mélange revienne à 0,75 cent. ?

Rép. 24o litres.

16. Un courrier part de Paris pour Strasbourg avec une vitesse de 12 kilom. à l'heure ; 12 heures après on dirige vers lui un second courrier qui fait 20 kilom. à l'heure. Après combien de temps rejoindra-t-il le premier?

Rép. Après 18 heures.

17. Deux mines de charbon A et B sont distantes l'une de l'autre de 225 kilom. Les 100 kilog. de charbon coûtent 3 fr. 75 en A et 4 fr. 25 en B. On paye au chemin de fer, pour le transport, o fr. o8 par 1000 kilog., et par kilom. Quel est le point de la ligne AB où le charbon coûte le même prix, qu'il vienne de A ou de B.

Rép. Ce point est situé à 143 kilom. 75 du point A.

18. Une montre marque midi, et l'aiguille des minutes est sur celle des heures ; à quelle heure se fera la prochaine rencontre des aiguilles?

Rép. A 1h5m5/11.

19. Un prisme droit est donné, lequel a une hauteur de 38489m ; sur une arête, à partir de la base, on prend une hauteur x ; sur une autre, une hauteur $x + 5o$; sur la troisième, une hauteur $x+120$. Par les extrémités de ces trois hauteurs, on mène un plan qui divise le prisme en deux parties ; comment faut-il prendre x pour que les deux parties soient équivalentes?

Rép. $x = 19187^m,83$ à un centième près.

20. Une personne doit 1475 fr. ; si elle avait 85o fr. de plus, elle

pourrait payer sa dette, et il lui resterait 160 fr.; combien a-t-elle?

Rép. 785 francs.

21. Deux frères achètent une maison. L'un ne peut payer que le tiers du prix de la maison, l'autre le quart ; et en réunissant les deux sommes, ils doivent encore 10000 francs. Quel est le prix de la maison?

Rép. 24000 francs.

22. Quelqu'un donne à trois personnes $\frac{1}{4}$, $\frac{1}{7}$ et $\frac{2}{11}$ de sa fortune et il reste 26200 francs ; quelle était sa fortune totale?

Rép. 61600 francs.

23. On mélange 7^{kg} de glace à 0° avec 30^{kg} d'eau à 47° ; quelle sera la température du mélange ? On prendra 79 pour chaleur latente de fusion de la glace.

Rép. 23°,1.

24. Un convoi parti à 8^h 20^m du matin d'une des extrémités d'un chemin de fer doit mettre 16^h 40^m pour atteindre l'autre extrémité située à 471^{km} de la première, on veut qu'un deuxième convoi, partant à 9^h 40^m, rejoigne le premier à 356^{km} du point de départ ; quelle doit être sa vitesse moyenne?

Rép. 31^{km},56 par heure.

25. Deux frères ont, le premier 20 ans, et le second 12 ans. Dans combien d'années l'âge de l'aîné sera-t-il égal à une fois et demie l'âge du second ?

Rép. Dans 4 ans.

26. Un père a 50 ans, et son fils en a 12. Dans combien de temps l'âge du père sera-t-il triple de celui de son fils?

Rép. Dans 7 ans.

27. Une personne laisse en mourant le tiers de son bien à sa veuve, le quart à sa fille, le cinquième à son fils, 10000 fr. à un vieux serviteur, et 16000 fr. qui restent aux pauvres. Quelle est la valeur de l'héritage ?

Rép. 120000 francs.

28. On a une voiture à quatre roues ; la circonférence des roues de devant égale 2^m, et celle des roues de derrière égale 2^m,50. On suppose que sur un chemin une roue de devant a fait 1800 tours

de plus qu'une roue de derrière, et on demande la longueur du chemin parcouru.

Rép. 18 kilomètres.

29. Quel nombre faut-il ajouter aux deux termes de la fraction $\frac{3}{8}$ pour que la fraction résultante soit égale à $\frac{3}{4}$?

Rép. 12.

30. Quel nombre faut-il retrancher des deux termes de la fraction $\frac{37}{43}$, pour obtenir la fraction $\frac{2}{3}$?

Rép. 25.

31. Un maçon bâtirait seul un mur en 30 jours, un autre en 36 jours, et un troisième en 45 jours. En combien de jours ces trois maçons pourront-ils bâtir le mur en travaillant ensemble ?

Rép. En 12 jours.

32. Un marchand de vin a deux ouvriers dont le prix de la journée est le même. Il donne au premier, pour 15 journées de travail, 20 litres de vin et 35 francs ; au second, pour 24 journées, 25 litres du même vin et 59 fr. 50. Quel est le prix d'un litre de ce vin ?

Rép. 0 fr. 50.

33. On fait escompter au même taux un billet de 3600 francs payable dans 4 mois, et un billet de 2400 fr. payable dans 8 mois; on reçoit 5874 fr. Quel est le taux de l'escompte ?

Rép. 4 fr. 50 pour cent.

CHAPITRE III.

Équations du premier degré à plusieurs inconnues.

110. Étant donnée une équation du premier degré à plusieurs inconnues, on peut toujours (nos 89 et 93) chasser les dénominateurs s'il y en a, faire passer dans un membre tous les termes contenant les inconnues, et dans l'autre tous les termes connus; si ensuite on réunit en un seul tous les termes contenant une même inconnue, en un seul tous les termes connus, l'un des membres sera composé de termes contenant chacun une inconnue différente, et l'autre sera un nombre connu. Ainsi, une équation à trois inconnues pourra être ramenée à ne contenir plus que quatre termes, comme la suivante :

$$2x + 5y - 4z = 14;$$

une équation à deux inconnues se ramènera à ne contenir que trois termes, comme

$$2x + 3y = 5.$$

111. Une seule équation à plusieurs inconnues ne suffit pas pour déterminer les valeurs de celles-ci. Considérons, par exemple, l'équation

(1) $$2x + 5y - 4z = 14;$$

en faisant passer dans le second membre les termes $5y$ et $4z$, puis divisant les deux membres par le **coefficient** 2 de x, nous la mettrons sous la forme

(2) $$x = \frac{14 - 5y + 4z}{2}.$$

Maintenant, donnons à y et z des valeurs quelconques ; faisons, par exemple, $y = 2$ et $z = 3$, le second membre prend la valeur $\frac{16}{2} = 8$; si donc nous prenons pour x la valeur 8, les deux membres sont égaux. Ainsi, les trois valeurs $x = 8$, $y = 2$, $z = 3$, forment une solution de l'équation proposée.

On en trouverait une infinité, puisqu'on peut prendre pour y et z deux nombres au hasard, et que l'on trouve toujours une valeur de x qui, conjointement avec celles de y et z, vérifie l'équation ; c'est ce qu'on exprime en disant que *l'équation est indéterminée*.

Lorsqu'une équation, telle que (1), a été mise sous la forme (2), on dit qu'*elle est résolue par rapport à* x, ou qu'on *en a tiré la valeur de* x.

112. Si, ayant autant d'équations que d'inconnues, on cherche un groupe de valeurs de ces inconnues qui vérifient à la fois toutes les équations, le problème n'est plus, en général, indéterminé. Ainsi, les deux équations

$$5x - 2y = 4, \quad 2x + 3y = 13,$$

admettent chacune une infinité de solutions; mais une seule solution est commune aux deux équations, c'est $x = 2$ et $y = 3$.

On nomme *système d'équations* l'ensemble de plusieurs équations, contenant plusieurs inconnues, et qui doivent être vérifiées à la fois par les mêmes valeurs des inconnues; une *solution* d'un système d'équations est un groupe de valeurs des inconnues satisfaisant à toutes les équations.

Résoudre un système d'équations, c'est en trouver toutes les solutions. Nous allons expliquer d'abord comment on résout un système de deux équations du premier degré à deux inconnues.

RÉSOLUTION DE DEUX ÉQUATIONS DU PREMIER DEGRÉ A DEUX INCONNUES.

113. Supposons d'abord que l'une des équations ne contienne qu'une inconnue, et prenons pour exemple les deux équations

$$5x - 2y = 4, \quad 4y - 8 = 5y - 15.$$

En résolvant la seconde équation, qui n'a qu'une inconnue, nous trouvons $y = 7$; remplaçant y par cette valeur dans la première équation, elle devient

$$5x - 14 = 4,$$

et ne contient plus qu'une inconnue; nous en tirons

$$x = \frac{18}{5}.$$

Le système proposé admet donc une seule solution, qui est composée des deux valeurs $x=\dfrac{18}{5}$ et $y=7$.

114. Cet exemple montre quelle marche on doit suivre pour résoudre deux équations contenant à la fois les deux inconnues. On ramène ce cas au précédent, *en remplaçant le système proposé par un autre qui lui soit équivalent, c'est-à-dire qui ait les mêmes solutions, et dont l'une des équations n'ait qu'une inconnue;* c'est ce qu'on appelle *éliminer* une inconnue de l'une des équations données.

En général, *éliminer* une inconnue entre les équations d'un système, c'est remplacer celui-ci par un autre équivalent, dans lequel toutes les équations, moins une, ne renferment plus cette inconnue.

115. ÉLIMINATION PAR SUBSTITUTION.—Soit proposé de résoudre les deux équations

$$2x+3y=13, \quad 5x-2y=4.$$

Résolvons la première équation par rapport à x, puis remplaçons dans la seconde x par sa valeur, nous obtiendrons un second système

$$x=\dfrac{13-3y}{2}, \quad 5\times\dfrac{13-3y}{2}-2y=4,$$

qui est équivalent au système proposé.

En effet, les deux premières équations des deux systèmes sont équivalentes, tous les groupes de valeurs de x et de y qui vérifient l'une vérifient l'autre ; d'après cela, une solution de l'un des deux systèmes transforme en deux nombres égaux x et $\dfrac{13-3y}{2}$, et, par suite, aussi les deux expressions $5x-2y$ et $5\times\dfrac{13-3y}{2}-2y$. Si donc l'une de ces expressions est égale à 4, il en est de même de l'autre ; en d'autres termes, les deux équations de l'un des deux systèmes sont vérifiées en même temps que celles de l'autre. Les deux systèmes sont donc équivalents.

La seconde équation du second système ne contient qu'une inconnue, en la résolvant on trouve

$$y = 3;$$

substituant à y cette valeur dans la première équation, on trouve

$$x = \frac{13 - 3.3}{2} = 2.$$

Ainsi, le système proposé admet la solution $x = 2$, $y = 3$, et celle-là seulement.

De cet exemple, on conclut la règle suivante :

RÈGLE. — *Pour résoudre deux équations du premier degré à deux inconnues, de l'une des équations on tire la valeur de l'une des inconnues ; on substitue cette valeur dans l'autre équation, qui ne contient plus alors que la seconde inconnue ; on la résout, et on porte la valeur trouvée pour la seconde inconnue dans l'expression qui donne la valeur de la première.*

116. Appliquons cette méthode à la résolution de quelques systèmes d'équations.

1º Résoudre les équations

$$3x + \frac{y}{3} = 36, \quad \frac{6y - 2x}{8} = 4;$$

chassons d'abord les dénominateurs, et nous aurons

$$9x + y = 108, \quad 6y - 2x = 32.$$

De la première de ces équations, tirons la valeur de y

$$y = 108 - 9x;$$

puis substituant cette valeur à y dans la seconde, nous aurons

$$6(108 - 9x) - 2x = 32.$$

En résolvant cette équation, on trouve $x = 11$; substituant cette valeur dans la formule qui donne y, on obtient $y = 9$.

Nous avons tiré la valeur de y de la première équation, parce que cette inconnue avait l'unité pour coefficient; de sorte qu'il n'y a point eu de dénominateur dans son expression au moyen de x, et cela simplifiait sa substitution. Il faut toujours profiter de cette circonstance.

2° Résoudre le système d'équations littérales :

$$ax - by = a^2 + b^2, \quad (a+b)x - (a-b)y = 4ab.$$

De la première, on tire

$$x = \frac{a^2 + b^2 + by}{a} \, ;$$

substituant cette valeur à x dans la seconde équation, il vient

$$(a+b) \times \frac{a^2 + b^2 + by}{a} - (a-b)y = 4ab.$$

Chassons le dénominateur

$$(a+b)(a^2 + b^2 + by) - a(a-b)y = 4a^2b;$$

effectuons les calculs, transposons et réduisons :

$$2aby + b^2y - a^2y = 3a^2b - a^3 - ab^2 - b^3;$$

mettons y en facteur commun dans le premier membre,

$$(2ab + b^2 - a^2)y = 3a^2b - a^3 - ab^2 - b^3;$$

enfin, divisons par le coeffient de y,

$$y = \frac{3a^2b - a^3 - ab^2 - b^3}{2ab + b^2 - a^2}.$$

Si, après avoir ordonné, par rapport aux puissances décroissantes de a, le numérateur et le dénominateur de cette valeur de y, on effectue la division des deux polynômes, on trouve $a - b$ pour quotient, et zéro pour reste, on a donc $y = a - b$. Substituant cette valeur dans l'expression qui donne x, on trouve $x = a + b$. Ces valeurs sont faciles à vérifier.

117. Le procédé d'élimination que nous venons d'exposer, et qui est connu sous le nom d'*élimination par* *substitution,* a l'inconvénient d'introduire des dénominateurs qu'il faut ensuite faire disparaître; nous allons en faire connaître un autre qui n'offre pas le même inconvénient.

118. ÉLIMINATION PAR ADDITION OU SOUSTRACTION. — 1° Supposons d'abord qu'une des inconnues ait le même coefficient dans les deux équations proposées, qui seront, par exemple,

$$5x + 2y = 16, \quad 7x + 2y = 20.$$

Remplaçons la seconde de ces équations par une autre formée en retranchant membre à membre la première de la seconde; nous obtiendrons le système

$$5x + 2y = 16, \quad 7x - 5x = 20 - 16,$$

qui est équivalent au système proposé.

En effet, les valeurs de x et y qui forment une solution du premier système satisfont aux deux équations proposées. Elles rendent les deux expressions $5x + 2y$ et $7x + 2y$ égales respectivement aux nombres 16 et 20; par suite la différence $7x - 5x$ de ces deux expressions est égale à 20 — 16. Les deux équations du second système sont donc vérifiées par les solutions du premier.

Réciproquement, toute solution du second système en est une du premier. Car, en substituant aux inconnues leurs valeurs formant cette solution, on rend les deux expressions $5x + 2y$ et $7x - 5x$ égales à 16 et 20—16; la somme de ces deux expressions, ou $7x + 2y$, est donc rendue égale à 20 — 16 + 16 = 20; en d'autres termes les équations du premier système sont vérifiées.

Or, la seconde équation du second système ne contient plus que l'inconnue x, l'inconnue y a donc été éliminée.

En résolvant ce second système d'équations, comme nous l'avons indiqué précédemment, nous trouvons

$$x = 2 \quad \text{et} \quad y = 3.$$

2° Proposons-nous maintenant d'éliminer y entre les

deux équations

$$5x + 4y = 42, \quad 7x - 3y = 33.$$

Nous ramènerons les coefficients de y à être égaux, en multipliant les deux membres de la première équation par le coefficient 3 que cette inconnue a dans la seconde, et les deux membres de la seconde par le coefficient 4 de y dans la première ; cela nous donnera les deux équations

$$15x + 12y = 126, \quad 28x - 12y = 132,$$

qui sont équivalentes aux précédentes (n° 90).

Les coefficients de y ayant des signes contraires dans les deux équations, en ajoutant celles-ci membre à membre, on fera disparaître les termes en y, et le système proposé pourra être remplacé par le suivant :

$$5x + 4y = 42, \quad 15x + 28x = 126 + 132,$$

qui lui est équivalent ; la démonstration se ferait comme celle qui précède.

La seconde équation de ce dernier système ne contient plus qu'une inconnue x ; en le résolvant, on trouve

$$x = 2 \quad \text{et} \quad y = 3.$$

De ces deux exemples, on déduit la règle suivante :

RÈGLE.—*Pour éliminer une inconnue entre deux équations du premier degré à deux inconnues, on multiplie les deux membres de chaque équation par le coefficient de cette inconnue dans l'autre ; puis on ajoute ou on retranche membre à membre les deux équations ainsi obtenues, selon que les coefficients de l'inconnue à éliminer sont de signes contraires ou de même signe.*

Ce procédé d'élimination, plus commode que le précédent dans la pratique, a reçu le nom d'*élimination par réduction au même coefficient*, ou encore d'*élimination par addition ou soustraction.*

119. Quand les coefficients de l'inconnue à éliminer

ont des facteurs communs, on peut simplifier la règle du n° précédent pour les rendre égaux. Après avoir déterminé leur plus petit multiple commun, on le divise par chacun des coefficients de l'inconnue, puis on multiplie les deux membres de chaque équation par le quotient correspondant.

1° Supposons, par exemple, qu'on veuille éliminer y entre les deux équations

$$3x + 8y = 30, \quad 5x + 12y = 46.$$

Les coefficients 8 et 12 de y ont 24 pour plus petit multiple commun ; on les rendra donc égaux en multipliant les deux membres de la première équation par $\dfrac{24}{8}$ ou 3, et ceux de la seconde par $\dfrac{24}{12}$ ou 2. On obtiendra ainsi les deux équations

$$9x + 24y = 90, \quad 10x + 24y = 92;$$

et en les retranchant membre à membre, on aura

$$10x - 9x = 92 - 90,$$

équation qui ne contient plus qu'une inconnue.

En résolvant cette équation, on trouve $x = 2$; puis remplaçant x par 2 dans la première des équations proposées, on en déduit $y = 3$.

2° Considérons encore les deux équations

$$3x + 2y = 13, \quad 5x - 4y = 7.$$

Multiplions les deux membres de la première par 2, et ensuite additionnons-la membre à membre avec la seconde, l'inconnue y disparaîtra, et nous aurons

$$6x + 5x = 26 + 7,$$

qui donne $x = 3$. Portant cette valeur dans la première

équation donnée, nous trouvons

$$9 + 2y = 13,$$

et enfin $y = 2$.

RÉSOLUTION DE PLUSIEURS ÉQUATIONS DU PREMIER DEGRÉ CONTENANT UN NOMBRE QUELCONQUE D'INCONNUES.

120. Considérons d'abord un système de trois équations à trois inconnues, par exemple,

$$(1) \quad \begin{aligned} 3x - 2y + 3z &= 8, \\ 3x + 2y + 2z &= 13, \\ 5x - 2y + 2z &= 7. \end{aligned}$$

Tirons de la première la valeur de x, et portons-la dans les deux autres, nous obtiendrons les trois équations

$$x = \frac{8 + 2y - 3z}{3},$$

$$(2) \quad 3 \times \frac{8 + 2y - 3z}{3} + 2y + 2z = 13,$$

$$5 \times \frac{8 + 2y - 3z}{3} - 2y + 2z = 7;$$

et le système de ces équations est équivalent au système proposé.

En effet, d'abord, les premières équations des deux systèmes, étant la même équation écrite sous deux formes différentes, admettent les mêmes solutions. Maintenant si l'on remplace x, y, z, par les valeurs qui forment une solution de l'un des deux systèmes, x et $\frac{8 + 2y - 3z}{3}$ deviennent deux nombres égaux; il en est donc de même des deux expressions $3x + 2y + 2z$ et $3 \times \frac{8 + 2y - 3z}{3} + 2y + 2z$, de sorte que si l'une est égale à 13, l'autre est aussi égale à 13; enfin, les deux expressions $5x - 2y + 2z$ et $5 \times \dfrac{8 + 2y - 3z}{3} - 2y + 2z$, prenant des valeurs égales, si l'une est égale à 7, il en est de même de l'autre. Ainsi, les équations des deux systèmes sont vérifiées toutes en même temps par les mêmes valeurs des inconnues; ces deux systèmes sont donc équivalents.

Or, le système (2) est plus simple que le système (1); car ses deux dernières équations ne contiennent plus que les deux inconnues y et z, l'inconnue x a été éliminée. En résolvant ces deux équations par l'une ou l'autre des méthodes connues, on trouve

$$y = 2, \quad z = 3;$$

puis remplaçant y par 2, et z par 3, dans l'expression de x, il vient

$$x = \frac{8 + 2 \times 2 - 3 \times 3}{3} = 1.$$

Pour vérifier les calculs faits, assurons-nous par une substitution directe que les nombres trouvés pour valeurs des inconnues satisfont aux équations données; cette substitution donne les identités

$$3 - 4 + 9 = 8,$$
$$3 + 4 + 6 = 13,$$
$$5 - 4 + 6 = 7;$$

les valeurs trouvées sont donc exactes.

121. Ce qui précède montre comment on peut résoudre un système de n équations du premier degré à n inconnues.

RÈGLE. *De l'une des équations on tire la valeur de l'une des inconnues, et on substitue cette valeur à la place de l'inconnue dans les autres équations; on forme ainsi un second système contenant une équation à n inconnues, et n—1 équations à n—1 inconnues, qui est équivalent au système proposé.*

Considérant ces n—1 équations, de l'une d'elles on tire la valeur d'une seconde inconnue, et on la porte dans les n—2 autres; on forme ainsi un troisième système équivalent au premier, contenant une équation à n inconnues, une équation à n—1 inconnues, et un groupe de n—2 équations à n—2 inconnues.

En continuant ainsi, on arrive définitivement à un système de n équations équivalent au proposé, et contenant : une équation à n inconnues, une équation à n—1 inconnues, une équation à n—2 inconnues, ... une avant-dernière équation à deux inconnues, enfin une dernière équation à une inconnue.

En résolvant la dernière équation, on obtient la valeur de la dernière inconnue ; substituant à cette inconnue sa valeur dans l'avant-dernière équation, on obtient la valeur de l'avant-dernière inconnue; substituant à ces deux inconnues leurs valeurs dans l'équation précédente, on a encore la valeur d'une inconnue. Et en remontant ainsi de chaque inconnue à la précédente, on obtient les valeurs de toutes les inconnues.

Appliquons cette règle à la résolution des quatre équations

$$x + 2y + 4z - 3u = 5$$
$$2x - 2y - 3z + 5u = 9$$
$$3x + 5y - 2z - u = 3$$
$$4x - 2y + 6z - 3u = 6.$$

La première de ces équations donne

$$(1) \qquad x = 5 - 2y - 4z + 3u;$$

en substituant cette valeur à x dans les autres équations, elles deviennent, après simplification,

$$6y + 11z - 11u = 1$$
$$y + 14z - 8u = 12$$
$$10y + 10z - 9u = 14;$$

de la seconde de ces équations, tirons la valeur de l'inconnue y,

$$(2) \qquad y = 12 - 14z + 8u,$$

et substituons-la à y dans les deux autres, nous aurons, tous calculs faits,

$$73z - 37u = 71, \quad 130z - 71u = 106.$$

De la première de ces deux équations, nous tirons

$$(3) \qquad u = \frac{73z - 71}{37} ;$$

substituant cette valeur à u dans la seconde équation, elle devient, après simplification,

$$373z = 1119.$$

Cette dernière équation, qui ne contient plus que l'inconnue z, donne $z = 3$. Cette valeur, portée dans l'équation (3), donne $u = 4$. Remplaçant z par 3 et u par 4 dans l'équation (2), on obtient $y = 2$; enfin, en faisant $y = 2$, $z = 3$, $u = 4$ dans l'équation (1), on trouve $x = 1$.

Les valeurs $x = 1$, $y = 2$, $z = 3$, $u = 4$, forment donc la solution du système d'équations données.

122. Il importe, pour la simplicité des calculs, de choisir convenablement les inconnues à éliminer, et de simplifier autant que possible les équations obtenues en transformant les équations proposées. Les exemples suivants nous permettront de donner quelques indications à cet égard.

1° Soit proposé de résoudre les quatre équations

$$(1) \qquad 3x - 4y + u = 5,$$
$$(2) \qquad z + 3y = 7,$$
$$(3) \qquad 2z + 6u - 4x = 14,$$
$$(4) \qquad x + 3u - 2y = 11.$$

L'inconnue z étant celle qui entre dans le moins grand nombre d'équations, nous l'éliminerons d'abord pour avoir moins de substitutions à faire; de plus, elle a pour coefficient l'unité dans la 2e équation; nous tirerons donc sa valeur de cette équation, pour n'avoir pas de dénominateur, ce qui nous donnera

(5) $$z = 7 - 3y.$$

Cette valeur substituée à z dans l'équation (3) donne

$$-4x - 6y + 6u = 0,$$

ou bien   (6) $-2x - 3y + 3u = 0,$

après avoir divisé tous les termes par 2.

Cette équation (6) avec les équations (1) et (4) constitue entre les inconnues x, y, u, le système suivant :

$$3x - 4y + u = 5$$
$$-2x - 3y + 3u = 0$$
$$x + 3u - 2y = 11 ;$$

pour résoudre ces équations, tirons de la dernière

(7) $$x = 11 - 3u + 2y,$$

et portons cette valeur dans les deux autres; elles deviendront

$-2y + 8u = 28$ ou $4u - y = 14$, et $9u - 7y = 22.$

Ces deux dernières équations à deux inconnues, résolues par la méthode de substitution, donnent

$$y = 2, \quad u = 4.$$

En faisant $y = 2$, $u = 4$, dans la formule (7), on trouve $x = 3$; puis faisant $y = 2$ dans la formule (5), on obtient $z = 1$.

La solution des équations données est donc :

$$x = 3, \quad y = 2, \quad z = 1, \quad u = 4.$$

2° Soit donné le système des cinq équations

(1) $x + y = 3,$
(2) $z + 2u = 11,$
(3) $t - y = 3,$
(4) $z + 2x - u = 1,$
(5) $y + u = 6.$

La troisième de ces équations renfermant seule l'inconnue t, nous la réserverons pour la détermination de cette inconnue, et nous allons résoudre les autres équations qui sont quatre équations à quatre inconnues.

De l'équation (1) tirons la valeur de x,

(6) $x = 3 - y,$

et substituons cette valeur dans l'équation (4), nous aurons, après simplification,

(7) $u + 2y - z = 5.$

Cette équation jointe aux équations (2) et (5) forme le système

(2) $z + 2u = 11,$
(5) $y + u = 6,$
(7) $u + 2y - z = 5,$

de trois équations à trois inconnues. De la seconde de ces équations, tirons la valeur de y, et portons-la dans la dernière, nous aurons, après réductions,

(8) $y = 6 - u,$ (9) $z + u = 7.$

Les équations (2) et (9) entre les deux inconnues z et u donnent $u = 4$, $z = 3$; faisant $u = 4$ dans l'équation (8), on trouve $y = 2$; portant cette valeur dans l'équation (6), on obtient $x = 1$; enfin, pour $y = 2$, l'équation (3) donne $t = 5$.

La solution des équations données est donc

$$x = 1, \quad y = 2, \quad z = 3, \quad u = 4, \quad t = 5.$$

123. Dans certains cas, au lieu de suivre la méthode générale, il vaut mieux employer des procédés particuliers plus expéditifs, que suggère l'habitude du calcul.

1° Supposons qu'on ait à résoudre les équations

$$x+y=5, \quad y+z=7, \quad z+x=6.$$

Si nous ajoutons membre à membre ces trois équations, nous aurons

$$2x+2y+2z=18, \text{ ou } x+y+z=9,$$

après avoir divisé les deux membres par 2.

Maintenant, de cette dernière équation, retranchons la première des équations données, il viendra

$$x+y+z-x-y=9-5 \text{ ou } z=4.$$

De même, en retranchant successivement la seconde et la troisième des équations données, on trouverait $x=2$, et $y=3$.

2° Résoudre les trois équations

$$\frac{1}{x}+\frac{1}{y}=a, \quad \frac{1}{y}+\frac{1}{z}=b, \quad \frac{1}{z}+\frac{1}{x}=c.$$

En essayant d'appliquer la méthode générale, on verrait quelles difficultés se présentent. On peut alors procéder de la manière suivante : on pose $\frac{1}{x}=x'$, $\frac{1}{y}=y'$, $\frac{1}{z}=z'$, et les équations deviennent

$$x'+y'=a, \quad y'+z'=b, \quad z'+x'=c;$$

elle sont tout à fait semblables à celles de l'exemple précédent ; en les résolvant comme elles, on trouverait

$$x'=\frac{a+c-b}{2}: \text{ d'où } x=\frac{2}{a+c-b};$$

$$y'=\frac{a+b-c}{2}: \text{ d'où } y=\frac{2}{a+b-c};$$

$$z'=\frac{b+c-a}{2}: \text{ d'où } z=\frac{2}{b+c-a}.$$

3° Résoudre les cinq équations à cinq inconnues,

$$x+y=3,$$
$$y+z=5,$$
$$z+u=7,$$
$$x+t-u=2,$$
$$x+t+u=10.$$

En ajoutant membre à membre les deux dernières équations, l'inconnue **u** se trouve éliminée, et il vient

$$2x+2t=12, \quad \text{d'où} \quad x+t=6;$$

en les retranchant membre à membre, x et t disparaissent, ce qui donne

$$2u=8, \quad \text{et} \quad u=4.$$

Faisant $u=4$ dans la troisième des équations proposées, on en tire $z=3$; pour $z=3$, la seconde équation donne $y=2$; et pour $y=2$, la première équation donne $x=1$. Mais $x+t=6$, et $x=1$, donc $t=5$.

Ainsi les équations données admettent la solution $x=1, \quad y=2, \quad z=3, \quad u=4, \quad t=5.$

124. REMARQUE GÉNÉRALE.—D'après la règle énoncée au n° 121, pour résoudre n équations du premier degré à n inconnues, on détermine en définitive successivement la valeur de chaque inconnue au moyen d'une équation à une inconnue, laquelle admet en général une seule solution ; donc, *en général, un système de* n *équations du premier degré à* n *inconnues admet une solution unique.*

Mais, on sait qu'une équation du premier degré à une inconnue peut bien n'admettre aucune solution, ou encore en admettre une infinité (n° 97); si donc une des équations servant à déterminer l'une des inconnues du système proposé se trouve être dans un de ces cas particuliers, le système lui-même n'aura aucune solution, ou bien en admettra une infinité.

1° Considérons, par exemple, le système des trois équations

$$2x + y - 8z = 10,$$
$$3x - 2y + 5z = 14,$$
$$8x - 3y + 2z = 45.$$

De la première équation tirons la valeur de y,

$$y = 10 - 2x + 8z,$$

et portons-la dans les deux autres; celles-ci ne contiendront plus que les deux inconnues x et z, et seront, toutes réductions faites,

$$7x - 11z = 34, \quad 14x - 22z = 75.$$

Résolvons la première de ces deux équations par rapport à x,

$$x = \frac{34 + 11z}{7},$$

et substituons à x l'expression $\dfrac{34 + 11z}{7}$ dans la seconde; nous obtiendrons l'équation à une inconnue

$$14 \times \frac{34 + 11z}{7} - 22z = 75.$$

En simplifiant cette équation, on trouve que l'inconnue z disparaît; le premier membre se réduit à 68; et comme le second est égal à 75, aucune valeur de l'inconnue z ne peut vérifier cette équation.

Le système proposé n'admet donc aucune solution; on dit qu'il est *impossible* que les équations proposées sont *incompatibles*.

2° Considérons encore le système

$$2x + y - 8z = 10,$$
$$3x - 2y + 5z = 14,$$
$$8x - 3y + 2z = 38.$$

Éliminant y comme dans le cas précédent, nous trouverons

$$7x - 11z = 34, \quad 14x - 22z = 68;$$

puis éliminant x entre ces deux dernières équations, nous aurons pour déterminer z l'équation

$$14 \times \frac{34 + 11z}{7} - 22z = 68.$$

Cette dernière équation est une identité; car en simplifiant, on trouve que les termes en z se détruisent, et que le premier membre se réduit à 68 comme le second. Cette équation étant vérifiée par toutes les valeurs de z, le système proposé admet une infinité de solutions. On dit qu'il est *indéterminé*.

CAS OU LE NOMBRE DES ÉQUATIONS N'EST PAS ÉGAL A CELUI DES INCONNUES.

125. Quand un système d'équations du premier degré contient plus d'équations que d'inconnues, il est en général *impossible*. En effet, si l'on a, par exemple, sept équations à quatre inconnues, de quatre de ces équations on tirera les valeurs des quatre inconnues; mais ces valeurs étant obtenues sans le concours des trois autres équations, on conçoit qu'en général elles ne vérifieront pas ces équations.

Ainsi, le système de trois équations à deux inconnues

$$3x + 7y = 17,$$
$$5x - 2y = 1,$$
$$8x + y = 12,$$

est impossible; car, en résolvant les deux premières équations, on trouve $x = 1$, $y = 2$; et en portant ces valeurs dans la troisième, on obtient pour valeur du premier membre 10 et non 12.

126. Au contraire un système est ordinairement *indéterminé* lorsqu'il contient moins d'équations que d'inconnues. Si l'on a, par exemple, trois équations à cinq inconnues, en considérant deux des inconnues comme représentant des nombres connus, on aura trois équations dont on pourra tirer les valeurs des trois autres inconnues; les formules donnant ces valeurs contenant les deux autres inconnues, on pourra donner à celles-ci des valeurs arbitraires, et on aura ainsi une infinité de solutions du système.

Ainsi, le système de deux équations à trois inconnues

$$5x + 6y - 12z = 5, \quad 2x - 2y - 3z = 1,$$

est indéterminé. Car, en considérant z comme désignant un nombre connu, et résolvant les deux équations, on trouve les formules

$$x = \frac{21z + 8}{11}, \quad y = \frac{9z + 5}{22},$$

dans lesquelles on peut donner à z une infinité de valeurs arbitraires.

EXERCICES.

1. Résoudre le système d'équations

$$5x - 3y = 9, \quad 4x - 2y = 8.$$

Rép. $x = 3$, $y = 2$.

2. Résoudre les équations

$$\frac{x + y}{3} = 2 + 2y, \quad \frac{2x - 4y}{5} = \frac{23}{5} - y.$$

Rép. $x = 11$, $y = 1$.

3. Résoudre les deux équations

$$\frac{x}{2} + \frac{y}{3} - \frac{x + y}{6} = \frac{2(x - y)}{5}, \quad 2x - \frac{5y}{7} = \frac{114}{7} - 8,5 + x.$$

Rép. $x = 8,5$ et $y = 1$.

4. Résoudre les deux équations

$$90x + 187y = 324, \quad 24x + 47y = 84,$$

et exprimer les valeurs de x et de y en fractions ordinaires irréductibles.

Rép. $x = \dfrac{80}{43}$, $y = \dfrac{36}{43}$.

5. Résoudre les deux équations

$$\frac{x+3}{y} = \frac{1}{3}, \quad \frac{x}{y-1} = \frac{1}{5}.$$

Rép. $x = 4$, $y = 21$.

6. Résoudre les deux équations

$$\frac{2x+y+1}{5} = \frac{3x-7y}{3}, \quad 12 = 10 + \frac{x-y}{5}.$$

Rép. $x = 13$, $y = 3$.

7. Résoudre les équations

$$\frac{5x-2}{4-3y} = \frac{1}{2}, \quad \frac{3x-5}{y-6} = \frac{2}{3}.$$

Rép. $x = \dfrac{25}{47}$, $y = \dfrac{42}{47}$.

8. Résoudre les deux équations

$$8x - 11y = 1, \quad 19y - 12x = 11.$$

Rép. $x = 7$, $y = 5$.

9. Résoudre, par la méthode de réduction, le système des deux équations

$$1071x - 1421y + 224 = 0, \quad 819x - 1127y + 938 = 0.$$

Rép. $x = 25$, $y = 19$.

10. Résoudre le système d'équations :

$$5x + 4y + 2z = 19,$$
$$7x + 5y - 3z = 8,$$
$$5x - 3y + 8z = 23.$$

Rép. $x = 1$, $y = 2$, $z = 3$.

11. Résoudre les équations

$$5x + 6y - 12z = 5,$$
$$-2x + 2y + 6z = 1,$$
$$4x - 5y + 3z = 7,5.$$

Rép. $x = 2$, $y = \dfrac{1}{2}$, $z = \dfrac{2}{3}$.

12. Résoudre le système
$$\frac{3x - 7y}{3} = \frac{2x + y + 1}{5}$$

$$8 - \frac{x - y}{5} = \frac{6z}{5}$$

$$x + y + z = 21.$$

Rép. $x = 13$, $y = 3$, $z = 5$.

13. Résoudre les quatre équations
$$5x - 3y = 10$$
$$2y + 3z - 2t = 4$$
$$x + y + z = 14$$
$$5t - 3y - 2z = 22.$$

Rép. $x = 5$, $y = 5$, $z = 4$, $t = 9$.

14. Résoudre le système
$$3x + 2y - t = 2$$
$$2x + 3y + 5z = 38$$
$$5y - 4z + 2t = 15,$$
$$4x + 5z - 2t = 13.$$

Rép. $x = 2$, $y = 3$, $z = 5$, $t = 10.$.

15. Résoudre les équations
$$4x + 3y - z = 4,$$
$$-2z - 2u + 5y = 3$$
$$2x - 3u + 3z = 1$$
$$3x - 2y + 6z = 2.$$

Rép. $x = \dfrac{71}{193}$, $y = \dfrac{201}{193}$, $z = \dfrac{115}{193}$, $u = \dfrac{98}{193}$.

16. Résoudre les trois équations
$$7x - 5y - 4z + 44 = 0,$$
$$3x - 8y + 2z + 11 = 0$$
$$9x + 2y - 6z + 23 = 0.$$

Rép. $x = 3$, $y = 5$, $z = 10$.

17. Résoudre les quatre équations
$$5y - 3z - 2u = 18$$
$$4u - 3x - y = 9$$
$$6y - x - 7z = 33$$
$$8y - 5z - 2x - 2u = 16.$$

Rép. $x = 18$, $y = 14\,1/3$, $z = 5$, $u = 19\,1/3$.

18. Résoudre les équations

$$\frac{x}{2} - \frac{y}{3} = 5, \qquad y - \frac{3x}{2} + 7 = 0.$$

Rép. Les deux équations sont incompatibles.

19. Résoudre les deux équations

$$\frac{x}{2} - \frac{y}{3} = 5, \qquad \frac{3x}{16} - \frac{y}{8} = \frac{15}{8}.$$

Rép. Il y a indétermination.

20. Résoudre le système des quatre équations

$$2x + 3y - 2z = 8,$$
$$5y + 3z - u = 2,$$
$$6x + 5y - 2u = 4,$$
$$-5x - 3y + 4z + 2u = 29.$$

Rép. $x = 7 + \dfrac{2}{35}$, $y = 1 + \dfrac{5}{7}$, $u = 23 + \dfrac{16}{35}$, $z = 5 + \dfrac{22}{35}$.

21. Résoudre les équations

$$5x + 3y - 2z = 37,$$
$$3x - y + 4z = 18,$$
$$2x + 7y + 5z = 59.$$

Rép. $x = 4 + \dfrac{225}{232}$, $y = 5 + \dfrac{111}{232}$, $z = 2 + \dfrac{33}{232}$.

22. Résoudre les deux équations

$$ax + by = 3ab, \qquad bx - 2ay = ab.$$

Rép. $x = \dfrac{6a^2 b + ab^2}{2a^2 + b^2}$, $\left[y = \dfrac{3ab^2 - a^2 b}{2a^2 + b^2} \right.$.

23. Résoudre le système des deux équations

$$2x + \frac{7y}{5} - 7 = 40 - y + \frac{x}{3},$$

$$-\frac{2x}{9} + \frac{29y}{5} + 3 = \frac{y}{5} - \frac{37x}{9} + 56.$$

Rép. Le système est impossible.

24. Résoudre les équations

$$x = \frac{a-y}{b} = \frac{c+y-z}{d} = \frac{e+z}{f}.$$

Rép. $x = \dfrac{a+c+e}{b+d+f}$, $\quad y = \dfrac{a(d+f) - b(e+c)}{b+d+f}$,

$$z = \frac{f(a+c) - e(b+d)}{b+d+f}.$$

25. Quelles relations doivent exister entre les coefficients des inconnues, dans les équations

$$ax + by = 1, \quad cy + dz = 1, \quad ez + fx = 1,$$

pour que le système soit indéterminé ?

Rép. Les relations sont $e + f - 1 = 0$, $\quad eca + fbd = 0$.

26. Résoudre les trois équations

$$5x + 3y - 2z = 14,$$
$$-3x + 6y - 4z = 15,$$
$$-7x + 9y - 6z = 20.$$

Rép. Il y a indétermination ; on peut prendre pour y et z des valeurs quelconques, mais toujours $x = 1$.

27. Résoudre les équations

$$2x + 5y = 100,$$
$$x + y + 10z = 36,$$
$$4x - 9y + 20z = 12.$$

Rép. $x = 25$, $\quad y = 10$, $\quad z = 0,1$.

28. Déterminer le coefficient a de manière que les trois équations à deux inconnues

$$4x - y = 33, \quad x + 2y = 16, \quad ax - 4y = 4,$$

soient compatibles ; et résoudre les équations.

Rép. $a = 12$, $\quad x = 2$, $\quad y = 5$.

29. Trouver à $0,001$ près les valeurs des inconnues satisfaisant aux équations

$$235y - 225x = 1025, \quad 225y - 235x = 400.$$

Rép. $x = 29,701$, et $y = 32,798$.

30. Résoudre le système des quatre équations

$$x + y + 2z + u = 3,$$
$$2y + 3z + 4u = 4,$$
$$5z - 6u = 1,$$
$$-4y + 5x = 2.$$

Rép. $x = 1,$ $y = \dfrac{3}{4},$ $z = \dfrac{1}{2},$ $u = \dfrac{1}{4}.$

CHAPITRE IV.

Problèmes du premier degré à plusieurs inconnues.

127. Tous les problèmes résolus au chapitre II ne contenaient qu'une inconnue ; nous allons en résoudre quelques-uns renfermant plusieurs inconnues, et conduisant par suite à plusieurs équations qui seront toujours du premier degré.

128. PROBLÈME I. *Une personne a acheté 3 mètres de drap et 4 mètres de velours, le tout pour 96 francs. Elle achète ensuite 10 mètres du même drap, rend 2 mètres de velours, que le marchand lui reprend pour le même prix, et elle paye 90 francs. On demande le prix du drap et celui du velours.*

Soit x le prix du mètre de drap, y celui du mètre de velours ; et raisonnons comme si ces deux nombres étant connus, nous voulions vérifier qu'ils satisfont à l'énoncé.

D'abord les 3^m de drap à x francs coûtent $3x$ francs, et les 4^m de velours coûtent $4y$ francs ; cela doit faire en tout 96 fr. ; donc les prix cherchés satisferont à l'équation

$$3x + 4y = 96.$$

En second lieu, la personne achète 10^m de drap

pour $10x$ francs; elle paye 90 fr., plus $2y$ francs prix des 2^m de velours qu'elle rend; donc les prix cherchés doivent encore satisfaire à l'équation

$$10x = 90 + 2y, \text{ ou } 5x = 45 + y.$$

Les équations du problème sont donc

$$3x + 4y = 96, \ 5x = 45 + y;$$

résolues, elles donnent $x = 12$, $y = 15$. Le drap coûte donc 12 fr. le mètre, et le velours 15 fr.

129. PROBLÈME II. *Un orfèvre a deux lingots d'argent; le titre de l'un est 0,912, celui de l'autre est 0,840. Quels poids doit-il prendre de ces lingots pour avoir 40 gr. d'un alliage au titre de 0,900?*

Soient x et y les poids cherchés du premier et du second lingot.

D'abord la somme des deux poids doit être de 40 gr., ce qui donne une première équation

$$x + y = 40.$$

Ensuite, dans les x gr. du premier lingot, il y a $x \times 0,912$ gr. d'argent; dans les y gr. du second, il y en a $y \times 0,840$; ce qui fait en tout un poids d'argent $x \times 0,912 + y \times 0,840$. Ce poids d'argent divisé par le poids 40 de l'alliage formé doit être égal au titre 0,900 de cet alliage, ce qui donne la seconde équation

$$\frac{x \times 0,912 + y \times 0,840}{40} = 0,900.$$

En résolvant ces deux équations, on trouve $x = 33 g. 33$ et $y = 66$ gr., 67 à un centième près.

REMARQUE.—Ce problème a été résolu au n° 103, en employant une seule inconnue; si l'on compare les deux méthodes, on verra que la première est plus expéditive et plus élégante.

130. PROBLÈME III. — *Quelle est la fraction qui devient*

$\frac{3}{4}$ *quand on ajoute l'unité à ses deux termes, et* $\frac{2}{3}$ *quand on retranche l'unité de ses deux termes ?*

Soit x le numérateur, y le dénominateur.

D'après l'énoncé, on a immédiatement les deux équations

$$\frac{x+1}{y+1} = \frac{3}{4}, \quad \frac{x-1}{y-1} = \frac{2}{3};$$

chassant les dénominateurs, on obtient

$$4x + 4 = 3y + 3, \quad 3x - 3 = 2y - 2,$$

d'où l'on tire $x = 5$, $y = 7$.

La fraction demandée est donc $\frac{5}{7}$. En effet, ajoutons l'unité aux deux termes, elle devient $\frac{6}{8}$ ou $\frac{3}{4}$; retranchons l'unité, elle devient $\frac{4}{6}$ ou $\frac{2}{3}$.

131. PROBLÈME IV.—*Deux personnes ont mis* 5400 *fr. dans une affaire. On demande quelle est la mise de chacune, sachant que la première a retiré, après dix mois, 4500 fr. pour capital et bénéfice ; et que la seconde a retiré de même, et en même temps, 3600 fr.*

Soient x et y les mises de la première et de la seconde personne.

On a d'abord

$$x + y = 5400;$$

de plus, la première personne ayant retiré 4500 francs pour sa mise et sa part de bénéfice, $4500 - x$ est son bénéfice ; de même $3600 - y$ est le bénéfice de la seconde personne. Mais on admet que les bénéfices sont proportionnels aux mises, donc

$$\frac{4500 - x}{3600 - y} = \frac{x}{y}.$$

Chassons les dénominateurs de cette équation, nous aurons

$$4500y - xy = 3600x - xy\,;$$

supprimons dans les deux membres le terme xy, ce qui revient à ajouter xy de part et d'autre; puis divisons le tout par 900, et nous aurons

$$5y = 4x.$$

Cette équation donne, avec la première, $x = 3000$, $y = 2400$.

132. PROBLÈME V. — *Une personne dit à une autre : J'ai deux fois l'âge que vous aviez quand j'avais l'âge que vous avez ; et quand vous aurez l'âge que j'ai maintenant, la somme de nos âges sera 63 ans. Quels sont les âges des deux personnes ?*

Soient x et y les âges de la première et de la seconde personne.

L'âge de la première personne étant x actuellement, il y a $(x-y)$ années qu'il était y, c'est-à-dire l'âge de la seconde; mais alors l'âge de cette seconde personne était $y - (x-y)$. Or, d'après l'énoncé, l'âge actuel de la première personne est double de ce dernier résultat, donc

$$x = 2[y - (x - y)].$$

Maintenant, quand la seconde personne aura l'âge x de la première, la somme des âges étant alors 63 ans, celui de la première personne sera $63-x$, et la différence des âges sera

$$(63 - x) - x\,;$$

mais cette différence est constante, donc elle est celle des âges actuels x et y, de sorte que

$$(63 - x) - x = x - y.$$

Les deux équations du problème étant simplifiées deviennent

$$3x = 4y, \quad 3x = 63 + y ;$$

en les résolvant, on trouve $x = 28$, et $y = 21$. La première personne a 28 ans, et la seconde 21 ans.

133. PROBLÈME VI. — *On a payé :* 1° 3420 *fr. pour* 90 *hectolitres de seigle,* 60 *d'orge et* 30 *de froment;* 2° 2160 *fr. pour* 45 *hect. de seigle,* 18 *d'orge,* 36 *de froment;* 3° 1125 *fr. pour* 30 *hect. de seigle,* 15 *d'orge et* 12 *de froment. On demande à combien revient l'hectolitre de chaque espèce de grains.*

Soient x, y, z, les prix d'un hectolitre de seigle, d'orge et de froment.

Un hectolitre de seigle valant x fr., 90 hectolitres valent $90x$ francs ; de même 60 hectolitres d'orge valent $60y$ francs ; et 30 hect. de froment valent $30z$ fr. Or, d'après l'énoncé, cela doit faire 3420 fr., on a donc une première équation

$$90x + 60y + 30z = 3420 ;$$

on aurait de même les deux autres équations

$$45x + 18y + 36z = 2160, \quad 30x + 15y + 12z = 1125.$$

Avant de résoudre ces équations on les simplifiera, en divisant par 30 les deux membres de la première, par 9 ceux de la seconde, et par 3 ceux de la troisième.

On trouvera ensuite $x = 18$, $y = 15$, $z = 30$.

Le seigle vaut donc 18 fr. l'hectolitre, l'orge 15 fr., et le froment 30 fr.

134. Lorsque l'énoncé d'un problème ne permet pas d'apercevoir aisément les relations entre les inconnues et les données, on facilite la mise en équation par l'emploi d'inconnues auxiliaires.

En voici deux exemples, dont le second est emprunté à l'*Arithmétique universelle* de Newton.

135. PROBLÈME VII. *Deux fabriques de bougies se font concurrence. L'une a été établie 40 jours après l'autre ; elle emploie 70 ouvriers qui travaillent 12 heures par jour, tandis que l'autre n'occupe que 60 ouvriers pendant 10 heures. Dans combien de temps auront-elles fabriqué le même nombre de bougies, en supposant qu'un ouvrier de chaque fabrique fasse le même nombre de bougies par heure ?*

Appelons x le nombre de jours demandé, et y le nombre de bougies fabriquées par chaque ouvrier dans une heure. Chaque ouvrier de la seconde fabrique fait $12y$ bougies par jour, les 70 ouvriers en font $y \times 12 \times 70$ dans le même temps ; par suite, la seconde fabrique, en x jours, aura fait un nombre de bougies égal à

$$y \times 12 \times 70 \times x.$$

La première fabrique ayant travaillé 40 jours de plus que la seconde, aura un nombre de bougies égal à

$$y \times 10 \times 60 \times (x + 40).$$

Or, ces deux nombres de bougies doivent être égaux, ce qui donne l'équation

$$y \times 12 \times 70 \times x = y \times 10 \times 60 (x + 40).$$

Après avoir divisé les deux membres de cette équation par le produit $y \times 10 \times 12$, on trouve

$$7x = 5 (x + 40) ;$$

et de là on tire

$$x = 100.$$

Ainsi, les deux fabriques auront fait le même nombre de bougies au bout de 100 jours après la création de la seconde.

On voit que l'inconnue y, dont la valeur est restée indéterminée, n'a servi qu'à faciliter la mise en équation.

136. PROBLÈME VIII. *Trois prés dans lesquels l'herbe*

*est d'égale hauteur et croît d'un mouvement uniforme,
ont respectivement* 1000, 1500, *et* 2000 *mètres carrés de
superficie. Le premier a nourri* 5 *bœufs pendant* 10 *jours,
le second* 6 *bœufs pendant* 15 *jours. On demande combien
le troisième pourra nourrir de bœufs pendant* 12 *jours.*

On admet, bien entendu, que les bœufs qui se trouvent
dans les trois prés mangent chacun la même quantité
d'herbe par jour.

Soit x le nombre de bœufs demandé. Nommons, de
plus, y la hauteur commune de l'herbe dans les trois
prés au moment où l'on y place les bœufs; et z l'allon-
gement de l'herbe en un jour.

Puisque la hauteur de l'herbe croît, dans le premier
pré, d'une quantité z, son accroissement sera $10z$ pour
10 jours; et, au bout de ce temps, la hauteur totale de
l'herbe serait $y + 10z$. Le volume total de l'herbe con-
tenue dans le premier pré serait donc alors $1000(y + 10z)$;
or, toute cette herbe a été mangée en 10 jours par 5 bœufs,
donc un seul de ces bœufs a mangé chaque jour une
quantité d'herbe égale à

$$\frac{1000(y + 10z)}{10 \times 5} = 20(y + 10z).$$

De même, chaque bœuf mis dans le second pré a mangé
chaque jour une quantité d'herbe égale à

$$\frac{1500(y + 15z)}{15 \times 6} = \frac{50(y + 15z)}{3}.$$

Enfin la quantité d'herbe mangée chaque jour par un
bœuf, dans le troisième pré, est représentée par

$$\frac{2000(y + 12z)}{12x} = \frac{500(y + 12z)}{3x}.$$

Ces trois quantités devant être égales, on a les deux
équations

$$20(y+10z)=\frac{50(y+15z)}{3}, \quad 20(y+10z)=\frac{500(y+12z)}{3x};$$

la première, résolue comme si z était connue, donne

$$y=15z;$$

et cette valeur de y portée dans la seconde conduit à la valeur suivante de l'inconnue principale,

$$x=9.$$

DES CAS D'IMPOSSIBILITÉ ET D'INDÉTERMINATION DANS LES PROBLÈMES.

137. Les problèmes que nous avons résolus jusqu'ici n'offrent point de circonstances particulières; dans chacun d'eux, nous avons trouvé pour chaque inconnue un nombre répondant exactement à la question. Nous allons résoudre maintenant quelques problèmes dits *impossibles* parce qu'ils n'admettent aucune solution; et quelques problèmes dits *indéterminés*, parce qu'ils admettent plusieurs solutions.

138. PROBLÈME I. — *Trouver un nombre tel que, si on l'augmente de son sixième, et si on diminue le résultat de la moitié de ce même nombre et de 10 unités, on ait les $\frac{2}{3}$ de ce nombre plus 8.*

En désignant par x ce nombre, on a immédiatement l'équation

$$x+\frac{x}{6}-\frac{x}{2}-10=\frac{2}{3}x+8;$$

réduisant au même dénominateur 12, et chassant en même temps ce dénominateur, il vient

$$12x+2x-6x-120=8x+96,$$

ou bien $\qquad 14x-14x=216.$

Or, quel que soit le nombre qu'on substitue à x dans cette équation, il annulera le premier membre qui, par conséquent, ne peut pas devenir égal au second ; il n'y a pas de nombre qui satisfasse à l'énoncé ; le problème est donc impossible.

139. PROBLÈME II. — *Trouver les dimensions d'un rectangle dont la surface augmente de 32 mètres carrés lorsque la base augmente de 3 mètres, et la hauteur de 5 mètres ; et dont la surface augmente de 91 mètres carrés quand la base augmente de 6 mètres et la hauteur de 10 mètres.*

Soient x et y la base et la hauteur cherchées ; la surface du rectangle est xy. Dans le premier cas, les dimensions deviennent respectivement $x+3$, $y+5$, et la surface est $(x+3)(y+5)$, ou bien $xy+5x+3y+15$; mais cette surface doit surpasser de 32 mètres carrés la surface primitive xy, donc on a l'équation

$$5x+3y+15 = 32.$$

On trouverait, dans le second cas,

$$10x+6y+60 = 91.$$

Ces deux équations deviennent, après simplification,

$$5x+3y = 17, \quad 5x+3y = \frac{31}{2} ;$$

elles ont le même premier membre, et leurs seconds membres sont différents, donc il est impossible de trouver des nombres qui satisfassent en même temps à ces deux équations. On dit qu'elles sont *incompatibles*, et le problème est impossible.

Dans ces deux problèmes l'impossibilité est manifestée par l'impossibilité même de satisfaire aux équations.

140. PROBLÈME III. — *On veut payer 60 francs avec 20 pièces, les unes de 5 francs, les autres de 2 francs ; combien doit-on prendre de pièces de chaque sorte ?*

Soit x le nombre des pièces de 5 fr., $20-x$ sera le nombre des pièces de 2 fr. Or, x pièces de 5 fr. valent $5x$ francs, et $(20-x)$ pièces de 2 fr. valent $(20-x)\times 2$ fr. On a donc l'équation

$$5x+(20-x)\times 2=60.$$

En résolvant cette équation, on trouve $x=6\frac{2}{3}$, et par suite $20-x=13\frac{1}{3}$. Le nombre $6\frac{2}{3}$ satisfait bien à l'équation du problème ; mais comme on ne saurait admettre un nombre fractionnaire de pièces, on conclut que le problème est impossible.

Ici l'impossibilité du problème est accusée par une valeur fractionnaire de l'inconnue, quand la nature du problème ne comporte qu'une solution en nombres entiers.

141. PROBLÈME IV. — *Pour payer une somme de 52 fr. avec huit pièces, les unes de 5 fr., les autres de 2 fr., combien faut-il prendre de pièces de 5 fr. ?*

L'impossibilité de ce problème est bien évidente immédiatement, puisqu'on ne pourrait pas faire une somme de 52 francs, alors même que les huit pièces seraient toutes des pièces de 5 fr. ; mettons-le néanmoins en équation.

Soit x le nombre cherché des pièces de 5 fr. ; en raisonnant comme au problème précédent, nous aurons l'équation

$$5x+(8-x)\times 2=52 ;$$

d'où $x=12$.

Or, d'après l'énoncé, on ne doit prendre que huit pièces en tout ; donc le problème est impossible, et l'impossibilité est mise en évidence par cette valeur 12 de x qui ne peut surpasser 8.

142. PROBLÈME V. — *Une société de dix-huit personnes,*

composée d'hommes et de femmes, a dépensé 120 francs; la dépense des hommes étant de 5 fr. 40 par tête, et celle des femmes de 3 fr. 50, on demande combien il y avait d'hommes.

Soit x le nombre des hommes, $18 - x$ sera celui des femmes. Les x hommes ont dépensé $5,40 \times x$, et les $(18 - x)$ femmes ont dépensé $3,50 \times (18 - x)$; or la dépense totale s'élève à 120 fr.; donc

$$5,40 \times x + 3,50 \times (18 - x) = 120.$$

De cette équation on tire $x = 20$. Il est clair alors que le problème est impossible, puisque le nombre d'hommes ne saurait surpasser 18.

L'impossibilité est, comme au problème précédent, accusée par une valeur de x trop grande, et elle ressort d'ailleurs de l'énoncé; car les 18 personnes, fussent-elles toutes des hommes, n'auraient dépensé que 97 fr. 20, c'est-à-dire moins de 120 francs.

143. Nous verrons encore l'impossibilité des problèmes se manifester d'une autre manière, au chapitre suivant, après avoir parlé des nombres négatifs.

144. PROBLÈME VI. — *Trouver un nombre tel que la somme de ce nombre, de sa moitié et de 4 unités, soit égale à la moitié du résultat formé en ajoutant 8 au triple de ce même nombre.*

Soit x ce nombre; en lui ajoutant sa moitié, puis 4 unités, on a

$$x + \frac{x}{2} + 4;$$

le triple de ce nombre plus 8 est $3x + 8$; et $\dfrac{3x + 8}{2}$ est la moitié de ce résultat. On a donc l'équation

$$x + \frac{x}{2} + 4 = \frac{3x + 8}{2}.$$

Chassant les dénominateurs, on obtient

$$2x + x + 8 = 3x + 8, \text{ ou } 3x + 8 = 3x + 8.$$

Or, quel que soit le nombre qu'on substitue à x, le premier membre de cette équation sera évidemment égal au second; on peut donc satisfaire à cette équation, et par conséquent au problème, en prenant tel nombre qu'on veut. Ce problème est *indéterminé*.

145. PROBLÈME VII. — *Un enfant veut acheter un nombre de noix tel qu'en les comptant par douzaines, il en reste* 3, *et qu'en les comptant par* 5, *il en reste* 4. *Combien doit-il en acheter ?*

Soit x le nombre de douzaines contenues dans le nombre cherché de noix, et y le nombre de groupes de 5 noix qu'on peut former. Le nombre de noix sera évidemment $12x + 3$, et aussi $5y + 4$, donc on a l'équation

$$12x + 3 = 5y + 4.$$

Maintenant, pour avoir une seconde équation, on chercherait vainement une nouvelle relation entre x et y; la solution du problème dépend donc de cette équation unique, qui peut s'écrire

$$x = \frac{5y + 4}{12}.$$

Cette équation a une infinité de solutions, car quel que soit le nombre mis à la place de y, elle donne une valeur de x. Il est vrai que le problème n'admet que les solutions entières, mais comme il y a une infinité de nombres entiers pour lesquels l'équation est satisfaite, le problème est indéterminé. Entre autres solutions, on peut prendre $x = 3$, $y = 7$, ce qui donne 39 noix.

146. PROBLÈME VIII. — *Une personne fait trois placements d'argent, le premier à* 5 o/o, *le second à* 4 o/o, *et le troisième à* 6 o/o; *la rente du premier placement surpasse de* 450 fr. *celle du second; celle du troisième sur-*

passe aussi de 620 fr. celle du second. On demande le montant de chaque placement?

Soient x, y, z, les montants des placements à 5 o/o, à 4 o/o, et à 6 o/o ; on a immédiatement les deux équations

$$\frac{5x}{100} = \frac{4y}{100} + 450, \quad \frac{6z}{100} = \frac{4y}{100} + 620,$$

et on en chercherait vainement une troisième entre les trois inconnues x, y, z. Ce système de deux équations a une infinité de solutions ; car y ayant une valeur quelconque, on en tire une valeur de x et de z. Le problème est donc indéterminé.

147. PROBLÈME IX. — *Trouver les dimensions d'un rectangle tel que, si l'une et l'autre augmentaient de 5 m., la surface augmenterait de 250 mètres carrés ; et que, si elles diminuaient de 4 m., la surface diminuerait de 200 mètres carrés.*

Soient x et y les deux dimensions cherchées ; en raisonnant comme au second des problèmes impossibles (n° 139), on trouvera les deux équations

$$5x + 5y = 225, \quad 5x + 5y = 225.$$

Or, ces deux équations n'en forment réellement qu'une ; donc le problème, dont la solution ne dépend que d'une équation à deux inconnues, est indéterminé. On peut écrire cette équation unique $x + y = 45$; d'où $2x + 2y = 90$; mais $2x + 2y$ est le périmètre du rectangle, donc tous les rectangles satisfaisant à l'énoncé ont 90 mètres de périmètre.

148. PROBLÈME X. — *Trouver un nombre de quatre chiffres, tel que le chiffre des mille, ajouté à celui des unités, donne 8 ; le chiffre des centaines ajouté à celui des dizaines donne 7 ; la somme des chiffres des mille et des dizaines soit les $\frac{2}{3}$ de la somme des deux autres chiffres ; enfin la somme des quatre chiffres soit 15.*

Soient x, y, z, u, les chiffres des mille, des centaines, des dizaines et des unités ; on a immédiatement les quatre équations à quatre inconnues :

$$x+u=8, \quad y+z=7, \quad x+z=\frac{2}{3}(y+u), \quad x+y+z+u=15.$$

La quatrième de ces équations est une conséquence des deux premières, puisqu'elle est leur somme membre à membre ; elle n'exprime donc que ce qu'expriment celles-ci, et ce n'est pas une nouvelle relation entre les inconnues. Ainsi, il n'y a réellement que trois équations entre quatre inconnues ; le problème est, comme le système d'équations, indéterminé.

Toutefois, l'indétermination n'est pas aussi grande que pour les problèmes précédents ; ceux-ci admettent une infinité de solutions, mais ici il y en a un nombre limité. Cela tient à ce que les inconnues sont des nombres entiers, parmi lesquels x et y sont moindres que 8, y et z moindres que 7. Les seuls nombres répondant à l'énoncé sont

1257, 2346, 3435, 4254, 5613, 6702 ;

il est facile de les trouver, en donnant à x successivement les valeurs 1, 2, 3, etc.

149. L'indétermination est accusée dans le premier de ces problèmes par une équation qui est une identité ; dans les deux suivants, par des équations dont le nombre est moindre que celui des inconnues ; dans les deux derniers, par des équations en même nombre que les inconnues, mais qui ne sont pas toutes distinctes.

Quand le système des équations auxquelles conduit un problème est indéterminé, il ne faut pas toujours en conclure que le problème est indéterminé, comme le prouve l'exemple suivant :

150. PROBLÈME XI. — *Un fermier achète des moutons et des vaches ; chaque mouton coûte 12 fr., et chaque* vache 98 fr. *Il paye pour le tout 730 fr. ; combien a-t-il acheté de moutons et de vaches ?*

Soit x le nombre des moutons, y celui des vaches. Les x moutons coûtent $12x$ francs, et les y vaches coûtent $98y$ francs ; on a donc l'équation

$$12x + 98y = 730, \text{ ou } 6x + 49y = 365.$$

Or, cette équation est la seule qu'on puisse trouver au moyen de l'énoncé, puisqu'elle le traduit complétement ; elle admet donc une infinité de solutions. Mais parmi ces solutions, une seule se compose de nombres entiers, c'est $x = 20$, $y = 5$; donc le problème n'a qu'une solution. Le fermier a acheté 20 moutons et 5 vaches.

EXERCICES.

1. On a deux sortes de liquides. En mêlant 6 litres de l'un avec 5 de l'autre, on peut vendre 40 fr. les 11 litres mélangés ; et si l'on mêlait 7 litres du second avec 3 du premier, on pourrait vendre 29 fr. les 10 litres obtenus. Quel est le prix d'un litre de chaque sorte ?

Rép. L'un des liquides vaut 5 francs le litre, et l'autre 2 francs.

2. Un négociant a fait deux affaires qui lui ont rapporté en tout 1800 francs. La première lui a valu 480 fr. de plus que la seconde ; combien a rapporté chaque affaire ?

Rép. La première a rapporté 1140 fr., et la seconde 660 fr.

3. Deux marchands ont fait un bénéfice qu'ils doivent se partager également. Le premier a touché pour sa part un certain à-compte, plus 500 francs ; le second, qui a touché toute sa part, perd immédiatement 900 fr., et il ne lui reste plus que le cinquième du bénéfice total. On demande ce que devaient être la part de chacun et le bénéfice.

Rép. En prenant pour inconnues le bénéfice total et l'à-compte reçu par le premier marchand, on trouve la première somme égale à 3000 fr., et la seconde à 1000 fr. Donc la part de chacun est de 1500 fr.

4. On a du vin à 60 centimes, et du vin à 80 cent. le litre. Combien faut-il prendre de l'un et de l'autre pour former un mélange de 100 litres à 75 centimes ?

Rép. 25 litres à 60 cent., 75 litres à 80 centimes.

5. On a de l'argent au titre de 0,980 et de l'argent au titre de 0,750. Combien faut-il prendre de l'un et de l'autre pour former 90 grammes d'alliage au titre de 0,900 ?

Rép. 31 gr. 3 du premier lingot, et 58 gr. 7 du second.

6. Une personne achète une selle valant 200 francs, et deux chevaux ; si elle met la selle sur le premier cheval, la valeur de ce cheval devient double de celle du second ; mais si elle la met sur le second, il s'en faut de 260 fr. que sa valeur atteigne celle du premier. Combien vaut chaque cheval ?

Rép. Le premier vaut 1120 fr. ; et le second 660 fr.

7. Deux personnes ayant ensemble 25000 francs mettent dans une maison de commerce : la première le tiers de son avoir plus 3374 fr. ; et la seconde, la cinquième partie du sien. Il leur reste alors autant à toutes deux. Combien possédait chacune d'elles ?

Rép. La première avait 15936 fr. 82 ; la seconde, 9063 fr. 18 à un centime près.

8. On a reçu chez un changeur 49 guinées d'or d'Angleterre, et 217 piastres d'Espagne, pour une somme totale de 2475 fr. 34. On sait que pour 5 piastres et 4 guinées, on aurait donné 133 fr. 03 ; que valent en francs et centimes une guinée et une piastre ?

Rép. Une guinée vaut 26 fr. 47 ; une piastre, 5 fr. 43.

9. On veut payer 1540 francs avec 200 pièces, les unes de 20 fr., et les autres de 5 fr.; combien faut-il prendre des unes et des autres ?

Rép. 164 pièces de 5 fr., et 36 de 20 fr.

10. On a des vins de trois qualités différentes. On sait qu'on a payé 16 fr. 60 pour 14 litres, dont 5 de la première qualité, 3 de la seconde, et 6 de la troisième ; de plus 4 litres de la première, plus 5 de la seconde, ont coûté 11 fr. 60 ; et 6 litres de la première, plus 3 de la seconde, valent 2 litres de la troisième, plus 10 fr. On demande le prix d'un litre de chaque espèce.

6.

Rép. La première qualité vaut 1 fr. 40 le litre ; la seconde, 1 fr. 20 ; la troisième, 1 fr.

11. Une personne place trois sommes différentes montant ensemble à 12000 francs ; la première somme est placée à 5 o/o, la seconde à 4 o/o, la troisième à 3 o/o. La demi-somme des deux derniers capitaux est égale au premier ; et la rente totale est de 490 fr. On demande quels sont les trois capitaux.

Rép. Le premier est 4000 fr., le second 5000 fr., le troisième 3000 fr.

12. Un voiturier a fait ce marché : il payera pour chaque vase de porcelaine qu'il brisera autant qu'il recevra pour chaque vase rendu intact. On lui donne d'abord 2 petits vases, 4 moyens et 9 grands ; il casse les moyens, rend les autres en bon état, et reçoit 28 fr. A un second voyage, on lui donne 7 petits vases, 3 moyens, 5 grands ; il casse les grands, rend les autres intacts, et reçoit 3 fr. Enfin, on lui confie 9 petits vases, 10 moyens et 11 grands ; il casse encore les grands seuls, et reçoit 4 fr. On demande ce que coûte le transport d'un vase de chaque grandeur.

Rép. Il coûte 2 fr. pour un petit vase, 3 fr. pour un moyen, et 4 fr. pour un grand.

13. Connaissant les sommes 10, 12, 9, 11, de quatre nombres pris trois à trois, quels sont ces nombres ? Résoudre le même problème d'une manière générale, en représentant les nombres donnés par a, b, c, d ; puis remplacer dans les formules obtenues ces lettres par leurs valeurs.

Rép. 1° Les nombres sont 2, 3, 4, 5. 2° Les formules générales sont : $\dfrac{b+c+d-2a}{3}, \dfrac{a-2b+c+d}{3}, \dfrac{a+b-2c+d}{3} ; \dfrac{a+b+c-2d}{3}.$

14. Deux frères ont 8500 fr. à eux deux. Le premier dépense le tiers de son argent ; le second en dépense le quart ; et il en reste autant à l'un qu'à l'autre. Combien avaient-ils chacun ?

Rép. Le premier avait 4500 fr., et le second 4000.

15. Une personne veut donner de l'argent à des pauvres. Il lui manque 2 fr. 50 pour donner 0 fr. 50 à chaque pauvre ; mais il lui reste 2 fr. 50 en donnant 0 fr. 30 à chacun. Combien cette personne a-t-elle d'argent, et quel est le nombre des pauvres ?

Rép. 10 francs ; 25 pauvres.

16. On a de l'argent dans deux sacs. Si on ôtait 300 fr. du premier pour les mettre dans le second, il y aurait autant dans les deux sacs ; mais si on ôtait 200 fr. du second pour les mettre dans le premier, celui-ci contiendrait le double du second. Combien y a-t-il dans chaque sac ?

Rép. 1800 francs dans le premier ; 1200 dans le second.

17. On a rempli en une heure un vase de 276 litres en laissant couler l'eau successivement de deux fontaines qui la versent avec une vitesse constante. La première fontaine fournit 3 litres par minute, et la seconde en fournit 5. Pendant combien de temps l'eau s'est-elle écoulée de chaque fontaine ?

Rép. 12 minutes pour la première ; 48 pour la seconde.

18. Le contour d'un rectangle vaut 80 mètres. Si on augmente sa base de 5 mètres, et si on diminue sa hauteur de 3 mètres, sa surface augmente de 15 mètres carrés ; quelles sont ses deux dimensions ?

Rép. 21^m,25 ; et 18^m,75.

19. Un chef de bataillon range ses hommes 9 par 9, et il en reste 1 ; s'il les range 12 par 12, il en reste 4 ; le nombre des rangées de 9 surpasse de 18 le nombre des rangées de 12. Combien y a-t-il d'hommes dans ce bataillon ?

Rép. 640 hommes.

20. Trois joueurs conviennent que celui qui perdra une partie doublera l'argent des deux autres ; ils se retirent du jeu avec 64 fr. chacun, après avoir perdu chacun une partie. Combien chaque joueur avait-il en se mettant au jeu ?

Rép. Le 1er 104 francs ; le 2e 56 ; le 3e 32.

21. Un nombre se compose de quatre chiffres dont la somme est 18. Le chiffre des unités est la moitié de la somme des trois autres chiffres, et le chiffre des mille est la moitié du chiffre des unités ; enfin en ajoutant 3087 au nombre, on obtient ce nombre renversé. Quel est ce nombre ?

Rép. 3456.

22. Une personne interrogée sur son âge répond : si du triple de mon âge vous ôtez le double de l'âge que j'avais il y a trois ans, vous obtiendrez l'âge que j'aurai dans six ans. Quel âge a-t-elle ?

Rép. Il y a indétermination.

23. Quel est le nombre dont les $\frac{1}{6}$ diminués de 8 unités et de sa moitié donnent autant que son tiers augmenté de 9 ?

Rép. Il n'y a pas de nombre répondant à l'énoncé.

24. Un mobile va de A en B avec une vitesse de 15 kilom. à l'heure ; il revient ensuite de B en A, par une route moins longue de 36 kilom., avec une vitesse de 12 kilom. Il met pour revenir 3 heures de moins que pour aller ; on demande les longueurs des deux routes.

Rép. Pour mettre le problème en équation, on prendra comme inconnue x la longueur de la première route, celle de la seconde sera $x - 36$; on arrivera à une impossibilité.

25. Des ouvriers qui travaillent ensemble ont un salaire égal. S'ils étaient 5 de plus, et si chacun gagnait 1 fr. 25 de plus par jour, leur salaire total augmenterait de 40 fr. par jour; mais s'ils étaient 6 de moins, et si chacun gagnait 1 fr. 50 de moins par jour, leur salaire total diminuerait de 27 fr. par jour. Combien y a-t-il d'ouvriers, et combien chacun gagne-t-il par jour ?

Rép. On arrive à deux équations incompatibles ; le problème est impossible.

26. Un marchand a acheté des bœufs, des veaux et des moutons, à raison de 210 fr. par bœuf, 100 fr. par veau, et 28 fr. par mouton. Il a payé 98 fr. de plus pour les bœufs que pour les moutons, et 220 fr. pour les bœufs et les veaux ensemble ; de plus 8 fois le nombre des moutons donnent 15 fois celui des veaux. Combien y a-t-il de bœufs, de veaux, de moutons ?

Rép. En désignant par x, y, z, les nombres de bœufs, de veaux, de moutons, on trouve pour racines des équations les nombres fractionnaires $x = \frac{2}{3}$, $y = \frac{4}{5}$, $z = \frac{3}{2}$; donc le problème est impossible.

27. Trouver un nombre dont le $\frac{1}{3}$ plus le $\frac{1}{4}$, plus 42, donne autant que les $\frac{7}{12}$ de ce nombre augmentés de 42.

Rép. Tous les nombres satisfont à l'énoncé.

28. Une personne place de l'argent, partie à 5 o/o, partie à

4 o/o, et elle se fait 900 fr. de rente. On demande la valeur de chaque placement.

Rép. Il y a une infinité de solutions.

29. Un fabricant paye les ouvriers de ses deux ateliers. Ceux du premier reçoivent 4 fr. 50 chacun, ceux du second 4 fr. 20; et la paye du premier atelier surpasse de 7 fr. 50 celle du second. Combien y a-t-il d'ouvriers dans chaque atelier?

Rép. Le problème admet une infinité de solutions. En désignant par x et y les nombres d'ouvriers du premier et du second atelier, on trouve

$$(x = 11, \; y = 10), \quad (x = 25, \; y = 35), \quad (x = 39, \; y = 40), \text{ etc.}$$

30. Trouver un nombre qui, divisé par 9, donne pour reste 4; et qui, divisé par 5, donne pour reste 3.

Rép. Il y a une infinité de solutions : 13, 58, 103, etc. On prendra pour inconnues le nombre cherché, et les deux quotients; et on écrira que le dividende est égal au diviseur multiplié par le quotient, plus le reste.

31. La nourriture de 25 émigrants, hommes et femmes, coûte 3910 francs. Chaque homme dépense 160 fr., et chaque femme 120 fr. Combien y a-t-il d'hommes et de femmes?

Rép. Problème impossible.

32. Si chacune des deux dimensions d'un rectangle augmentait de 5 mètres, sa surface augmenterait de 250 mètres carrés, mais si chacune des dimensions diminuait de 5 mètres, sa surface diminuerait de 200 mètres carrés. Quelles sont ces dimensions?

Rép. Il y a indétermination; la somme des dimensions est de 45 mètres.

CHAPITRE V.

Nombres négatifs. — Inégalités.

151. Nous avons dit en commençant que l'objet principal de l'algèbre est de généraliser, c'est-à-dire de résoudre les questions sur les nombres indépendamment des valeurs de ceux-ci; et nous avons montré sur un exemple (n° 5) comment on parvient à ce résultat en représentant les nombres connus par des lettres.

Mais certains problèmes, énoncés d'une manière générale, comportent plusieurs cas, qui conduisent à des formules différentes pour la détermination d'une même inconnue; si l'on veut ramener toutes ces formules à une seule, il faut recourir à l'emploi des *nombres négatifs*.

152. On appelle *nombre négatif* l'expression composée d'un nombre isolé, et du signe — placé devant lui; ainsi:

$$-8, \quad -\frac{4}{5}, \quad -100,$$

sont des nombres négatifs.

Par opposition, on appelle *nombre positif* tout nombre isolé qui est précédé du signe +, ou qui n'est précédé d'aucun signe.

La *valeur absolue* d'un nombre, positif ou négatif, est le nombre considéré indépendamment du signe dont il est précédé. Ainsi 4 et 5 sont les valeurs absolues du nombre positif + 4, et du nombre négatif — 5.

CALCUL DES NOMBRES NÉGATIFS.

153. Les nombres négatifs ne peuvent évidemment pas servir de mesure aux grandeurs, de quelque nature qu'elles soient. Ce sont de purs symboles introduits en algèbre dans un but de généralisation; et pour que leur définition soit complète, il faut encore dire comment on entendra les opérations sur ces nombres.

A cet égard, on fait la *convention* suivante: *les nombres négatifs seront traités, dans le calcul, comme s'ils étaient des termes soustractifs de polynômes.*

Développons les conséquences de cette convention.

154. ADDITION DES NOMBRES NÉGATIFS. — *Pour ajouter un nombre négatif à un autre nombre quelconque positif ou négatif, on l'écrit à la suite de cet autre, avec son signe.*

Ainsi l'on a, par définition,

$$8+(-5)=8-5, \quad (-4)+(-12)=-4-12.$$

REMARQUE. — D'après cette règle, on peut regarder toute différence $a-b$ de deux nombres positifs a et b comme la somme du nombre positif a, et du nombre négatif $-b$; pour distinguer une pareille somme, qui n'implique plus l'idée d'augmentation, du résultat de l'addition de deux nombres ordinaires, on l'appelle *somme algébrique.*

155. SOUSTRACTION DES NOMBRES NÉGATIFS. — *Pour soustraire un nombre négatif d'un second nombre quelconque, positif ou négatif, on change son signe, puis on l'ajoute au second.*

Ainsi, par définition, l'on a

$$7-(-3)=7+3, \quad (-9)-(-5)=-9+5.$$

REMARQUES.— 1° Quand on est conduit à retrancher un nombre d'un autre plus petit, il est impossible d'effectuer l'opération ; on *convient* d'en représenter le résultat par un nombre négatif ayant pour valeur absolue l'excès du plus grand nombre sur le plus petit. Ainsi, on écrit

$$4-9=-(9-4)=-5.$$

Cette nouvelle convention permet de regarder toujours la soustraction comme l'inverse de l'addition ; en effet, en ajoutant -5 à 9, on reproduit bien le nombre 4.

2° D'après cela, étant donné un polynôme

$$a-b-c+d-e+f;$$

si, pour certaines valeurs des lettres, la somme $b+c+e$

des termes soustractifs surpasse la somme $a+d+f$ des termes additifs, on obtiendra la valeur correspondante du polynôme, en retranchant la seconde somme de la première, ce qui donnera

$$b+c+e-a-d-f, \quad \text{ou} \quad -a+b+c-d+e-f,$$

et mettant le signe — devant le résultat; c'est-à-dire en changeant les signes de tous les termes du polynôme proposé, et mettant le signe — devant le résultat.

156. MULTIPLICATION DES NOMBRES NÉGATIFS. — *Pour faire le produit de deux nombres, l'un positif, l'autre négatif, on multiplie leurs valeurs absolues, et on met le signe — devant le résultat; pour multiplier l'un par l'autre deux nombres négatifs, on fait simplement le produit de leurs valeurs absolues.*

Ainsi, l'on a

$$4\times(-3)=-(4\times3), \quad (-6)\times7=-(6\times7),$$
$$(-8)\times(-9)=8\times9.$$

REMARQUES. — 1° *Un produit de facteurs négatifs est positif ou négatif, suivant que le nombre des facteurs est pair ou impair.*

En effet, d'après ce qui précède, le produit des deux premiers facteurs est positif; en le multipliant par le troisième facteur, on obtient un second produit, qui est négatif; en multipliant ce second produit par le quatrième facteur, on a un troisième produit, qui est positif; et ainsi de suite. On voit donc que les produits sont positifs quand le nombre des facteurs employés est pair, négatifs si ce nombre est impair.

2° En supposant égaux tous les facteurs du produit, on trouve que : *une puissance d'un nombre négatif est positive ou négative, suivant que l'exposant est pair ou impair.*

Par exemple,

$$(-3)^4 = 3^4 = 81, \quad (-3)^7 = -(3)^7 = -729.$$

157. DIVISION DES NOMBRES NÉGATIFS. — *Le quotient de la division de deux nombres quelconques, positifs ou négatifs, s'obtient en divisant la valeur absolue du dividende par celle du diviseur, et mettant devant le résultat le signe + ou le signe —, suivant que les deux nombres ont le même signe ou des signes différents.*

On a, par exemple,

$$\frac{-3}{4} = -\frac{3}{4}, \quad \frac{5}{-8} = -\frac{5}{8}, \quad \frac{-12}{-19} = \frac{12}{19}.$$

Cette règle permet de considérer toujours la division comme l'opération inverse de la multiplication ; en effet,

$$\left(-\frac{3}{4}\right) \times 4 = -\left(\frac{3}{4} \times 4\right) = -3, \quad \left(-\frac{5}{8}\right)(-8) = \frac{5}{8} \times 8 = 5,$$

$$\frac{12}{19} \times (-19) = -\left(\frac{12}{19} \times 19\right) = -12.$$

GÉNÉRALISATION DES RÈGLES DU CALCUL DES POLYNÔMES.

158. Dans le premier livre, nous avons établi les règles du calcul des polynômes en supposant que les valeurs attribuées aux lettres rendaient la somme des termes additifs de chaque polynôme supérieure à celle des termes soustractifs ; en supposant aussi, pour la soustraction, que la valeur du polynôme à retrancher était inférieure à celle de l'autre.

Nous allons montrer que ces règles doivent encore être appliquées sans modification, quand les valeurs des lettres ne satisfont pas aux conditions qui viennent d'être rappelées.

159. ADDITION. — Soit proposé d'additionner les deux polynômes

$$a-b+c, \quad m-n+p-q.$$

1º S'ils sont tous deux positifs, leur somme est, comme on l'a vu au nº 28, le polynôme

$$a-b+c+m-n+p-q.$$

2º Si l'un d'eux est négatif, le second par exemple, il a pour valeur (nº 155, 2º) le nombre négatif $-(-m+n-p+q)$; la somme des deux polynômes est donc alors, d'après la règle d'addition des nombres négatifs, représentée par la différence

$$a-b+c-(-m+n-p+q).$$

Maintenant, le polynôme $-m+n-p+q$ peut être plus petit ou plus grand que $a-b+c$; dans le premier cas, en effectuant la soustraction d'après la règle du nº 34, on trouve pour résultat

$$a-b+c+m-n+p-p;$$

dans le second cas, il faudra retrancher $a-b+c$ de $-m+n-p+q$, ce qui donnera

$$-m+n-p+q-a+b-c,$$

puis mettre le signe — devant ce résultat, c'est-à-dire changer les signes des termes dans le polynôme obtenu, ce qui donnera

$$m-n+p-q+a-b+c.$$

3º Enfin, si les deux polynômes proposés sont tous deux négatifs, ils ont respectivement pour valeurs les nombres négatifs

$$-(-a+b-c), \quad -(-m+n-p+q);$$

et leur somme est représentée, d'après la règle d'addition

des nombres négatifs, par l'expression

$$-(-a+b-c-m+n-p+q),$$

qu'on peut mettre sous la forme

$$a-b+c+m-n+p-q.$$

On voit donc que, dans tous les cas, il faut écrire les termes des deux polynômes les uns à la suite des autres, avec leurs signes.

160. SOUSTRACTION.—Étant donnés les deux polynômes

$$a-b+c, \quad m-n+p-q,$$

supposons qu'on veuille retrancher le second du premier.

1° S'ils sont tous deux positifs, et si la valeur du premier surpasse celle du second, le reste de la soustraction est, d'après la règle du n° 34, le polynôme

$$a-b+c-m+n-p+q.$$

2° Supposons maintenant que, le second polynôme étant encore positif, le premier ait une valeur quelconque, positive ou négative; comme nous l'avons dit (n° 155, 1°), retrancher le nombre positif $m-n+p-q$, c'est ajouter le nombre négatif $-(m-n+p-q)$, c'est-à-dire $-m+n-p+q$; et d'après la généralisation du numéro précédent, le résultat de cette addition est le polynôme

$$a-b+c-m+n-p+q.$$

3° Enfin, si le polynôme à retrancher est négatif, il a pour valeur le nombre négatif $-(-m+n-p+q)$; et pour le retrancher, il faut, d'après la règle de soustraction des nombres négatifs, ajouter le polynôme $-m+n-p+q$, ce qui donne

$$a-b+c-m+n-p+q.$$

Ainsi, dans tous les cas, le reste de la soustraction s'obtient en appliquant la même règle.

161. MULTIPLICATION. — Soit proposé de multiplier l'un par l'autre les deux polynômes

$$a - b + c, \quad m - n + p - q.$$

1o S'ils sont tous deux positifs, leur produit s'obtient en appliquant la règle du no 48, et il est

$$am - bm + cm - an + bn - cn + ap - bp + cp - aq + bq - cq.$$

2o Si l'un d'eux est négatif, le second par exemple, il a pour valeur le nombre négatif $-(-m + n - p + q)$; en appliquant la règle de multiplication d'un nombre positif par un nombre négatif, on trouve pour le produit cherché

$$- (a - b + c)(-m + n - p + q);$$

ou bien en effectuant le produit des deux polynômes positifs mis entre parenthèses,

$$-(- am + bm - cm + an - bn + cn - ap + bp - cp + aq - bq + cq),$$

ou enfin,

$$am - bm + cm - an + bn - cn + ap - bp + cp - aq + bq - cq.$$

3o Enfin, si les deux polynômes sont négatifs, ils ont pour valeurs respectives les deux nombres négatifs $-(-a + b - c)$ et $-(-m + n - p + q)$, et leur produit est, d'après la règle de multiplication des nombres négatifs,

$$(-a + b - c)(-m + n - p + q);$$

ou bien en effectuant les calculs, puisque les deux nouveaux polynômes sont positifs,

$$am - bm + cm - an + bn - cn + ap - bp + cp - aq + bq - cq.$$

C'est bien le résultat qu'on obtient en multipliant les deux polynômes donnés d'après la règle démontrée pour deux polynômes positifs.

162. DIVISION.— Considérons les deux polynômes

$$am - bm - an + bn + ap - bp \quad \text{et} \quad a - b;$$

s'ils sont tous deux positifs, en effectuant la division du premier par le second, d'après la règle du n° 63, on trouve pour quotient le polynôme

$$m - n + p.$$

Maintenant, le polynôme

$$am - bm - an + bn + ap - bp$$

étant le produit des deux polynômes $a - b$ et $m - n + p$, lorsque ceux-ci sont positifs, sera leur produit dans tous les cas, d'après la généralisation du numéro précédent; en d'autres termes, le quotient des deux polynômes donnés est toujours $m - n + p$; pour effectuer la division il faut toujours opérer de la même manière.

163. NOUVELLE GÉNÉRALISATION. — Dans tout ce qui précède, nous avons supposé que les lettres représentaient des nombres positifs; nous allons montrer que les règles établies pour le calcul des polynômes subsistent encore lorsque quelques-unes de ces lettres représentent des nombres négatifs.

164. ADDITION. — Soient donnés les deux polynômes

$$a - b + c, \quad m + n - p;$$

et supposons que les lettres a, b, n, p, représentent des nombres négatifs $- a', - b', - n', - p'$.

Ces deux polynômes peuvent s'écrire

$$(-a') - (-b') + c, \quad m + (-n') - (-p');$$

ou bien, en appliquant les règles d'addition et de soustraction des nombres négatifs,

$$-a' + b' + c, \quad m - n' + p'.$$

Les lettres entrant dans ces deux polynômes représentent

maintenant toutes des nombres positifs, l'addition donnera donc (n° 159)

$$-a'+b'+c+m-n'+p';$$

mais cette expression peut s'écrire

$$(-a')-(-b')+c+m+(-n')-(-p'),$$

et, en remplaçant $(-a')$, $(-b')$, $(-n')$, $(-p')$, par a, b, n, p, elle devient

$$a-b+c+m+n-p.$$

Ainsi la somme des deux polynômes s'obtient encore en appliquant la règle connue.

165. Multiplication. — Étant donnés les deux polynômes

$$a-b+c, \quad \text{et } m-n,$$

supposons que les lettres a et n représentent des nombres négatifs $(-a')$ et $(-n')$.

Ces deux polynômes peuvent s'écrire

$$(-a')-b+c, \quad m-(-n'),$$

ou bien, d'après les conventions faites pour le calcul des nombres négatifs,

$$-a'-b+c, \quad m+n'.$$

Ces deux derniers polynômes sont composés de lettres représentant toutes des nombres positifs, leur produit sera, d'après la règle du n° 161,

$$-a'm-bm+cm-a'n'-bn'+cn';$$

mais ce polynôme peut s'écrire

$$(-a')m-bm+cm-(-a')(-n')+b(-n')+c(-n'),$$

puis, en remplaçant $(-a')$ par a, et $(-n')$ par n,

$$am-bm+cm-an+bn+cn.$$

Ainsi, quels que soient les nombres représentés par les lettres, le produit de deux polynômes s'obtient toujours en appliquant la même règle.

166. La généralisation des règles de la soustraction et de la division est une conséquence de ce qui précède, si on les considère comme les opérations inverses de l'addition et de la multiplication.

USAGE DES NOMBRES NÉGATIFS.

167. Donnons maintenant quelques exemples de généralisation au moyen des nombres négatifs.

Si l'on veut trouver une règle pour former le carré d'un binôme quelconque, il faut examiner trois cas, suivant que le binôme a l'une ou l'autre des trois formes suivantes :

$$A+B, \quad A-B, \quad -A+B,$$

A et B désignant deux nombres positifs quelconques.

Or, d'après la règle de multiplication des polynômes (n° 55), on a les trois formules

$$(A+B)^2 = A^2 + 2AB + B^2,$$
$$(A-B)^2 = A^2 - 2AB + B^2,$$
$$(-A+B)^2 = A^2 - 2AB + B^2;$$

ce qui fait trois règles différentes pour résoudre une même question.

Mais, d'après les conventions faites sur le calcul des nombres négatifs, les deux dernières formules peuvent s'écrire

$$[A+(-B)]^2 = A^2 + 2A(-B) + (-B)^2,$$
$$[(-A)+B]^2 = (-A)^2 + 2(-A)B + B^2;$$

si donc on représente par les lettres a et b deux nombres quelconques, positifs ou négatifs, on voit que les trois formules précédentes sont comprises dans la suivante

$$(a+b)^2 = a^2 + 2ab + b^2,$$

qui conduit à cette règle générale : *Un binôme quelconque étant considéré comme une somme de deux termes positifs ou négatifs, son carré est égal à la somme des carrés des deux termes, plus le double produit de ceux-ci.*

168. Si le binôme est remplacé par un trinôme, il faut *sept* formules différentes pour former son carré dans tous les cas qui peuvent se présenter, suivant les signes des termes; il en faut *quinze* pour un polynôme à quatre termes; et le nombre des formules est bien vite si considérable qu'il serait à peu près impossible de les retenir toutes. Des considérations analogues à celles du n° précédent permettent de ramener toutes ces formules à une seule, en regardant le polynôme dont on veut faire le carré comme une somme de termes positifs ou négatifs.

169. Ce que nous venons de dire montre déjà l'immense avantage que procure l'emploi des nombres négatifs en permettant de ramener un grand nombre de formules à une seule; nous y reviendrons plus d'une fois dans la suite de cet ouvrage.

Mais c'est surtout lorsqu'il s'agit de grandeurs pouvant être comptées dans deux sens opposés, à partir d'une même origine, que les nombres négatifs jouent un rôle important. Nous donnerons une idée de cette importance par deux exemples, en prévenant le lecteur qu'elle ressortira plus clairement de l'application constante qu'il fera des mêmes principes à toutes les sciences auxquelles s'applique l'algèbre.

170. Problème. — *Un thermomètre marque T degrés; combien marquera-t-il si la température s'élève de a degrés ?*

Soit T′ le nombre de degrés cherché.

Il y a trois cas à distinguer pour résoudre complétement le problème.

1° Si la température initiale est au-dessus de zéro, il en est de même de la température finale; et comme celle-ci surpasse la première de a degrés, on a la formule

$$T' = T + a.$$

2° Si la température initiale est au-dessous de zéro, et

168. Si le binôme est remplacé par un trinôme, il faut *sept* formules différentes pour former son carré dans tous les cas qui peuvent se présenter, suivant les signes des termes; il en faut *quinze* pour un polynôme à quatre termes; et le nombre des formules est bien vite si considérable qu'il serait à peu près impossible de les retenir toutes. Des considérations analogues à celles du n° précédent permettent de ramener toutes ces formules à une seule, en regardant le polynôme dont on veut faire le carré comme une somme de termes positifs ou négatifs.

169. Ce que nous venons de dire montre déjà l'immense avantage que procure l'emploi des nombres négatifs en permettant de ramener un grand nombre de formules à une seule; nous y reviendrons plus d'une fois dans la suite de cet ouvrage.

Mais c'est surtout lorsqu'il s'agit de grandeurs pouvant être comptées dans deux sens opposés, à partir d'une même origine, que les nombres négatifs jouent un rôle important. Nous donnerons une idée de cette importance par deux exemples, en prévenant le lecteur qu'elle ressortira plus clairement de l'application constante qu'il fera des mêmes principes à toutes les sciences auxquelles s'applique l'algèbre.

170. PROBLÈME. — *Un thermomètre marque* T *degrés; combien marquera-t-il si la température s'élève de a degrés ?*

Soit T' le nombre de degrés cherché.

Il y a trois cas à distinguer pour résoudre complétement le problème.

1° Si la température initiale est au-dessus de zéro, il en est de même de la température finale; et comme celle-ci surpasse la première de *a* degrés, on a la formule

$$T' = T + a.$$

2° Si la température initiale est au-dessous de zéro, et

si a est plus grand que T, la température s'élèvera d'abord de T degrés, et le thermomètre marquera *zéro*; puis elle s'élèvera au-dessus de zéro de $(a-T)$ degrés. De sorte qu'on aura, dans ce cas,

$$T' = a - T.$$

3° Si la température initiale est au-dessous de zéro, et si a est plus petit que T, la température initiale sera encore au-dessous de zéro; et le thermomètre ne marquera plus que $T-a$ degrés; on aura donc alors

$$T' = T - a.$$

Voilà trois formules différentes pour résoudre une même question dans trois cas particuliers; mais, en vertu des conventions faites pour le calcul des nombres négatifs, les deux dernières de ces formules peuvent s'écrire

$$T' = (-T) + a, \quad (-T') = (-T) + a.$$

Si donc on convient de représenter la température par un nombre positif lorsqu'elle est au-dessus de zéro, et par un nombre négatif lorsqu'elle est au-dessous de zéro, ces trois formules conduisent à cette règle unique : *La température finale s'obtient dans tous les cas en ajoutant l'élévation de température à la température initiale.*

D'après cela, en appelant t et t' les nombres positifs ou négatifs qui représentent la température initiale et la température finale, la solution générale du problème est comprise dans la formule

$$t' = t + a.$$

Faisons des applications de cette formule :

1° La température initiale est de 12 degrés au-dessous de zéro, et elle s'élève de 8 degrés. Il faut alors faire dans la formule $t = -12$ et $a = 8$, ce qui donne

$$t' = -12 + 8 = -4;$$

la température finale est de 4° au-dessous de zéro.

2° Si la température initiale étant de 4° au-dessous de

ce qui donne la formule

(3)
$$X = VT - D,$$

T ayant la même signification que dans les deux cas précédents.

Ainsi, lorsque le mobile est actuellement à droite de O, et que le mouvement a lieu vers la droite, il faut trois formules différentes pour représenter à un instant quelconque la position du mobile, soit dans l'avenir, soit dans le passé.

Si l'on veut réduire à une seule ces formules qui ne diffèrent que par des changements de signes dans les termes, on observera que les deux dernières peuvent s'écrire

$$X = D + V(-T), \quad (-X) = D + V(-T);$$

on voit alors que les trois formules sont comprises dans celle-ci :

(a)
$$x = d + vt,$$

à la condition de considérer les lettres x et t comme représentant des nombres positifs ou négatifs.

Nous pouvons donc énoncer cette proposition : Les positions du mobile seront représentées, dans l'avenir comme dans le passé, par la formule unique (a), aux conditions suivantes : *pour toute époque dans l'avenir, t représentera l'intervalle de temps qui la sépare de l'époque actuelle ; et pour toute époque dans le passé, t désignera un nombre négatif ayant pour valeur absolue cet intervalle ; pour toute position du mobile à droite de O, x désignera la distance du mobile à ce point ; et pour toute position à gauche, x représentera un nombre négatif ayant pour valeur absolue cette distance.*

II. Supposons maintenant que, le mouvement ayant toujours lieu de gauche à droite, le point C soit à gauche de O, comme dans la figure ci-dessous.

A   C   O   B

M″   M′   M

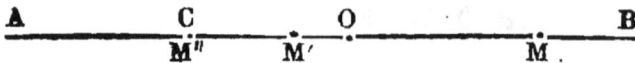

Nous aurons encore à considérer le mobile dans les trois régions OB, CO, AC, c'est-à-dire en M, M′, ou M″ ; et nous obtiendrons encore trois formules différentes pour représenter la position du mobile à un instant quelconque.

Mais on ferait voir comme précédemment que ces trois formules peuvent être ramenées à celle-ci :

(4) $$x = Vt - D,$$

grâce aux conventions qui viennent d'être faites sur les signes de x et de t.

Or, cette formule (4) peut s'écrire

$$x = Vt + (-D).$$

On voit donc qu'elle rentre elle-même dans la formule (a), si on considère dans cette dernière v comme représentant le nombre positif V, et d comme représentant le nombre négatif $(-D)$ quand le point C est à gauche de O.

III. Supposons enfin que le mouvement ait lieu de droite à gauche, c'est-à-dire dans le sens BA.

Si l'on ne voulait pas faire usage des nombres négatifs, il faudrait, comme dans les cas précédents, six formules différentes pour déterminer la position du mobile à une époque quelconque.

Mais, en appelant toujours V la vitesse du mobile, par une discussion semblable à la précédente, on ferait voir que la formule unique

(5) $$\dot{x} = d - Vt$$

donne toutes les positions du mobile, dans le passé ou dans l'avenir, que le point C soit à droite ou à gauche de O, pourvu toutefois que l'on adopte les conventions faites plus haut sur les signes de t, x et d.

Or, la formule (5), qui peut s'écrire

$$x = d + (-V)t,$$

s'obtiendrait en remplaçant v par $(-V)$ dans la formule (a); cette formule (a) convient donc encore au cas examiné pourvu qu'on y considère v *comme représentant la vitesse quand le mouvement a lieu vers la droite, et la vitesse précédée du signe — quand le mouvement a lieu vers la gauche.*

La question que nous venons de traiter comportait douze cas particuliers; l'emploi des nombres négatifs nous a donc permis de réduire *douze* formules à **une** seule.

172. Ce qui précède n'a rien d'absolu; et l'on peut, si on le veut, conserver les formules particulières aux divers cas d'une même question. Mais, dès qu'on veut généraliser, c'est-à-dire réduire les formules au plus petit nombre possible, le procédé est imposé : *il faut représenter un changement de sens par un changement de signe.*

173. Les nombres négatifs peuvent encore se présenter comme solutions d'équations.

1° Soit proposé de résoudre l'équation

$$\frac{60+x}{5}=\frac{80+x}{7}$$

Chassant les dénominateurs on obtient

$$420+7x=400+5x;$$

transposant les termes,

$$7x-5x=400-420.$$

Effectuant les réductions, en se rappelant la convention du n° 155 pour représenter le résultat d'une soustraction impossible,

$$2x=-20;$$

enfin, divisant les deux membres par 2, on trouve

$$x=\frac{-20}{2}=-10.$$

Or l'équation proposée est équivalente à cette dernière, puisqu'on a seulement appliqué les deux principes généraux sur la résolution des équations ; donc elle admet pour solution le nombre négatif (— 10).

Il est d'ailleurs facile de le vérifier. Quand on remplace x par — 10, les deux membres de l'équation deviennent respectivement

$$\frac{60 + (-10)}{5} \quad \text{et} \quad \frac{80 + (-10)}{7},$$

ou, d'après la règle d'addition des nombres négatifs,

$$\frac{60 - 10}{5} = \frac{50}{5} = 10, \quad \text{et} \frac{80 - 10}{7} = \frac{70}{7} = 10,$$

résultats qui sont égaux.

2º Soit encore proposé de résoudre le système des trois équations

$$30x - 20y - 10z = 230,$$
$$15x - 6y - 12z = 138,$$
$$10x - 5y - 4z = 75.$$

De la dernière tirons la valeur de z,

$$z = \frac{10x - 5y - 75}{4},$$

et portons-la dans les deux équations, nous aurons, toutes réductions faites,

$$2x - 3y = 17, \quad 5x - 3y = 29.$$

En retranchant la première de ces deux équations de la seconde, il vient

$$5x - 2x = 29 - 17, \quad 3x = 12,$$

d'où l'on tire

$$x = 4.$$

Portant cette valeur de x dans l'une des deux équations,

en x et y, on en tire

$$y = -3;$$

enfin, portant ces valeurs de x et y dans l'expression de z, il vient

$$z = \frac{10 + 4 - 5(-3) - 75}{4} = \frac{40 + 15 - 75}{4} = \frac{-20}{4} = -5.$$

Ainsi, le système proposé admet une solution unique formée des valeurs $x = 4, y = -3, z = -5$, dont les deux dernières sont négatives.

174. Nous allons maintenant démontrer un théorème qui nous sera fort utile dans la suite.

THÉORÈME. — *Lorsque parmi les valeurs des inconnues qui composent une solution d'une équation, il y en a de négatives, il suffit de changer leurs signes pour avoir une solution de l'équation obtenue en remplaçant dans la proposée les inconnues à valeurs négatives par — ces inconnues.*

Considérons d'abord une équation à une inconnue

$$\frac{x^2 - 3x}{25 + x} = 2x + 12;$$

elle admet la solution négative $x = -5$, car on a

$$\frac{(-5)^2 - 3(-5)}{25 + (-5)} = \frac{25 + 15}{25 - 5} = \frac{40}{20} = 2,$$

$$2(-5) + 12 = -10 + 12 = 2.$$

Remplaçant x par $-x$, l'équation devient

$$\frac{(-x)^2 - 3(-x)}{25 + (-x)} = 2(-x) + 12, \text{ ou } \frac{x^2 + 3x}{25 - x} = -2x + 12,$$

et elle admet alors la solution positive $x = 5$; en effet, substituant 5 à x dans la dernière équation, ses deux membres deviennent respectivement

$$\frac{25+15}{25-5} \quad \text{et} \quad -10+12,$$

ils sont donc égaux d'après ce qui précède.

2° Considérons encore une équation à plusieurs inconnues

$$3x+7y-2z=41;$$

elle admet pour solution le système des valeurs $x=-2$, $y=5$, $z=-6$, car on a

$$3(-2)+7\times5-2(-6)=-6+35+12=41.$$

Remplaçant x par $-x$ et z par $-z$, l'équation devient

$$3(-x)+7y-2(-z)=41, \quad \text{ou} \quad -3x+7y+2z=41,$$

et elle admet alors pour solution le système des valeurs $x=2$, $y=5$, $z=6$; en effet, ces nombres étant substitués aux inconnues dans la dernière équation, le premier membre devient

$$-6+35+12,$$

c'est-à-dire 41 d'après ce qui précède.

INTERPRÉTATION DES VALEURS NÉGATIVES DANS LES PROBLÈMES.

175. Examinons maintenant comment il faut interpréter les nombres négatifs lorsqu'ils se présentent comme étant les valeurs des inconnues d'un problème.

176. PROBLÈME 1. *Un père a 42 ans, et son fils en a 18; dans combien de temps l'âge du père sera-t-il triple de celui du fils?*

Soit x le nombre d'années cherché. Dans x années,

l'âge du père devenant $42+x$, et celui du fils $18+x$, on doit avoir

$$42+x=3(18+x);$$

d'où l'on déduit facilement

$$x=-6.$$

L'équation employée étant la traduction exacte et complète de l'énoncé, sa solution négative indique évidemment que le problème proposé est impossible, c'est-à-dire que l'âge du père ne deviendra jamais triple de l'âge du fils.

Si l'on veut modifier l'énoncé de manière que le problème devienne possible et admette pour solution le nombre positif 6, il suffit (n° 174) de remplacer x par $-x$ dans l'équation précédente, ce qui donne

$$42-x=3(18-x),$$

et de remarquer que cette dernière équation est la traduction du problème suivant : *Un père a 42 ans et son fils en a 18; combien y a-t-il de temps que l'âge du père était triple de celui du fils?*

Il y a 6 ans que cela est arrivé, puisque $x=6$ est la solution de l'équation de ce problème.

177. PROBLÈME II. *Un ouvrier met 15 jours à faire un certain ouvrage; pendant les 8 derniers jours il prend à ses frais un aide et reçoit 94 francs pour cet ouvrage. Plus tard, le même ouvrier fait en 6 jours un second ouvrage qui lui est payé 32 fr., et il prend le même aide les 4 derniers jours. On demande ce que gagne l'ouvrier par jour, et ce que lui rapporte son aide.*

Soient x et y ce que gagnent l'ouvrier et son aide; on a immédiatement les deux équations

$$15x+8y=94, \quad 6x+4y=32,$$

7.

qui, résolues, donnent

$$x = 10, \quad y = -7.$$

Pour les mêmes raisons que plus haut, la valeur négative de y indique que le problème proposé est impossible. Mais, dans les équations trouvées, remplaçons y par $-y$, elles deviennent

$$15x - 8y = 94, \quad 6x - 4y = 32,$$

et admettent alors pour solution (n° 174) les valeurs positives $x = 10$, $y = 7$. Or, on voit de suite que ces équations répondent au problème suivant : *Un ouvrier met 15 jours à faire un ouvrage qui lui rapporte 94 francs, et pendant les 8 derniers jours il prend un aide à ses frais; plus tard, il fait en 6 jours un second ouvrage qui lui est payé 32 francs, et il prend le même aide pendant les 4 derniers jours. Combien l'ouvrier gagne-t-il par jour, et combien lui coûte son aide?*

La réponse à ce dernier problème est : l'ouvrier gagne 10 francs, et son aide lui en coûte 7.

178. REMARQUE. — Dans chacun des deux problèmes qui viennent d'être résolus, les valeurs négatives trouvées comme solutions des équations indiquent une impossibilité du problème; il en est toujours ainsi quand les équations posées expriment toutes les conditions de l'énoncé, et celles-là seulement.

On peut alors se proposer de modifier l'énoncé du problème de manière à le rendre possible, et à obtenir sa solution en changeant seulement les signes des valeurs négatives trouvées, ou, comme on dit, *interpréter* ces valeurs négatives. Ce qui précède montre la règle à suivre pour cela : *Dans les équations du problème proposé, on remplace les inconnues à valeurs négatives par — ces inconnues; et on cherche, en se rapprochant le plus possible de l'énoncé primitif, à former l'énoncé d'un autre problème qui se résolve au moyen des nouvelles équations.*

Mais il faut bien remarquer que cette interprétation est purement facultative, et que, d'ailleurs, elle n'est pas toujours possible, comme le prouve l'exemple suivant :

179. PROBLÈME III. *Pour entrer dans un musée, on paie 2 francs d'entrée et 0 fr. 50 par heure que l'on passe au musée. A midi, 60 personnes sont entrées ensemble, et sont sorties ensemble; quelle est l'heure de la sortie, la recette s'étant élevée à 30 francs?*

Soit x le nombre d'heures que les 60 personnes ont passées au musée; la recette étant égale, d'une part à 30 francs, d'autre part à $(2+0,50\times x)60$, l'équation du problème est

$$(2+0,50\times x)60=30;$$

en la résolvant, on trouve

$$x=-3,$$

et cette valeur négative indique que le problème est impossible. On pouvait le reconnaître *a priori*, en remarquant que la recette, à l'entrée, se montait déjà à 120 francs.

Pour interpréter la solution négative, il faudrait modifier l'énoncé du problème de manière qu'il fût résolu par l'équation

$$(2-0,50\times x)60=30,$$

et, pour cela, supposer qu'on paie chaque visiteur à raison de 0 fr. 50 par heure qu'il passe au musée; ce qui n'est pas admissible.

180. Une solution négative n'indique pas toujours une impossibilité du problème proposé; en voici un exemple :

PROBLÈME IV. *Deux courriers se dirigent vers un*

point C; *ils partent en même temps, l'un de A avec une vitesse de 8 kilomètres à l'heure, l'autre de B avec une vitesse de 5 kilomètres. La distance AB est de 6 kilomètres, et BC est de 23 kilomètres. A quelle distance du point C se rencontreront-ils?*

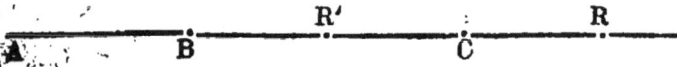

$$\underset{A \qquad\qquad B \qquad\qquad\quad R' \qquad\qquad\qquad C \qquad\qquad\qquad R}{\rule{9cm}{0.4pt}}$$

Rien, dans l'énoncé du problème, n'indique si la rencontre aura lieu au-delà ou en-deçà du point C; or, pour mettre le problème en équation, il faut la supposer dans l'une de ces deux régions : nous chercherons donc si elle se fera au-delà de C, en R par exemple.

Désignons par x la distance inconnue CR. Le chemin parcouru par le courrier parti de A sera $(29+x)$ kilom., et le temps employé $\dfrac{29+x}{8}$ heures; de même le temps

pendant lequel aura marché l'autre courrier sera $\dfrac{23+x}{5}$

heures. Or, ils partent au même instant, et arrivent en même temps au point R; donc ces deux temps doivent être égaux, ce qui donne l'équation

$$\frac{29+x}{8} = \frac{23+x}{5};$$

en la résolvant, on trouve

$$x = -13.$$

Cette valeur négative nous avertit, non pas que le problème proposé est impossible, mais que la rencontre n'a pas lieu au-delà de C, comme nous l'avons supposé; cherchons donc si elle a lieu en-deçà du point C, en R' par exemple. Alors, x désignant la distance inconnue CR', l'équation du problème est

$$\frac{29-x}{8} = \frac{23-x}{5};$$

or, elle ne diffère de la précédente que par le changement de x en $-x$, il est donc inutile de la résoudre, on sait qu'elle admet (n° 174) la solution positive $x = 13$.

Ainsi, la rencontre a lieu à 13 kilomètres en-deçà du point C.

181. Toutes les fois que, comme dans le problème précédent, il y a parmi les inconnues des grandeurs pouvant être comptées dans deux sens opposés à partir d'une même origine, et que ce sens n'est pas fixé par l'énoncé, les valeurs négatives trouvées pour une ou plusieurs de ces inconnues n'indiquent pas nécessairement que le problème proposé est impossible, mais seulement que l'hypothèse qu'on a dû faire pour le mettre en équation est fausse ; il faut recommencer le problème en examinant une autre des hypothèses possibles.

Si dans ce second cas les équations du problème ne diffèrent des précédentes que par le changement du signe des inconnues négatives, *on interprète chaque valeur négative en prenant sa valeur absolue pour la grandeur cherchée, et en comptant celle-ci dans le sens opposé à celui qu'on a choisi pour mettre le problème en équation.*

Ainsi, un nombre négatif trouvé en cherchant un temps à venir, un gain, une température, indique un temps passé, une perte, une température au-dessous de zéro.

Mais si les équations obtenues dans le second cas ne se déduisent pas des premières par le changement du signe des inconnues négatives, les valeurs négatives de ces inconnues ne peuvent plus être interprétées comme nous venons de le dire. En voici deux exemples.

182. PROBLÈME V. — *Deux trains partent au même instant des points* A *et* B, *et marchent dans le sens* AB *avec des vitesses respectives de 100 et de 60 kilomètres à l'heure ; mais en* C, *où il y a une rampe, les vitesses se ralentissent et ne sont plus que de 88 et de 48 kilomètres.*

$$\overset{\text{A}}{\bullet}\rule{3cm}{0.4pt}\overset{\text{B}}{\bullet}\overset{\text{R'}}{\bullet}\overset{\text{C}}{\bullet}\rule{3cm}{0.4pt}\overset{\text{R}}{\bullet}$$

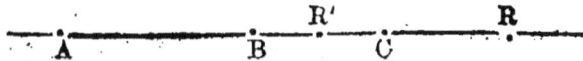

On demande à quelle distance du point C se rencontrent les deux trains, sachant que les distances AB et BC sont de 480 et 160 kilomètres.

La rencontre aura lieu avant ou après le point C; cherchons d'abord si elle aura lieu avant, en R'. En appelant x la distance inconnue R'C, on trouvera comme au problème IV (n° 180), pour équation du problème

$$\frac{640-x}{100} = \frac{160-x}{60};$$

on en tire

$$x = -560.$$

Cette valeur négative indique que la rencontre n'aura pas lieu entre B et C comme on l'a supposé ; mais on se tromperait grossièrement si on concluait qu'elle se fera à 560 kilomètres au-delà du point C. En effet, en traitant le problème dans cette seconde hypothèse, on trouve l'équation

$$\frac{640}{100} + \frac{x}{88} = \frac{160}{60} + \frac{x}{48},$$

qui ne peut pas se déduire de la précédente en remplaçant x par $-x$; résolue, elle donne

$$x = 394,24.$$

Les deux trains se rencontreront donc au-delà de C, mais à 394^{km},24 de ce point.

183. PROBLÈME VI. — *Deux mines de charbon A et B sont distantes de 40 kilomètres. Les 1000 kilogrammes de charbon coûtent 45 francs en A et 40 francs en B; de plus, leur transport coûte 0 fr. 10 par kilomètre. Quel est le point de la ligne AB où le charbon revient au même prix, qu'on le tire de A ou de B?*

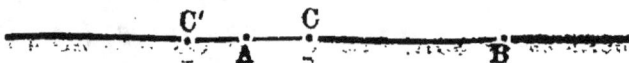

$$\rule{2cm}{0.4pt}\overset{\text{C'}}{\bullet}\overset{\text{C}}{\bullet}\underset{\text{A}}{\bullet}\rule{3cm}{0.4pt}\underset{\text{B}}{\bullet}\rule{2cm}{0.4pt}$$

Le prix d'achat étant plus élevé en A qu'en B, le point cherché, s'il existe, sera certainement plus rapproché de A que de B ; il sera donc ou entre A et B, ou à gauche de A. Cherchons d'abord s'il est entre A et B, en C par exemple, et appelons x la distance AC ; 1000 kilogrammes, achetés en A, coûtent 45 francs, et transportés en C ils reviennent à $45 + 0,10 \times x$; achetés en B, et transportés en C, ils reviennent à $40 + (40 - x) \times 0,10$. On a donc l'équation

$$45 + 0,10 \times x = 40 + (40 - x) \times 0,10,$$

qui, résolue, donne

$$x = -5.$$

Il ne faut pas conclure que le point cherché est situé à 5 kilomètres à gauche de A ; si en effet on met le problème en équation, dans cette seconde hypothèse, désignant C'A par x, on trouve

$$45 + 0,10 \times x = 40 + (40 + x)) \times 0,10,$$

équation absurde, car son premier membre devient 45 et son second 44, après les réductions opérées.

Il faut conclure de là que le problème est impossible ; et en effet, le charbon de B, rendu en A, coûte encore moins cher que le charbon de A, d'après l'énoncé.

DES INÉGALITÉS.

184. En arithmétique, un nombre est plus grand ou plus petit qu'un autre suivant que le second peut ou ne peut pas se retrancher du premier.

Par extension, on dit qu'un nombre a est plus grand ou plus petit qu'un nombre b, quels que soient leurs signes, suivant que la différence $a - b$ est positive ou négative.

185. Il résulte immédiatement de cette définition que :

1º *Un nombre positif peut être regardé comme plus grand que zéro et qu'un nombre négatif quelconque.*

En effet, les différences

$$4-0=4, \quad 4-(-5)=9$$

étant positives, on peut écrire

$$4>0, \quad 4>(-5).$$

2º *Un nombre négatif peut être regardé comme plus petit que zéro, et d'autant plus petit que sa valeur absolue est plus grande.*

Ainsi, on peut écrire

$$-8<0, \quad -8<-5;$$

car les deux différences

$$-8-0=-8, \quad -8-(-5)=-3,$$

sont négatives.

De là vient qu'ordinairement, au lieu de dire qu'un nombre donné a est positif ou négatif, on écrit

$$a>0, \quad \text{ou } a<0.$$

186. On appelle *inégalité* la réunion, par l'un des signes $>$ ou $<$, de deux quantités, qui sont les deux *membres* de l'inégalité. Ainsi

$$4<5+1, \quad 4x+3>2x+15,$$

sont des inégalités.

Deux inégalités sont dites *équivalentes* lorsque chacune d'elles est une conséquence de l'autre. Telles sont, d'après la définition du nº 184, les inégalités

$$a>b, \quad b<a, \quad a-b>0, \quad b-a<0.$$

Nous allons démontrer quelques propriétés importantes des inégalités.

187. PREMIER PRINCIPE.—*Lorsqu'on ajoute ou retranche aux deux membres d'une inégalité une même quantité, on a une inégalité équivalente à la première.*

Ainsi, quel que soit le signe de c, les deux inégalités

$$a > b, \quad a + c > b + c,$$

sont équivalentes.

En effet, toutes deux équivalent à l'inégalité

$$a - b > 0.$$

Il en serait de même si l'on avait retranché c.

188. COROLLAIRES. 1° *On peut faire passer un terme d'une inégalité d'un membre dans l'autre, pourvu qu'on change le signe qui le précède.* Ainsi, de l'inégalité

$$a + b > c - d,$$

on peut conclure cette autre

$$a + b + d > c,$$

car on a simplement ajouté d aux deux membres.

2° *Si l'on change le signe de tous les termes dans les deux membres d'une inégalité, il faut changer le signe de celle-ci.* Ainsi, ayant

$$a - b > c - d,$$

on aura aussi

$$-a + b < -c + d.$$

En effet, l'inégalité proposée peut s'écrire

$$-c + d > -a + b,$$

en changeant tous les termes de membre.

189. SECOND PRINCIPE. — *En multipliant ou divisant les deux membres d'une inégalité par un même nombre* *positif, on en forme une autre équivalente à la première.*

Ainsi, m désignant un nombre positif, les deux inégalités

$$a > b, \quad am > bm,$$

sont équivalentes. En effet, elles peuvent s'écrire

$$a - b > 0, \quad m(a - b) > 0;$$

et, m étant positif, on voit que l'une d'elles est une conséquence de l'autre.

La démonstration serait la même si l'on avait divisé par m.

190. *Si l'on multiplie ou divise par un même nombre négatif les deux membres d'une inégalité, et si l'on change le signe de celle-ci, on obtient une inégalité équivalente à la première.*

Ainsi, $-m$ désignant un nombre négatif, les deux inégalités

$$a > b, \quad -ma < -mb,$$

sont équivalentes. En effet, la seconde équivaut à

$$-ma + mb < 0, \quad \text{ou} \quad -m(a - b) < 0;$$

et l'on voit alors qu'elle n'est autre que la première

$$a - b > 0.$$

191. Il suit de là qu'on peut chasser les dénominateurs d'une inégalité, comme ceux d'une équation ; pour cela, on réduit tous les termes au même dénominateur, sans écrire le dénominateur commun ; ce qui revient à multiplier les deux membres par un même nombre. Seulement, il faut avoir soin de changer le signe de l'inégalité, quand le dénominateur commun est négatif.

192. *Lorsqu'on élève au carré les deux membres d'une inégalité, il faut conserver ou changer le signe* de l'inégalité, suivant que les deux membres sont positifs ou négatifs.

1º Considérons l'inégalité à membres positifs

$$9 > 5;$$

plus un nombre est grand, plus son carré est grand, donc

$$9^2 > 5^2.$$

2º Supposons les deux membres négatifs, et soit

$$-6 > -15;$$

cette inégalité pouvant s'écrire

$$6 < 15,$$

on en déduit

$$6^2 < 15^2, \quad \text{ou} \quad (-6)^2 < (-15)^2,$$

ce qu'il fallait démontrer.

EXERCICES.

1. Résoudre l'équation $\dfrac{x}{3} + \dfrac{x}{4} = 5x - \dfrac{x}{2} + 282.$

Rép. $x = -72.$

2. Résoudre l'équation $\dfrac{42 + x}{15 + x} = 4.$

Rép. $x = -6.$

3. Résoudre l'équation $17(x - 3) + 28 = 13x - 22.$

Rép. $x = -4.$

4. Résoudre $\dfrac{1}{1 + x} - \dfrac{1}{2 - x} = \dfrac{14}{1 + 7x}.$

Rép. $x = -3.$

5. Résoudre $225x + 235y = 1025, \quad 235x + 225y = 400.$

Rép. $x = -29,701\ldots, \quad y = 32,798\ldots$

6. Résoudre les trois équations

$$30x-20y-10z=230, \quad 15x-6y-12z=138, \quad 10x-5y-4z=75.$$

Rép. $x=4, \quad y=-3, \quad z=-5.$

7. Quel nombre faut-il ajouter aux deux termes de la fraction $\frac{13}{29}$, pour qu'elle devienne $\frac{1}{5}$? Interpréter la solution négative.

Rép. $-9.$ *Interprétation :* Il faut retrancher 9.

8. Une personne ayant placé 40000 francs, partie à 5 %, partie à 4 %, pendant 4 ans, a retiré 9000 francs d'intérêts; combien a-t-elle placé à 4 %, combien à 5 %? Interpréter la solution négative.

Rép. On trouve 65000 fr. à 5 %, et —25000 à 4 %. *Interprétation :* On a placé 65000 fr. à 5 %, et emprunté 25000 à 4 % pendant 4 ans, et il reste 9000 fr. d'intérêts.

9. Un père a 44 ans, et ses deux fils ont, l'un 5 ans, l'autre 3 ans. Combien y a-t-il d'années que l'âge du père était quadruple de la somme des âges de ses fils? Interpréter la solution négative.

Rép. On trouve —4 ans. *Interprétation :* Cela arrivera dans 4 ans.

10. Un père donne à son fils 2 francs pour chaque bon bulletin qu'il reçoit de ses maîtres, et lui reprend 2 fr. 50 pour chaque mauvais bulletin. Au bout d'un certain temps, le fils reçoit 10 fr., et le nombre de ses bons bulletins surpasse de 3 celui des mauvais; trouver le nombre des bons bulletins et celui des mauvais. Interpréter la solution négative.

Rép. —5 bons bulletins, et —8 mauvais. Il y a deux interprétations possibles : 1° le nombre des mauvais bulletins surpassant de 3 celui des bons, le fils rend 10 fr. à son père ; 2° le nombre des mauvais bulletins surpassant de 3 celui des bons, le père donne 2 fr. 50 pour un bon bulletin, et retient 2 fr. pour un mauvais. Dans les deux cas, il y a 5 bons bulletins et 8 mauvais.

11. Un courrier qui fait 40 kilom. à l'heure part de Paris pour Angers. Si on faisait partir une heure et demie après un second courrier faisant 48 kilom. à l'heure, à quelle distance d'Angers rejoindrait-il le premier? La distance de Paris à Angers est de 340 kilomètres.

Rép. A 20 kilom. au-delà d'Angers, s'ils continuaient leur route.

12. Démontrer que $\dfrac{a}{b}$ étant une fraction dont les termes sont positifs, et m désignant un nombre positif, on a

$$\frac{a-m}{b-m} < \frac{a}{b} < \frac{a+m}{b+m},$$

si la fraction donnée est moindre que l'unité, et

$$\frac{a-m}{b-m} > \frac{a}{b} > \frac{a+m}{b+m},$$

si elle est plus grande que l'unité.

13. Démontrer qu'en ajoutant membre à membre deux inégalités de même sens, on obtient une inégalité de même sens que les deux premières.

14. Démontrer que si l'on divise membre à membre deux iné-galités de sens contraires ayant leurs membres positifs, on obtient une inégalité de même sens que la première.

15. Un litre d'air sec, à 0 degré et sous la pression de 76^{cm}, pèse 1^{gr},293 ; la densité de l'acide carbonique rapportée à celle de l'air est 1,52 ; son coefficient de dilatation est 0,00367. A quelle température un litre d'acide carbonique pèse-t-il 1^{gr} sous la pres-sion de 30^{cm}?

Rép. A 61 degrés au-dessous de zéro.

16. Au commencement de l'année 1800, les âges de quatre per-sonnes étaient 25 ans, 34 ans, 38 ans et 86 ans. A quelle époque le rapport des âges des deux premières personnes a-t-il été égal au rapport des âges des deux secondes ?

Rép. L'époque est antérieure de 22 ans à 1800.

17. Trouver deux nombres tels que leur produit reste le même : 1° quand le premier varie de 2 et le second de 3 ; 2° quand le premier varie de 4, et le second de 5.

Rép. Le premier nombre est 32, et le second 45.

18. Deux points A et B sont distants entre eux de 76 kilomètres. Un mobile, qui marche dans le sens AB, avec une vitesse de 6 kilo-mètres à l'heure, est passé en A à une heure du matin ; un autre mobile, qui marche dans le même sens avec une vitesse de 4 kilo-mètres à l'heure, est passé en B le même jour à onze heures du matin. On demande l'heure de leur rencontre.

Rép. Sept heures du soir.

CHAPITRE VI.

Formules générales pour la résolution des équations du premier degré à une inconnue et à deux inconnues. — Discussion des problèmes.

ÉQUATIONS A UNE INCONNUE.

193. Toute équation du premier degré à une inconnue x peut être ramenée à la forme

$$(1) \qquad ax = b,$$

où a et b désignent deux nombres connus, positifs, nuls, ou négatifs. En effet, quelle que soit l'équation proposée, si l'on fait passer tous les termes connus dans un membre, le second par exemple, tous les termes qui contiennent l'inconnue dans l'autre, et si l'on met l'inconnue en facteur dans celui-ci, le second membre et le coefficient de l'inconnue sont alors deux membres connus, que nous représentons ici par a et b.

194. Toutes les fois que le coefficient a de l'inconnue n'est pas nul, on peut diviser par ce coefficient les deux membres de l'équation (1), et la valeur de l'inconnue est donnée (n° 95) par la formule

$$(2) \qquad x = \frac{b}{a};$$

cette valeur est, d'après le calcul des nombres négatifs, positive si a et b sont deux nombres de même signe, négative s'ils sont de signes contraires; elle est nulle si b est zéro.

195. Si, dans un cas particulier, on trouve $a = 0$, on ne peut plus diviser par a les deux membres de l'équation (1) ; il n'est plus permis d'employer la formule (2), à moins de conventions spéciales que nous allons faire connaître.

Il y a deux cas à examiner.

1° Si l'on a en même temps $a = 0$ et $b = 0$, l'équation (1) qu'il s'agit de résoudre se réduit à

$$0 \times x = 0 ;$$

et l'on voit que tout nombre mis à la place de x vérifie cette équation, puisque le produit de zéro par un nombre quelconque est zéro. On dit alors que la valeur de x est *indéterminée*.

Dans ce cas la formule (2) deviendrait

$$x = \frac{0}{0} ;$$

nous pourrons donc dire qu'elle peut encore être employée, si nous regardons l'expression $\frac{0}{0}$ comme un *symbole d'indétermination*.

2° Si b n'est pas nul en même temps que a, l'équation (1) devient

$$0 \times x = b.$$

Or, aucun nombre multiplié par zéro ne peut donner pour produit le nombre b ; l'équation proposée n'admet donc aucune solution, elle est *impossible*.

La formule (2) deviendrait dans ce cas

$$x = \frac{b}{0} ;$$

si donc nous regardons comme un *symbole d'impos-*

sibilité l'expression $\frac{b}{o}$ du quotient d'un nombre quel-conque par zéro, nous pourrons dire que la formule (2) convient au cas considéré.

196. L'expression $\frac{b}{o}$, dans laquelle b représente un nombre différent de zéro, est souvent appelée le symbole de l'*infini*. Voici pourquoi : si, dans la fraction $\frac{b}{a}$, on supose que le dénominateur prenne des valeurs positives de plus en plus petites, par exemple

$$\frac{1}{10}, \quad \frac{1}{100}, \quad \frac{1}{1000}, \quad \frac{1}{10000}, \ldots$$

la fraction prendra des valeurs de plus en plus grandes

$$10b, \quad 100b, \quad 1000b, \quad 10000b, \ldots$$

qui augmenteront au-delà de toute limite lorsque a s'approchera indéfiniment de zéro. On exprime ce fait en disant que, au moment où $a = o$, la fraction devient *infinie*.

On peut donc dire que, lorsque $a = o$, l'équation

$$ax = b$$

a une racine *infinie*, si b n'est pas nul ; et on écrit alors pour abréger

$$x = \infty .$$

ÉQUATIONS DU PREMIER DEGRÉ A DEUX INCONNUES.

197. Nous avons exposé (nᵒˢ 115 et 118) deux mé-thodes pour résoudre deux équations quelconques du premier degré à deux inconnues ; nous allons mainte-nant établir des formules générales indiquant les cal-culs à effectuer dans tous les cas sur les termes connus et les coefficients des inconnues, pour avoir les valeurs de ces inconnues.

Pour cela, après avoir fait passer les termes connus de chaque équation dans un même membre, les termes inconnus dans l'autre, et avoir réuni en un seul tous les termes qui contiennent une même inconnue, nous représenterons par des lettres les coefficients des inconnues ainsi que les termes tout connus, et nous appliquerons d'une des règles de résolution connues.

Observons d'abord que l'emploi des nombres négatifs nous sera indispensable pour obtenir des formules tout à fait générales. Nous pouvons, en effet, toujours supposer qu'on a fait passer les termes connus dans un membre où les soustractions sont possibles; mais, dans l'autre membre, les deux termes qui contiennent l'inconnue x et l'inconnue y peuvent être tous deux additifs, ou le premier seul additif, ou le second seul additif, ou tous deux soustractifs. Chaque équation peut donc avoir quatre formes différentes; de sorte qu'il faudrait examiner séparément seize cas conduisant à des formules distinctes. Mais à l'aide des nombres négatifs, un système quelconque de deux équations du premier degré à deux inconnues peut être représenté par

$$ax + by = c, \quad a'x + b'y = c',$$

les lettres a, b, c; a', b', c', désignant des nombres quelconques, positifs, négatifs, ou nuls.

Par exemple, ces équations générales représentent le système

$$2x + 3y = 13, \quad 5x - 2y = 4,$$

si l'on y suppose

$$a = 2, \quad b = 3, \quad c = 13; \quad a' = 5, \quad b' = -2, \quad c' = 4.$$

Elles représentent le système

$$6x - 5y = 8, \quad 7y = 14,$$

8

si l'on y suppose

$$a=6, \quad b=-5, \quad c=8; \quad a'=0, \quad b'=7, \quad c'=14.$$

197. Cela posé, nous allons résoudre les équations

(1) $$ax + by = c, \quad a'x + b'y = c',$$

en employant la méthode de substitution.

De la première, tirons la valeur de x,

$$x = \frac{c - by}{a},$$

et portons cette valeur dans la seconde; nous obtiendrons la nouvelle équation

$$\frac{a'(c-by)}{a} + b'y = c';$$

qui ne contiendra plus qu'une inconnue.

Chassons le dénominateur a, nous aurons

$$a'(c - by) + ab'y = ac';$$

effectuons les calculs indiqués, faisons passer les termes connus dans le second membre, les termes en y dans le premier, et mettons y en facteur, nous obtiendrons

$$y(ab' - ba') = ac' - ca';$$

enfin, divisons par le coefficient de y,

$$y = \frac{ac' - ca'}{ab' - ba'}.$$

Substituant cette valeur à y dans la première des équations (1), il vient

$$ax + \frac{b(ac' - ca')}{ab' - ba'} = c;$$

chassant le dénominateur, on obtient

$$a(ab' - ba')x + bac' - bca' = ab'c - ba'c;$$

faisant passer tous les termes connus dans le second membre, et effectuant les réductions des termes semblables,

$$a(ab' - ba')x = acb' - abc';$$

enfin divisant tous les termes par le facteur commun a,

$$(ab' - ba')x = cb' - bc',$$

puis divisant les deux membres par $ab' - ba'$,

$$x = \frac{cb' - bc'}{ab' - ba'}.$$

Les solutions du système proposé sont donc données par les deux formules générales

(2) $$x = \frac{cb' - bc'}{ab' - ba'}, \quad y = \frac{ac' - ca'}{ab' - ba'}.$$

APPLICATION.—Appliquons ces formules à la résolution des deux équations

$$3x - 7y = 9, \quad 5x - 3y = 41;$$

nous trouverons, en supposant

$$a = 3, \quad b = -7, \quad c = 9; \quad a' = 5, \quad b' = -3, \quad c' = 41,$$

$$x = \frac{9(-3) - (-7)41}{3(-3) - (-7)5} = \frac{-27 + 287}{-9 + 35} = \frac{260}{26} = 10,$$

$$y = \frac{3 \times 41 - 9 \times 5}{3(-3) - (-7)5} = \frac{123 - 45}{-9 + 35} = \frac{78}{26} = 3;$$

et on vérifierait aisément que ces deux valeurs de x et de y vérifient les équations proposées.

198. Voici une règle mnémonique qui permet d'écrire immédiatement les formules (2) sans recommencer la résolution des équations qui les ont fournies.

D'abord, on peut remarquer que les valeurs de x et de y ont le même dénominateur $ab' - ba'$; puis le numérateur de x ne diffère du dénominateur que par le changement de a et a' respectivement en c et c'; celui de y par le changement de b et b' en c et c'. Donc:

1º *Pour former le dénominateur commun, on multiplie chaque coefficient de* x *par celui de* y *dans l'autre équation, et on fait la différence des produits.*

2º *On obtient le numérateur de chaque inconnue en remplaçant dans le dénominateur les coefficients de cette inconnue par les termes connus correspondants.*

199. DISCUSSION. — Toutes les fois que le binôme $ab' - ba'$ n'est pas nul, les formules (2) donnent pour x et y des valeurs finies et déterminées, positives ou négatives, qui satisfont aux équations (1). En effet, dans cette hypothèse, l'un au moins des coefficients a ou a' n'est pas nul, et on peut supposer que a désigne celui qui se trouve dans ce cas ; mais alors, pour obtenir les formules en question, on n'a fait subir aux équations proposées que des transformations qui n'en altèrent pas les solutions.

Quand $ab' - ba' = 0$, les formules (2) ne sont pas applicables ; car, pour les obtenir, il a fallu diviser les deux membres d'une même équation par $ab' - ba'$, ce qui n'est pas permis si le diviseur est nul. Il faut alors étudier directement les équations proposées.

Or, dans les applications numériques, chacune des équations contient au moins une inconnue ; on peut donc supposer que a est le coefficient de l'une des inconnues qui se trouve dans la première équation. Alors, de l'égalité

$$ab' - ba' = 0$$

on déduit, en divisant par le nombre a différent de zéro,

$$b' - \frac{ba'}{a} = 0, \quad b' = \frac{ba'}{a}.$$

Remplaçant b' par cette valeur dans la seconde des équations proposées, puis chassant le dénominateur a, on peut écrire ainsi les équations (1) :

$$(3) \qquad ax + by = c, \quad a'(ax + by) = ac'.$$

Cela posé, deux cas peuvent se présenter.

1° Si ac' n'est pas égal à ca', les deux équations sont *incompatibles*, il n'y a pas de valeurs de x et y qui puissent vérifier à la fois les deux équations. En effet, si la première des équations (3) est vérifiée pour certaines valeurs attribuées à x et y, ces valeurs rendent $ax + by$ égal à c, et par suite $a'(ax + by)$ égal à $a'c$, et non pas à ac'; la seconde équation n'est pas vérifiée.

2° Si ac' est égal à ca', le système des équations proposées est *indéterminé*, il admet une infinité de solutions. En effet, toutes les valeurs de x et y qui vérifient la première équation rendent $ax + by$ égal à c, et par suite $a'(ax + by)$ égal à $a'c$ ou à son égal ac'; elles vérifient donc aussi la seconde équation. Or, la première équation admet une infinité de solutions, il en est donc de même du système proposé.

200. Dans le premier cas, si l'on employait les formules (2) pour calculer les inconnues, y se présenterait sous la forme $\dfrac{m}{0}$, puisque son numérateur $ac' - ca'$ serait différent de zéro; nous savons que c'est là un signe d'impossibilité.

Dans le second cas, les valeurs de x et y se présenteraient toutes deux sous la forme $\dfrac{0}{0}$, qui est un symbole d'indétermination. En effet, on aurait

$$ac' - ca' = 0,$$

d'où l'on déduirait

$$c' = \frac{ca'}{a},$$

et par suite

$$cb' - bc' = cb' - \frac{bca'}{a} = \frac{c(ab' - ba')}{a} = 0.$$

Il résulte de cette discussion qu'on peut employer dans tous les cas les formules (2) pour calculer x et y.

Si le dénominateur commun $ab' — ba'$ n'est pas nul, elles feront connaître la solution unique des équations proposées.

Si $ab' — ba'$ est nul, et si l'un des numérateurs n'est pas nul, on en conclura que le système proposé est impossible.

Si les deux numérateurs sont nuls en même temps que le dénominateur, on en conclura que le système est indéterminé.

DISCUSSION DES PROBLÈMES.

201. Dans tous les problèmes que nous avons résolus jusqu'ici, les données étaient exprimées en chiffres ; nous allons maintenant résoudre quelques problèmes d'une manière générale, et montrer comment on les discute.

202. PROBLÈME I. — *Deux courriers, qui parcourent d'un mouvement uniforme une même ligne droite avec des vitesses de* v *et* v' *kilomètres à l'heure, passent actuellement, le premier au point* A, *et le second au point* A'. *Trouver le lieu et l'époque de leur rencontre, sachant que la distance* AA' *est de* a *kilomètres.*

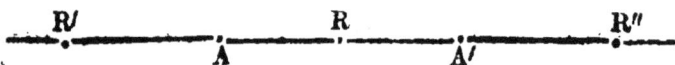

Soit x la distance du point de rencontre au point A, positive ou négative, selon que la rencontre a lieu à droite ou à gauche de A, t l'intervalle de temps qui sépare l'époque de la rencontre du moment actuel, intervalle positif ou négatif, suivant que la rencontre aura lieu ou a eu lieu.

D'après la formule générale établie au n° 171, au moment de la rencontre les deux courriers sont ensemble, et l'on a

$$x = a + v't, \quad x = vt,$$

pour les équations du problème; en les résolvant, on trouve

$$t = \frac{a}{v - v'}, \quad x = \frac{av}{v - v'}.$$

DISCUSSION. — Pour discuter ces formules, supposons d'abord que v soit un nombre positif, c'est-à-dire que le premier courrier se meuve dans le sens AA'; nous aurons alors deux hypothèses à faire sur le signe de v'.

I. Si v' est un nombre négatif, c'est-à-dire si le second courrier marche dans le sens A'A, $v - v'$ est un nombre positif, plus grand que v; les deux inconnues t et x sont donc alors positives, et la seconde plus petite que a. Ainsi les deux courriers, qui marchent l'un vers l'autre, se rencontrent en un point R situé entre leurs positions actuelles A et A', ce qui devait être.

II. Si v' est un nombre positif, c'est-à-dire si le second courrier marche dans le même sens AA' que le premier, trois cas peuvent se présenter suivant qu'on a

$$v' < v, \quad v' = v, \quad v' > v.$$

1° Supposons $v' < v$; les deux inconnues t et x sont alors positives, la rencontre aura lieu après l'époque actuelle et à droite du point A. De plus, $v - v'$ étant plus petit que v, la valeur de x est plus grande que a; la rencontre aura donc lieu au-delà de A', ce qui devait être.

2° Si l'on a $v' > v$, les inconnues t et x ont l'une et l'autre des valeurs négatives; cela signifie que les mobiles se sont rencontrés avant l'époque actuelle, en un point R' situé à gauche de A. Ce résultat pouvait être prévu : en effet, le premier courrier étant actuellement en arrière du second, et marchant moins vite, leur rencontre ne peut qu'avoir eu lieu.

3° **Enfin**, si $v' = v$, les inconnues prennent la forme $\frac{M}{0}$, ce qui est un signe d'impossibilité; et, en effet, les deux mobiles marchant avec la même vitesse, et étant séparés actuellement par une distance a, ils ne pourront jamais se rencontrer.

Si, en même temps, $v = v'$ et $a = 0$, les deux inconnues prennent la forme $\frac{0}{0}$, et le problème est indéterminé; car, les deux courriers marchant également vite, et se trouvant actuellement au même point, puisque A' se confond avec A, ils seront toujours ensemble, et tous les points de la ligne qu'ils parcourent peuvent être considérés comme des points de rencontre.

Pour compléter la discussion, il faudrait supposer maintenant que v représente un nombre négatif, ou que le premier courrier marche dans le sens A'A; ce qui précède suffit pour montrer comment il faudrait opérer dans ce cas.

203. PROBLÈME II. — *On a deux espèces de vins coûtant a et b francs le litre; combien faut-il prendre de chaque espèce pour former m litres d'un mélange revenant à c francs le litre?*

En appelant x et y les nombres de litres qu'il faut prendre de la première espèce de vin, et de la seconde, on trouve facilement les équations

$$x + y = m, \quad ax + by = cm;$$

et l'on en déduit

$$x = m\frac{c-b}{a-b}, \quad y = m\frac{a-c}{a-b}.$$

Discussion. — La discussion que nous allons faire de ces formules se divisera en quatre cas principaux suivant que c est compris entre a et b, plus grand que chacun de ces nombres, plus petit que chacun d'eux, ou égal à l'un d'eux.

I. Supposons d'abord que c soit compris entre a et b, ce qui peut arriver de deux manières différentes, suivant que l'on a

$$a > c > b, \quad \text{ou} \quad a < c < b.$$

Dans le premier cas, les trois différences $a-b$, $c-b$, $a-c$, sont des nombres positifs; dans le second cas, ces trois différences sont trois nombres négatifs. Dans les deux cas, les formules donnent pour x et pour y des valeurs positives, qui résolvent le problème tel qu'il est énoncé.

On pouvait prévoir le résultat; car le prix du mélange devant être intermédiaire entre les prix des vins mélangés, il est certain qu'on pourra toujours former ce mélange.

II. Supposons maintenant c plus grand que a et b; ce cas se subdivise lui-même en trois autres, suivant que l'on a

$$a > b, \quad \text{ou} \quad a < b, \quad \text{ou} \quad a = b.$$

1° Dans le premier de ces trois cas secondaires, les formules donnent pour x une valeur positive, et pour y une valeur négative; le problème, tel qu'il est énoncé, est donc impossible. Cela devait être prévu, car en mélangeant deux espèces de vins, le prix du mélange ne peut jamais surpasser celui des vins mélangés.

Pour interpréter la solution négative (n° 178), changeons y en $-y$ dans les équations du problème; nous aurons ainsi

$$x - y = m, \quad ax - by = cm,$$

ou bien encore

$$m + y = x, \quad cm + by = ax;$$

et ces dernières équations résolvent le problème sui-

8.

vant : *Combien faut-il mettre de vin à b francs le litre dans m litres de vin à c francs, pour que le mélange revienne à a francs le litre ; et quel est le volume du mélange ainsi formé ?*

2° Dans le cas de $a < b$, les formules donnent une valeur négative pour x, et une valeur positive pour y ; le problème est impossible, et la solution négative s'interprète comme dans le cas précédent.

3° Si $a = b$, les formules donnent

$$x = \frac{m(c-b)}{0}, \quad y = \frac{m(a-c)}{0},$$

les deux équations du problème sont incompatibles, et par suite le problème est impossible. Il est facile de voir *a priori* que le problème n'admet dans ce cas aucune solution. En effet, si les deux vins coûtent le même prix, on ne peut pas en former un mélange qui coûte un autre prix.

III. Supposons que c soit plus petit que a et que b ; il peut alors arriver que l'on ait

$$a > b, \quad \text{ou} \quad a < b, \quad \text{ou}, \quad a = b.$$

Ce troisième cas général ne diffère du second que par le nom de l'inconnue qui est négative, et présente par conséquent les mêmes particularités ; nous n'en parlerons pas.

IV. Supposons enfin que c soit égal à l'un des nombres a ou b, à a par exemple ; ce cas se subdivise lui-même en trois autres, suivant que l'on a

$$a > b, \quad a < b, \quad a = b.$$

1° Si l'on a $a > b$, on a aussi $c > b$; et les formules donnent

$$x = m, \quad y = 0.$$

On trouve ainsi que le mélange doit être composé tout

entier de la première espèce de vin ; cela devait être, puisque ce vin coûte déjà le prix voulu.

2° On arrive aux mêmes conclusions dans l'hypothèse de $a < b$.

3° Enfin, si $a = b$, on a aussi $c = b$; et les formules donnent alors

$$x = \frac{0}{0}, \quad y = \frac{0}{0}.$$

Les deux équations du problème admettent alors (n° 200) une infinité de solutions, et le problème lui-même est indéterminé.

Ce résultat est bien celui qu'on devait trouver ; en effet, les deux espèces de vins coûtant précisément le prix du mélange, on peut les mélanger d'une manière quelconque.

Les mêmes considérations s'appliqueraient au cas où c serait égal à b.

204. PROBLÈME III. — *Etant donné un triangle ABC ; à partir du sommet C on porte sur les côtés CA et CB deux longueurs connues CM et CN ; on joint les deux points M et N par une ligne droite qui rencontre en O le côté AB prolongé. Trouver la longueur OB.*

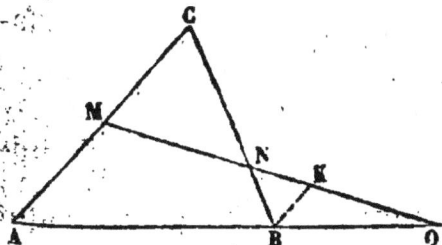

Appelons a, b, c les longueurs des trois côtés BC, CA, AB du triangle ; m et n les deux longueurs connues CM et CN ; enfin x la longueur cherchée BO.

Le point O peut se trouver à droite ou à gauche du point B ; pour mettre le problème en équation, nous le supposerons à droite. Alors, menant la droite BK parallèle à AC, nous aurons d'abord, par les triangles semblables OBK, OAM,

$$\frac{OB}{OA} = \frac{BK}{AM}, \quad ou \quad \frac{x}{x+c} = \frac{BK}{b-m};$$

puis, par les triangles semblables BNK, CMN,

$$\frac{CN}{BN} = \frac{CM}{BK}, \quad ou \quad \frac{n}{a-n} = \frac{m}{BK}.$$

Multipliant ces deux égalités membre à membre, il vient

$$\frac{nx}{(a-n)(x+c)} = \frac{m}{b-m},$$

pour l'équation du problème.

Nous avons supposé, pour trouver cette équation, que les points M et N se trouvent respectivement entre C et A, entre C et B, c'est-à-dire que les longueurs m et n sont respectivement moindres que b et a; si ces longueurs étaient toutes deux plus grandes que b et a, l'équation serait encore la même.

En la résolvant, on trouve

$$x = \frac{cm(a-n)}{bn - am}.$$

DISCUSSION.—Dans ce problème, les lettres a, b, c, m, n représentent des nombres positifs; nous allons examiner les divers cas qui peuvent se présenter suivant les relations de grandeur qui existent entre ces nombres.

I. Si les deux différences $a-n$ et $bn-am$ ont le même signe, la valeur de x est positive; le point O est donc bien placé à droite de B comme nous l'avons supposé. Il est facile de s'en rendre compte géométriquement : car, soit qu'on ait

$$n < a, \quad avec \quad am < bn \quad ou \quad \frac{m}{b} < \frac{n}{a},$$

soit qu'on ait

$$n > a, \quad avec \quad am > bn \quad ou \quad \frac{m}{b} > \frac{n}{a},$$

le point N est toujours plus rapproché de la droite AB que le point M.

II. Si les deux différences $a-n$ et $bn-am$ sont de signes contraires, la valeur de x est négative ; cela indique que le point O n'est pas à droite du point B. En le supposant à gauche de ce point, on trouverait l'équation

$$\frac{-nx}{(a-n)(c-x)} = \frac{m}{b-m},$$

qui ne diffère de la précédente que par le changement de x en $-x$; donc, d'après ce que nous avons dit de l'interprétation des valeurs négatives, le point O est à gauche de B, et à une distance de ce point égale à la valeur absolue de la fraction négative $\dfrac{cm(a-n)}{bn-am}$, trouvée pour x précédemment.

Or, cette fraction peut être négative dans **deux cas** :

1° Si l'on a $n < a$, on doit avoir aussi

$$am > bn, \quad \text{ou} \quad \frac{m}{b} > \frac{n}{a};$$

le second membre de cette dernière inégalité étant moindre que l'unité par hypothèse, le premier peut être plus grand ou plus petit que l'unité ; dans le premier cas, on a $m > b$, et la distance BO, ou $\dfrac{cm(a-n)}{am-bn}$, est plus grande que $\dfrac{cb(a-n)}{ab-bn} = \dfrac{cb(a-n)}{b(a-n)} = c$; le point O est à gauche de A. Dans le second cas, on a $m < b$, et par suite OB $< c$, le point O est entre A et B.

2° Si l'on a $n > a$, il faut qu'on ait aussi

$$am < bn, \quad \text{ou} \quad \frac{m}{b} < \frac{n}{a};$$

on verrait encore que m peut être plus grand ou plus petit que b, et que le point O peut alors se trouver à gauche de A, ou entre A et B.

Il est facile de se rendre compte géométriquement de ees différents résultats.

III. Supposons enfin que le dénominateur $bn - am$ de la valeur de x soit nul ; alors plusieurs cas peuvent se présenter :

1° Si m n'est pas nul, et si n n'est pas égal à a, la valeur de x se présente sous la forme d'un nombre divisé par zéro ; ce qui est un symbole d'impossibilité. Il est facile de voir qu'en effet, dans ce cas, la droite MN est parallèle à AB ; car on a

$$am = bn, \quad \text{ou} \quad \frac{m}{b} = \frac{n}{a}, \quad \text{ou} \quad \frac{CM}{CA} = \frac{CN}{CB}.$$

2° Si l'on a $n = a$, la valeur de x prend la forme $\frac{0}{0}$; l'équation a une infinité de solutions, et par suite aussi le problème ; en d'autres termes les deux droites MN et AB se confondent. Cela devait être ; car, si $n = a$, l'égalité $am = bn$ entraîne $n = b$; les points M et N se confondent avec les sommets A et B du triangle.

3° Si l'on avait $m = 0$, la valeur de x prendrait encore la forme $\frac{0}{0}$; le problème serait encore indéterminé. Et en effet, de l'égalité $am = bn$, on déduit alors $n = 0$; les points M et N se confondent tous deux avec le point C, la droite MN est alors tout à fait indéterminée, de sorte que tous les points de la droite AB peuvent être pris pour le point O.

205. REMARQUE. — Quand une inconnue représente la distance du point d'intersection de deux droites à un point fixe de l'une d'elles, une valeur infinie de cette inconnue s'interprète en disant que les deux droites sont parallèles ; une valeur indéterminée signifie en général que les deux droites se confondent, mais elle peut signifier aussi que l'une des droites est indéterminée dans sa direction.

EXERCICES.

1. Établir les formules générales pour résoudre un système de trois équations du premier degré à trois inconnues.

Rép. Les trois équations étant représentées par

$$ax + by + cz = d,$$
$$a'x + b'y + c'z = d',$$
$$a''x + b''y + c''z = d'',$$

on a pour les valeurs des inconnues

$$x = \frac{db'c'' - dc'b'' + cd'b'' - bd'c'' + bc'd'' - cb'd''}{ab'c'' - ac'b'' + ca'b'' - ba'c'' + bc'a'' - cb'a''},$$

$$y = \frac{ad'c'' - ac'd'' + ca'd'' - da'c'' + dc'a'' - cd'a''}{ab'c'' - ac'b'' + ca'b'' - ba'c'' + bc'a'' - cb'a''},$$

$$z = \frac{ab'd'' - ad'b'' + da'b'' - ba'd'' + bd'a'' - db'a''}{ab'c'' - ac'b'' + ca'b'' - ba'c'' + bc'a'' - cb'a''}.$$

2. Étant donnés les rayons r et r' de deux cercles, et la distance d de leurs centres, trouver la distance du centre du premier cercle au point où les tangentes extérieures rencontrent la ligne des centres. — Discuter la valeur trouvée.

Rép. Si x désigne la distance cherchée, on a $x = \frac{dr}{r' - r}$. Pour discuter, on supposera : 1° $r' > r$; 2° $r' = r$, et d différent de zéro; 3° $r' = r$ et $d = 0$; 4° $r' < r$.

3. Étant donné un triangle ABC, on prolonge le côté AC au-delà du sommet C, et on mène la bissectrice de l'angle extérieur ainsi formé; cette bissectrice rencontre le côté AB prolongé en un point D. Calculer la longueur AD, et discuter.

Rép. Si a, b, c désignent les côtés du triangle, et x la distance cherchée, on a $x = \frac{bc}{b - a}$. La discussion se fait comme celle du problème précédent.

4. Trouver une fraction égale à une fraction donnée, et telle que le produit de ses deux termes ne change pas quand on ajoute m

au numérateur, et qu'on retranche n du dénominateur. Discuter et interpréter les solutions négatives.

Rép. Si $\dfrac{a}{b}$ et $\dfrac{x}{y}$ désignent la fraction donnée et la fraction cherchée, on a : $x = \dfrac{amn}{mb - na}$, $y = \dfrac{bmn}{mb - na}$. Dans la discussion, on supposera successivement : $na < mb$, $na = mb$, $na > mb$.

5. Étant donné un angle droit POQ; sur le côté OP on prend deux longueurs OB, OB'; et sur OQ, deux longueurs OA, OA'. On mène les droites AB, A'B', qui se coupent en un point M; et on demande les distances x et y de ce point aux côtés OQ et OP. Discuter.

Rép. Appelant b et b' les longueurs OB et OB', a et a' les longueurs OA, OA', on a : $x = \dfrac{aa'(b' - b)}{ab' - ba'}$, et $y = \dfrac{bb'(a - a')}{ab' - ba'}$. Pour la discussion on supposera : 1° Que les trois différences $a - a'$, $b' - b$, $ab' - ba'$, ont le même signe; 2° que l'une d'elles est de signe contraire aux deux autres; 3° que $ab' - ba' = 0$, en même temps que $a - a'$ et $b' - b$ sont différents de zéro ou nuls.

————

LIVRE III

ÉQUATIONS ET PROBLÈMES DU SECOND DEGRÉ.

CHAPITRE I

Équations du second degré à une inconnue et à plusieurs inconnues.

CARRÉS ET RACINES CARRÉES.

206. Avant d'exposer la théorie des équations du second degré, nous allons donner quelques définitions et théorèmes sur les carrés et les racines carrées.

207. On appelle *carré* d'une expression algébrique le produit de cette expression par elle-même. Comme on l'a vu (n° 156), le carré d'une expression algébrique quelconque, positive ou négative, est toujours positif.

208. THÉORÈME. — *Le carré d'un produit de plusieurs facteurs est égal au produit des carrés de ces facteurs.*

On a, en effet,

$$(abc)^2 = (abc)(abc) = aa\,bb\,cc = a^2b^2c^2.$$

COROLLAIRE. — *Pour faire le carré d'un monôme entier, on fait le carré du coefficient, et on double les exposants de toutes les lettres.*

1° Si le monôme est simplement a^m, on a

$$(a^m)^2 = a^m . a^m = a^{m+m} = a^{2m}.$$

2° Si le monôme est $5a^3b^4c$ par exemple, on a

$$(5a^3b^4c)^2 = 5^2 . (a^3)^2 . (b^4)^2 . c^2 = 25a^6b^8c^2.$$

209. THÉORÈME. — *Le carré d'une fraction s'obtient en élevant ses deux termes au carré.*

On a, en effet,

$$\left(\frac{a}{b}\right)^2 = \frac{a}{b}\cdot\frac{a}{b} = \frac{a.a}{b.b} = \frac{a^2}{b^2}.$$

COROLLAIRE. — *Le carré d'un monôme fractionnaire s'obtient en faisant les carrés des facteurs numériques et en doublant les exposants de toutes les lettres.*

Soit proposé, par exemple, d'élever au carré le monôme $\frac{3ab^2c^3}{7d^4e^2f}$; d'après ce qui précède, on a

$$\left(\frac{3ab^2c^3}{7d^4e^2f}\right)^2 = \frac{(3ab^2c^3)^2}{(7\,d^4e^2f)^2} = \frac{9a^2b^4c^6}{49d^8e^4f^2}.$$

210. Il suit de là que si un monôme est un *carré parfait*, c'est-à-dire le carré d'un autre monôme entier ou fractionnaire, il est positif et les exposants de toutes les lettres qui le composent sont des nombres pairs.

211. En appliquant la règle du n° 167 pour former le carré d'un binôme quelconque, on trouve

$$\left(x+\frac{p}{2}\right)^2 = x^2+px+\frac{p^2}{4},$$

quels que soient les signes des nombres représentés par les lettres x et p.

Cette égalité montre que tout binôme de la forme x^2+px contient les deux premiers termes du carré du binôme $x+\frac{p}{2}$, qu'on obtient en prenant la racine carrée x de x^2, et la moitié du coefficient p de x dans le terme px.

Ainsi, le binôme x^2+18x contient les deux premiers termes du carré de $x+9$; ce carré est $x^2+18x+81$.

De même x^2-6x, qui peut s'écrire $x^2+(-6)x$, contient les deux premiers termes du carré de $x+(-3)$ ou $x-3$, qui est x^2-6x+9.

212. En arithmétique, on appelle *racine carrée* d'un nombre un second nombre dont le carré reproduit le premier. Ainsi 4 et 5 sont respectivement les racines carrées de 16 et de 25.

Mais, d'après le calcul des nombres négatifs, on a aussi

$$(-4)^2=(-4)(-4)=16, \quad (-5)^2=(-5)(-5)=25;$$

les nombres négatifs (-4) et (-5) sont donc aussi, d'après la définition, les racines carrées de 16 et de 25.

Ainsi, en algèbre, un nombre positif a est considéré comme ayant deux racines carrées, $\sqrt{a}$ et $-\sqrt{a}$, égales numériquement, et de signes contraires; celle qui est positive se nomme plus particulièrement *racine arithmétique*. Ordinairement, pour écrire en même temps les deux racines, on emploie la notation $\pm\sqrt{a}$, qui s'énonce : *plus et moins racine carrée de* a.

Un nombre négatif n'a point de racine carrée; car le carré d'aucun nombre, soit positif, soit négatif, né peut être égal à un nombre négatif.

213. Nous allons démontrer deux théorèmes importants sur les racines carrées arithmétiques des nombres positifs.

214. THÉORÈME. — *Le produit des racines carrées de plusieurs nombres est égal à la racine carrée du produit de ces nombres.*

Ainsi, on a l'égalité

$$\sqrt{a}\,.\,\sqrt{b}\,.\,\sqrt{c}=\sqrt{abc}.$$

En effet, le carré du produit qui se trouve dans le premier membre est égal (n° 208) au produit des carrés de ses facteurs, c'est-à-dire à abc; ce premier membre est donc, par définition, égal à $\sqrt{abc}$.

L'égalité précédente peut encore s'écrire

$$\sqrt{abc} = \sqrt{a}.\sqrt{b}.\sqrt{c};$$

et sous cette forme elle signifie que : *la racine carrée d'un produit est égale au produit des racines carrées des facteurs.*

215. THÉORÈME. — *Le quotient de deux racines carrées est égal à la racine carrée du quotient des deux nombres placés sous les radicaux.*

Ainsi, on a

$$\frac{\sqrt{a}}{\sqrt{b}} = \sqrt{\frac{a}{b}}.$$

En effet, le carré de la fraction $\dfrac{\sqrt{a}}{\sqrt{b}}$ s'obtenant en faisant les carrés des deux termes est égal à $\dfrac{a}{b}$; cette fraction est donc bien la racine carrée de $\dfrac{a}{b}$.

Cette égalité, écrite ainsi

$$\sqrt{\frac{a}{b}} = \frac{\sqrt{a}}{\sqrt{b}},$$

signifie que : *la racine carrée d'une fraction s'obtient en prenant les racines carrées des deux termes.*

216. On appelle *racine carrée d'une expression algébrique* une seconde expression dont le carré reproduit la première.

217. *La racine carrée d'un monôme qui est un carré parfait s'obtient en extrayant la racine carrée des facteurs numériques, et divisant les exposants de toutes les lettres par 2, puis affectant le résultat du double signe $\pm$.*

1° Ainsi le monôme entier $64a^4b^6c^2$ a deux racines carrées, qui sont

$$\pm\, 8a^2b^3c.$$

En effet, le carré du coefficient, dans la racine carrée, doit avoir 64 pour carré, il est donc 8; l'exposant de la lettre a doit être 2, puisque son double doit être 4; de même pour les autres exposants.

2° Si le monôme donné est fractionnaire, comme $\dfrac{64a^4b^6c^2}{49d^2e^8}$, sa racine carrée arithmétique sera

$$\frac{\sqrt{64\,a^4b^6c^2}}{\sqrt{49d^2e^8}} = \frac{8a^2b^3c}{7de^4},$$

d'après ce qu'on a vu (n° 215); le monôme a donc deux racines carrées, qui sont

$$\pm\, \frac{8a^2b^3c}{7de^4}.$$

218. Si le monôme n'est pas un carré parfait, les exposants des lettres ne sont pas tous des nombres pairs, et la règle précédente ne peut plus être appliquée. Dans ce cas, il n'existe aucun monôme, entier ou fractionnaire, dont le carré reproduise le monôme donné; et on ne peut plus qu'indiquer la racine carrée, en plaçant ce monôme sous un radical.

Dans certains cas, cette racine carrée peut se simplifier. Considérons, par exemple, le monôme $48a^6b^5c^3$; il peut s'écrire $16a^6b^4c^2 \times 3bc$, et, d'après le théorème du n° 214, sa racine carrée est égale à

$$\sqrt{16a^6b^4c^2} \times \sqrt{3bc} = 4a^3b^2c\,\sqrt{3bc}.$$

Ainsi, *lorsqu'un monôme peut se mettre sous forme d'un produit de deux facteurs dont l'un est un carré parfait, on extrait la racine carrée de ce facteur, et on écrit le résultat comme coefficient devant le radical. C'est ce qu'on nomme faire sortir un facteur d'un radical.*

Inversement, *on peut supprimer un facteur d'un radical, pourvu qu'on multiplie la quantité sous le radical par le carré de ce facteur.* Ainsi, l'expression $2a^2b \sqrt{5abc}$ peut s'écrire $\sqrt{20a^5b^3c}$.

En effet, cette expression est égale à

$$\sqrt{4a^4b^2} \times \sqrt{5abc};$$

et, comme on l'a vu n° 214, ce produit est égal à

$$\sqrt{4a^4b^2 \times 5abc} = \sqrt{20a^5b^3c}.$$

On dit alors *qu'on fait passer le coefficient d'un radical sous ce radical.*

Lorsqu'une expression n'est pas un carré parfait, on dit que sa racine carrée est *irrationnelle.*

RÉSOLUTION DE L'ÉQUATION DU SECOND DEGRÉ
A UNE INCONNUE.

219. D'après ce que nous avons dit au n° 85, une équation est du *second degré* lorsque, aucune inconnue ne se trouvant sous un radical ou en dénominateur, le degré le plus élevé de tous les termes par rapport aux inconnues est *deux.*

Il suit de là qu'une équation du second degré à une inconnue x ne peut contenir que trois sortes de termes : des termes en x^2, des termes en x, enfin des termes tout connus. Telle est l'équation

$$4x + \frac{x^2}{2} - \frac{18x - 41}{3} = 5 - x^2.$$

220. Si l'on fait passer tous les termes dans un même membre, le premier par exemple; si l'on réunit ensuite en un seul terme tous ceux qui contiennent x^2, en un autre ceux qui contiennent x, enfin en un seul tous les termes connus, toute équation du second degré aura zéro pour second membre, et son premier membre ne sera composé que de trois termes. Ainsi l'équation précédente devient successivement

$$4x + \frac{x^2}{2} - \frac{18x - 41}{3} - 5 + x^2 = 0, \qquad \frac{3}{2}x^2 - 2x + \frac{26}{3} = 0;$$

divise les deux membres par le coefficient $\frac{3}{2}$ de x^2, elle devient

$$x^2 - \frac{4}{3}x + \frac{52}{9} = 0.$$

C'est à cette dernière forme que nous supposerons ramenées les équations du second degré à une inconnue. Elles contiendront toujours le terme x^2, sans quoi elles ne seraient pas du second degré; mais on conçoit que les deux autres termes peuvent quelquefois manquer, et alors l'équation est dite *incomplète*.

221. Nous allons maintenant expliquer sur quelques exemples particuliers le procédé qu'on emploie pour résoudre les équations du second degré à une inconnue; et nous commencerons par les équations incomplètes.

1° Supposons d'abord que le terme en x manque, et qu'on ait à résoudre l'équation

$$x^2 - 25 = 0, \quad \text{ou} \quad x^2 = 25.$$

Les valeurs de x qui vérifient cette équation ont pour carré 25; elles sont donc $+5$ et -5, l'équation a donc deux racines égales et de signes contraires $+5$ et -5, ce qu'on exprime en écrivant $x = \pm 5$.

2° Supposons maintenant que le terme connu se réduise à zéro, et que l'équation à résoudre soit

$$5x^2 - 4x = 0.$$

Cette équation peut s'écrire, en mettant x en facteur commun,

$$x(5x-4)=0;$$

or, le premier membre n'est peut-être nul que si l'un de ses facteurs est nul, c'est-à-dire si l'on a

$$x=0, \quad \text{ou} \quad 5x-4=0.$$

L'équation admet donc les deux racines $x=0$ et $x=\dfrac{4}{5}$.

3° Enfin, si le terme connu et le terme en x manquent à la fois, l'équation se réduit à

$$x^2=0;$$

et elle n'est vérifiée que par la valeur $x=0$.

222. Supposons maintenant que l'équation à résoudre soit complète; plusieurs cas peuvent se présenter.

1° Soit proposé de résoudre l'équation

$$x^2-7x+12=0.$$

Nous avons vu (n° 211) que les deux premiers termes de cette équation sont ceux du carré de $x-\dfrac{7}{2}$; et ce carré est $x^2-7x+\dfrac{49}{4}$. Si donc nous ajoutons $\dfrac{49}{4}$ aux deux membres de l'équation, elle deviendra

$$x^2-7x+\frac{49}{4}+12=\frac{49}{4}, \quad \text{ou} \quad \left(x-\frac{7}{2}\right)^2+12=\frac{49}{4};$$

et puis, le terme 12 étant mis dans le second membre,

$$\left(x-\frac{7}{2}\right)^2=\frac{49}{4}-12=\frac{1}{4}.$$

L'équation étant mise sous cette forme, on voit que ses racines doivent donner au binôme $x-\dfrac{7}{2}$ une valeur dont le carré soit $\frac{1}{4}$; ce sont donc les valeurs de x pour lesquelles on a

$$x - \frac{7}{2} = \frac{1}{2}, \quad \text{et} \quad x - \frac{7}{2} = -\frac{1}{2},$$

équations qu'on peut réunir en une seule

$$x - \frac{7}{2} = \pm \frac{1}{2}.$$

Cette double équation donne les deux valeurs $x = 4$, $x = 3$, qui sont inégales.

2º Soit maintenant donnée l'équation

$$x^2 - 14x + 49 = 0.$$

On voit de suite que son premier membre est le carré du binôme $x - 7$, et elle peut s'écrire

$$(x - 7)^2 = 0.$$

Or le carré de $x - 7$ ne peut être nul que si ce binôme est nul lui-même, c'est-à-dire si l'on a $x = 7$; l'équation admet donc une seule racine, qui est 7.

3º Considérons enfin l'équation

$$x^2 - 10x + 41 = 0.$$

Comme dans le premier exemple, complétons le carré dont $x^2 - 10x$ est le commencement; en ajoutant 25 aux deux membres de l'équation, nous aurons

$$(x - 5)^2 + 41 = 25, \quad \text{et} \quad (x - 5)^2 = -16.$$

Aucun nombre positif ou négatif mis à la place de x ne peut rendre égaux les deux membres de cette équation; car le carré de $x - 5$, étant un nombre essentiellement positif, ne peut être égal à -16. Donc l'équation proposée, qui est équivalente à la dernière, n'admet aucune racine.

Continuons cependant les calculs, comme dans le cas où il n'y a pas d'impossibilité, nous aurons

$$x - 5 = \pm \sqrt{-16}, \quad x = 5 \pm \sqrt{-16}.$$

Ces expressions $5 \pm \sqrt{-16}$ n'ont aucun sens par elles-mêmes; et cependant l'équation proposée est vérifiée si on les substitue à x, et si on traite dans les calculs le symbole $\sqrt{-16}$ comme s'il était vraiment un nombre ayant pour carré -16. En effet, si on substitue la première de ces expressions, le premier membre de l'équation devient

$$25 + 10\sqrt{-16} - 16 - 10(5 + \sqrt{-16}) + 41 = 0.$$

On dit alors que l'équation proposée a pour racines les deux expressions considérées.

223. On nomme *expression imaginaire* toute expression dans laquelle entre la racine carrée d'une quantité négative; par opposition, les quantités positives ou négatives sont dites *réelles*.

D'après cela, la première des équations que nous venons de résoudre a deux racines réelles; la seconde a une racine réelle; la troisième a deux racines imaginaires.

224. Ce que nous venons de dire suffit pour montrer comment on résoudrait une équation numérique quelconque du second degré à une inconnue. Nous allons maintenant établir des formules générales indiquant les calculs à effectuer dans tous les cas sur les nombres connus qui entrent dans l'équation, pour avoir immédiatement les valeurs des racines, sans recommencer chaque fois les transformations que nous avons dû faire; pour cela, nous représenterons ces nombres connus par des lettres, et nous raisonnerons sur l'équation littérale comme plus haut.

225. Après avoir transformé une équation du second

degré comme il a été dit au n° 220, elle peut être représentée par l'équation générale

(1) $$x^2 + px + q = 0,$$

dans laquelle p et q désignent deux nombres quelconques, positifs, négatifs, ou nuls.

Ainsi l'équation (1) représente l'équation

$$x^2 - 25 = 0,$$

en supposant $p = 0$, $q = -25$.

Elle représente l'équation

$$x^2 - 7x = 0,$$

en supposant $p = -7$ et $q = 0$.

Enfin, elle représente l'équation

$$x^2 - 7x + 12 = 0,$$

si l'on suppose $p = -7$ et $q = 12$.

Pour résoudre cette équation (1), remarquons que
$x^2 + px$ contient les deux premiers termes du carré
$x^2 + px + \dfrac{p^2}{4}$ de $x + \dfrac{p}{2}$; de sorte qu'en ajoutant
aux deux membres, nous aurons

$$x^2 + px + \frac{p^2}{4} + q = \frac{p^2}{4},$$

ou bien

$$\left(x + \frac{p}{2}\right)^2 + q = \frac{p^2}{4};$$

ou encore, en faisant passer q dans le second membre,

$$\left(x + \frac{p}{2}\right)^2 = \frac{p^2}{4} - q.$$

Cela posé, trois cas peuvent se présenter :

1° Si $\dfrac{p^2}{4}$ est plus grand que q, c'est-à-dire si la différence $\frac{p^2}{4} - q$ est positive, en raisonnant comme au premier exemple du n° 222, on trouve que l'équation a deux racines données par la formule

(2) $$x = -\frac{p}{2} \pm \sqrt{\frac{p^2}{4} - q}.$$

2° Si $\frac{p^2}{4} = q$, la différence $\frac{p^2}{4} - q$ est nulle, et l'équation se réduit à

$$\left(x + \frac{p}{2} \right)^2 = 0.$$

On en déduit

$$x + \frac{p}{2} = 0, \quad \text{et} \quad x = -\frac{p}{2};$$

l'équation n'a donc alors qu'une racine.

Cependant on dit que l'équation a, dans ce cas, *deux racines égales*; voici pourquoi. Tant que la différence $\frac{p^2}{4} - q$ est positive, l'équation a deux racines données par la formule (2); si cette différence est très-petite, les deux racines diffèrent très-peu de $-\frac{p}{2}$; enfin, lorsque $\frac{p^2}{4} - q = 0$, les deux valeurs de x fournies par la formule (2) deviennent égales à $-\frac{p}{2}$.

3° Enfin, si la différence $\frac{p^2}{4} - q$ est négative, ce qui suppose $\frac{p^2}{4} < q$, l'équation n'a pas de racine positive ou négative; car $\left(x + \frac{p}{2} \right)^2$ représente un nombre positif, qui ne peut être égal à $\frac{p^2}{4} - q$. Mais, on vérifierait aisément que les deux expressions imaginaires $-\dfrac{p}{2} \pm \sqrt{\dfrac{p^2}{4} - q}$, étant substituées à x, vérifieraient l'équation, pourvu qu'on traite dans le calcul l'expression $\sqrt{\dfrac{p^2}{4} - q}$ comme un nombre ordinaire ayant pour carré $\dfrac{p^2}{4} - q$; de sorte que l'équation a encore deux racines données par la formule (2), et qui sont imaginaires.

Nous pouvons donc énoncer la règle suivante: *pour avoir les racines d'une équation du second degré à une inconnue, on prend la moitié du coefficient de l'inconnue, on change de signe le résultat; puis on ajoute et on retranche successivement la racine carrée du résultat obtenu en retranchant le terme connu du carré de cette moitié.*

En désignant par x' et x'' ces deux racines, on a

$$x' = -\frac{p}{2} + \sqrt{\frac{p^2}{4} - q}, \quad x'' = -\frac{p}{2} - \sqrt{\frac{p^2}{4} - q}.$$

226. APPLICATIONS. — Appliquons ces formules à quelques exemples.

1° Soit proposé de résoudre l'équation

$$x^2 - 25 = 0;$$

en faisant dans les formules générales $p = 0$, $q = -25$, il vient

$$x' = + \sqrt{25} = +5, \quad x'' = - \sqrt{25} = -5.$$

2° Résoudre l'équation

$$5x^2 = 4x, \quad \text{ou} \quad x^2 - \frac{4}{5}x = 0.$$

En supposant $p = -\dfrac{4}{5}$, $q = 0$, les formules donnent

$$x'=\frac{2}{5}+\sqrt{\frac{4}{25}}=\frac{4}{5},\quad x''=\frac{2}{5}-\sqrt{\frac{4}{25}}=0.$$

3° Résoudre l'équation

$$\frac{6}{x+1}+\frac{2}{x}=3.$$

Chassant les dénominateurs, il vient

$$6x+2(x+1)=3x(x+1);$$

effectuons les calculs, transposons, et réduisons,

$$3x^2-5x-2=0;$$

enfin divisons tous les termes par 3,

$$x^2-\frac{5}{3}x-\frac{2}{3}=0.$$

Cette équation est représentée par l'équation (1) du numéro précédent, si l'on suppose $p=-\frac{5}{3}$ et $q=-\frac{2}{3}$; et alors les formules générales donnent $x'=2$, $x''=-\frac{1}{3}$.

4° Résoudre l'équation

$$x^2-14x+49=0.$$

Les formules générales, dans lesquelles on suppose $p=-14$ et $q=49$, donnent

$$x'=7,\quad x''=7;$$

les deux racines sont égales.

5° Considérons enfin l'équation

$$x^2-10x+41=0.$$

Dans ce cas, on a

$$p=-10,\quad q=41,\quad \frac{p^2}{4}-q=25-41=-16;$$

on trouve par suite

$$x' = 5 + \sqrt{-16}, \quad x'' = 5 - \sqrt{-16};$$

les deux racines sont imaginaires.

227. Pour ramener une équation numérique à la forme

$$x^2 + px + q = 0,$$

il faut diviser tous les termes par le coefficient de x^2 s'il y en a un, ce qui amène souvent des coefficients fractionnaires; on préfère ordinairement conserver ce coefficient.

L'équation est alors de la forme

$$ax^2 + bx + c = 0,$$

les lettres a, b, c, désignant trois nombres quelconques, positifs ou négatifs, les deux seconds pouvant être nuls. Nous allons donner les formules générales au moyen desquelles on peut calculer les racines de cette équation. Elle a les mêmes racines que l'équation

$$x^2 + \frac{b}{a} x + \frac{c}{a} = 0,$$

qu'on obtient en divisant tous les termes par a; et nous savons que les racines de cette dernière sont données par la formule

$$x = -\frac{b}{2a} \pm \sqrt{\frac{b^2}{4a^2} - \frac{c}{a}}.$$

La quantité sous le radical peut s'écrire, en réduisant au même dénominateur

$$\frac{b^2}{4a^2} - \frac{4ac}{4a^2} = \frac{b^2 - 4ac}{4a^2};$$

de sorte que (n° 215)

$$\sqrt{\frac{b^2}{4a^2} - \frac{c}{a}} = \frac{\sqrt{b^2 - 4ac}}{\sqrt{4a^2}} = \frac{\sqrt{b^2 - 4ac}}{2a};$$

et par suite

$$x = \frac{-b \pm \sqrt{b^2 - 4ac}}{2a}.$$

Nous pouvons donc énoncer la règle suivante pour calculer les racines d'une équation quelconque du second degré : *Au coefficient de* x *, changé de signe, on ajoute ou l'on retranche la racine carrée de l'excès du carré de ce coefficient sur le quadruple produit du terme connu par le coefficient de* x² *; puis on divise le résultat par le double de ce dernier coefficient.*

228. La formule que nous venons de trouver montre que les racines de l'équation

$$ax^2 + bx + c = 0$$

sont : réelles et inégales, lorsque le binôme $b^2 - 4ac$ est positif ; réelles et égales, lorsqu'il est nul ; imaginaires, lorsqu'il est négatif.

229. La formule que nous venons de démontrer (n° 227) se simplifie quand le coefficient de x, dans l'équation, est pair. En effet, représentons-le par $2b'$, l'équation est alors

$$ax^2 + 2b'x + c = 0,$$

et la formule qui donne ses racines est

$$x = \frac{-2b' \pm \sqrt{4b'^2 - 4ac}}{2a}.$$

Mais le binôme sous le radical peut s'écrire

$$4(b'^2 - ac),$$

de sorte que

$$\sqrt{4b'^2 - 4ac} = \sqrt{4}\,\sqrt{b'^2 - ac} = 2\sqrt{b'^2 - ac};$$

par conséquent

$$x = \frac{-2b' \pm 2\sqrt{b'^2 - ac}}{2a},$$

et en divisant par 2 les deux termes de la fraction,

$$x = \frac{-b' \pm \sqrt{b'^2 - ac}}{a}.$$

Quand on emploie cette formule, on voit que les racines sont réelles et inégales, réelles et égales, ou imaginaires, selon que le binôme $b'^2 - ac$ est positif, nul, ou négatif.

230. APPLICATIONS. — Appliquons les formules que nous venons de trouver à quelques exemples.

1º Soit proposé de résoudre l'équation

$$3x^2 + 5x - 2 = 0.$$

On trouve

$$x = \frac{-5 \pm \sqrt{25 + 4 \times 3 \times 2}}{6} = \frac{-5 \pm \sqrt{49}}{6} = \frac{-5 \pm 7}{6};$$

les deux racines de l'équation sont donc

$$x' = \frac{-5 + 7}{6} = \frac{1}{3}, \quad x'' = \frac{-5 - 7}{6} = -2.$$

2º Résoudre l'équation

$$5x^2 - 24x + 6 = 0.$$

Dans ce cas,

$$x' = \frac{12 \pm \sqrt{144 - 120}}{5} = \frac{12 \pm \sqrt{24}}{5};$$

de sorte que les deux racines sont

$$x = \frac{12 + \sqrt{24}}{5}, \quad x'' = \frac{12 - \sqrt{24}}{5}.$$

RELATIONS ENTRE LES RACINES ET LES COEFFICIENTS
DE L'ÉQUATION DU SECOND DEGRÉ.

231. Nous avons démontré (n° 225) que l'équation

$$x^2 + px + q = 0$$

a deux racines, savoir :

$$x' = -\frac{p}{2} + \sqrt{\frac{p^2}{4} - q}, \quad x'' = -\frac{p}{2} - \sqrt{\frac{p^2}{4} - q}.$$

1° Faisons la somme de ces racines,

$$x' + x'' = -\frac{p}{2} + \sqrt{\frac{p^2}{4} - q} - \frac{p}{2} - \sqrt{\frac{p^2}{4} - q} = -p;$$

donc : *la somme des racines d'une équation du second degré est égale au coefficient de l'inconnue, changé de signe.*

2° Faisons le produit des mêmes racines,

$$x'x'' = \left(-\frac{p}{2} + \sqrt{\frac{p^2}{4} - q}\right)\left(-\frac{p}{2} - \sqrt{\frac{p^2}{4} - q}\right);$$

le second membre est le produit de la somme des deux nombres $-\dfrac{p}{2}$ et $\sqrt{\dfrac{p^2}{4} - q}$, par leur différence; il est donc égal à la différence des carrés de ces deux nombres, de sorte que l'on a

$$x'x'' = \frac{p^2}{4} - \left(\frac{p^2}{4} - q\right) = q.$$

Donc : *le produit des deux racines est égal au terme tout connu.*

Ainsi, les deux racines de l'équation

$$x^2 - 18x + 72 = 0$$

ont 18 pour somme, et 72 pour produit; il est facile de le vérifier, les deux racines étant 6 et 12.

232. Si l'équation du second degré a la forme

$$ax^2 + bx + c = 0,$$

en appelant x' et x'' les racines, on a

$$x' + x'' = -\frac{b}{a}, \quad x'x'' = \frac{c}{a}.$$

Ainsi les deux racines de l'équation

$$3x^2 - 2x - 65 = 0$$

ont pour somme $\frac{2}{3}$ et pour produit $-\frac{65}{3}$.

233. Faisons quelques applications de ces formules.
1° On a souvent besoin de trouver deux nombres, connaissant leur somme a, et leur produit b; on les trouve du même coup, en posant l'équation

$$x^2 - ax + b = 0.$$

En effet, d'après ce qui précède, les deux racines de cette équation ont bien a pour somme et b pour produit.
Ainsi, les deux nombres qui ont 7 pour somme, et 12 pour produit, sont les racines de

$$x^2 - 7x + 12 = 0;$$

ils sont donnés par la formule

$$x = \frac{7}{2} \pm \sqrt{\frac{49}{4} - 12} = \frac{7}{2} \pm \frac{1}{2}.$$

Les nombres demandés sont donc:

$$\frac{7}{2} + \frac{1}{2} = 4, \quad \text{et} \quad \frac{7}{2} - \frac{1}{2} = 3.$$

2° Pour former une équation du second degré dont les racines seraient deux nombres donnés a et b, on écrit

$$x^2 - (a+b)x + ab = 0.$$

En effet, le coefficient de x doit être égal et de signe contraire à la somme des racines, soit $-(a+b)$; le terme connu doit être égal au produit des racines qui est ab.

Ainsi l'équation ayant pour racines $\dfrac{a}{b}$ et $\dfrac{b}{a}$ est

$$x^2 - \frac{a^2 + b^2}{ab} x + 1 = 0.$$

234. Quand on s'est assuré que les racines d'une équation du second degré, ramenée à la forme

$$x^2 + px + q = 0,$$

sont réelles, les relations du n° 231 permettent de reconnaître immédiatement les signes de ces racines, sans aucun calcul, à la seule inspection de l'équation.

1° Si le terme connu q est négatif, les deux racines ayant un produit négatif sont de signes contraires. Leur somme étant égale à $-p$, celle qui a la plus grande valeur absolue a le même signe que $-p$.

2° Si le terme connu q est positif, les deux racines ont nécessairement le même signe, et ce signe est celui de $-p$, qui est leur somme. Si p est positif, les deux racines sont négatives; si p est négatif, elles sont positives.

Ainsi, les deux racines de l'équation

$$x^2 - 12x + 9 = 0$$

sont réelles et positives; celles de l'équation

$$x^2 - 8x - 10 = 0$$

sont l'une positive et l'autre négative, et la plus grande en valeur absolue est positive.

DÉCOMPOSITION DU TRINÔME DU SECOND DEGRÉ EN FACTEURS DU PREMIER DEGRÉ.

235. Considérons un trinôme du second degré par rapport à x,

$$x^2 + px + q,$$

dans lequel p et q désignant des nombres connus, x peut recevoir une valeur quelconque.

Pour compléter le carré dont $x^2 + px$ sont les deux premiers termes, ajoutons et retranchons au trinôme $\frac{p^2}{4}$, il ne changera pas de valeur et deviendra

$$\left(x+\frac{p}{2}\right)^2 - \frac{p^2}{4} + q, \quad \text{ou} \quad \left(x+\frac{p}{2}\right)^2 - \left(\frac{p^2}{4} - q\right).$$

Mais, une expression quelconque étant égale au carré de sa racine carrée, on peut remplacer $\frac{p^2}{4} - q$ par $\left(\sqrt{\frac{p^2}{4} - q}\right)^2$, de sorte qu'il vient

$$x^2 + px + q = \left(x+\frac{p}{2}\right)^2 - \left(\sqrt{\frac{p^2}{4} - q}\right)^2.$$

Le second membre de cette égalité est alors la différence des carrés de $x+\frac{p}{2}$ et $\sqrt{\frac{p^2}{4} - q}$; il est donc égal (n° 55) au produit de la somme de ces deux quantités par leur différence, de sorte que

$$x^2 + px + q = \left(x+\frac{p}{2}+\sqrt{\frac{p^2}{4} - q}\right)\left(x+\frac{p}{2}-\sqrt{\frac{p^2}{4} - q}\right).$$

Le trinôme se trouve ainsi décomposé en deux facteurs du premier degré par rapport à x.

Maintenant, les deux racines de l'équation

$$x^2 + px + q = 0$$

obtenue en égalant le trinôme à zéro, sont

$$x' = -\frac{p}{2} + \sqrt{\frac{p^2}{4} - q}, \quad x'' = -\frac{p}{2} - \sqrt{\frac{p^2}{4} - q};$$

on voit alors que les deux facteurs sont les résultats obtenus en retranchant de x successivement ces deux racines. On a donc enfin

$$x^2 + px + q = (x - x')(x - x'').$$

Ainsi : *un trinôme du second degré, de la forme* x²+px+q, *est égal au produit de deux facteurs qu'on obtient en retranchant de* x *chacune des racines de l'équation formée en égalant ce trinôme à zéro.*

Soit donné, par exemple, le trinôme

$$x^2 - 7x + 12;$$

les deux racines de l'équation

$$x^2 - 7x + 12 = 0$$

étant 3 et 4, on a

$$x^2 - 7x + 12 = (x - 3)(x - 4).$$

Il est facile de vérifier cette égalité en effectuant le produit indiqué dans le second membre.

236. Le trinôme $ax^2 + bx + c$ peut s'écrire ainsi :
$a\left(x^2 + \frac{b}{a}x + \frac{c}{a}\right)$; or, x' et x'' étant les racines de l'équation

$$x^2 + \frac{b}{a}x + \frac{c}{a} = 0, \text{ ou de } ax^2 + bx + c = 0,$$

on a l'égalité

$$x^2 + \frac{b}{a}x + \frac{c}{a} = (x - x')(x - x''),$$

et par suite

$$ax^2 + bx + c = a(x - x')(x - x'').$$

Ainsi, dans ce cas, le trinôme est égal au produit des deux facteurs $x - x'$ et $x - x''$, multiplié par le coefficient de x^2.

235. Ce que nous venons de dire permet de trouver le signe que fait prendre à un trinôme $ax^2 + bx + c$ une valeur déterminée de x, sans qu'on ait besoin de faire la substitution, pourvu qu'on connaisse les valeurs de x qui annulent ce trinôme.

En effet, x' et x'' désignant ces valeurs, le trinôme peut s'écrire, comme nous venons de le voir,

$$a(x - x')(x - x'').$$

1° Supposons d'abord x' et x'' réelles et inégales, et appelons x' la plus petite. Si la valeur attribuée à x est plus petite que x', et par suite que x'', les deux facteurs $x - x'$ et $x - x''$ sont négatifs; leur produit est positif. Ce produit, multiplié par a, c'est-à-dire le trinôme, est positif ou négatif, suivant que le facteur a est lui-même positif ou négatif.

Il en serait de même si la valeur de x était plus grande que x'', puisqu'alors les deux facteurs $x - x'$ et $x - x''$ seraient positifs.

Si la valeur de x est comprise entre x' et x'', plus grande que x', plus petite que x'', le facteur $x - x'$ est positif, le facteur $x - x''$ est négatif; leur produit est négatif. La valeur du trinôme a dans ce cas un signe contraire à celui de a.

2° Si x' et x'' sont réelles et égales, le trinôme peut s'écrire

$$a(x - x')^2;$$

il a toujours le même signe que a, puisque le facteur $(x-x')^2$ est essentiellement positif.

3° Lorsque x' et x'' sont imaginaires, le trinôme a toujours le même signe que a, pour toutes les valeurs attribuées à x; car le produit $(x-x')(x-x'')$ est alors toujours positif. En effet, mettant à la place de x' et x'' leurs valeurs, ce produit est

$$\left(x+\frac{b}{2a}+\frac{\sqrt{b^2-4ac}}{2a}\right)\left(x+\frac{b}{2a}-\frac{\sqrt{b^2-4ac}}{2a}\right);$$

on a donc à multiplier la somme des deux quantités $x+\frac{b}{2a}$ et $\frac{\sqrt{b^2-4ac}}{2a}$ par leur différence, et le résultat est la différence des carrés de ces quantités, ou

$$\left(x+\frac{b}{2a}\right)^2-\frac{b^2-4ac}{4a^2}.$$

Mais, par hypothèse, b^2-4ac est un nombre négatif, donc ce résultat est une somme de deux nombres positifs.

ÉQUATIONS DU SECOND DEGRÉ A PLUSIEURS INCONNUES.

238. Nous allons résoudre quelques systèmes simples d'équations à plusieurs inconnues, dans lesquels une au moins des équations est du second degré; et nous ferons connaître les procédés particuliers qui, dans certains cas, en simplifient la résolution.

239. Considérons d'abord deux équations à deux inconnues, l'une du second degré, l'autre du premier,

$$x^2-2xy+7y-3x=13, \quad 4x+3y=23.$$

Tirons de la seconde la valeur de y,

$$y=\frac{23-4x}{3},$$

et portons-la dans la première; nous aurons, toutes réductions opérées,

$$11x^2 - 83x + 122 = 0.$$

Cette dernière équation étant résolue donne

$$x = \frac{83 \pm \sqrt{83^2 - 44 \times 122}}{22} = \frac{83 \pm \sqrt{1521}}{22};$$

la racine carrée de 1521 étant 39, on a

$$x' = \frac{83 + 39}{22} = \frac{61}{11}; \quad x'' = \frac{83 - 39}{22} = 2.$$

Ces deux valeurs étant mises successivement à la place
de x dans l'expression de y, il vient

$$y' = \frac{23 - 4 \times \frac{61}{11}}{3} = \frac{3}{11}, \quad y'' = \frac{23 - 4 \times 2}{3} = 5.$$

On vérifierait aisément que les deux solutions trouvées
vérifient le système proposé.

240. L'exemple précédent montre bien la marche à
suivre dans tous les cas analogues; on peut souvent procéder plus simplement.

1° Soit à résoudre les deux équations

$$xy = a^2, \quad x + y = b.$$

La question revient évidemment à trouver deux nombres, connaissant leur produit a^2 et leur somme b; ces
deux nombres sont (n° 233) les racines de l'équation

$$z^2 - bz + a^2 = 0,$$

c'est-à-dire

$$z = \frac{b}{2} \pm \sqrt{\frac{b^2}{4} - a^2}.$$

On a donc deux solutions du système

$$x' = \frac{b}{2} + \sqrt{\frac{b^2}{4} - a^2}, \quad y' = \frac{b}{2} - \sqrt{\frac{b^2}{4} - a^2};$$

$$x'' = \frac{b}{2} - \sqrt{\frac{b^2}{4} - a^2}, \quad y'' = \frac{b}{2} + \sqrt{\frac{b^2}{4} - a^2}.$$

2° Pour résoudre les deux équations

$$x^2 + y^2 = a^2, \quad x + y = b,$$

nous chercherons à évaluer le produit xy; pour cela, élevons au carré les deux membres de la seconde équation

$$x^2 + 2xy + y^2 = b^2,$$

et retranchons membre à membre la première équation de cette dernière, nous aurons

$$2xy = b^2 - a^2, \quad \text{et} \quad xy = \frac{b^2 - a^2}{2}.$$

Nous sommes amenés alors à résoudre le système des équations

$$x + y = b, \quad xy = \frac{b^2 - a^2}{2};$$

nous venons d'apprendre à le faire.

On résoudrait de la même manière

$$x^2 + y^2 = a^2, \quad x - y = b.$$

241. Proposons-nous encore de résoudre

$$x^2 - y^2 = a^2, \quad x + y = b.$$

La première équation peut s'écrire

$$(x + y)(x - y) = a^2,$$

ou bien, en remplaçant $x+y$ par b,

$$b(x-y)=a^2; \quad \text{d'où} \quad x-y=\frac{a^2}{b}.$$

Connaissant la somme $x+y$ et la différence $x-y$, on trouve aisément

$$x=\frac{1}{2}\left(b+\frac{a^2}{b}\right), \quad y=\frac{1}{2}\left(b-\frac{a^2}{b}\right).$$

On résoudrait de même le système

$$x^2-y^2=a^2, \quad x-y=b.$$

242. Supposons maintenant deux équations à deux inconnues, qui sont toutes deux du second degré, par exemple

$$x^2+y^2=a^2, \quad xy=b^2.$$

Si nous tirions de la seconde la valeur de y pour la porter dans la première, nous obtiendrions une équation du quatrième degré par rapport à x; nous éviterons cela comme il suit.

Multiplions par 2 les deux membres de la seconde équation, et additionnons-la ensuite membre à membre avec la première, nous aurons

$$x^2+2xy+y^2=a^2+2b^2, \quad \text{ou} \quad (x+y)^2=a^2+2b^2,$$

et par suite,

$$x+y=\pm\sqrt{a^2+2b^2}.$$

En retranchant membre à membre les deux équations que nous avons ajoutées, nous trouverions de la même manière

$$x-y=\pm\sqrt{a^2-2b^2}.$$

Nous trouvons ainsi deux valeurs pour $x+y$, et aussi deux pour $x-y$; elles peuvent être prises deux à deux de quatre manières différentes, ce qui donnerait quatre valeurs pour x et y.

243. Résolvons enfin le système de trois équations à trois inconnues

$$x^2+y^2+z^2=14, \quad x+y+z=6, \quad xy=\frac{2}{3}z.$$

Si la valeur de z était connue, au moyen des deux dernières équations on connaîtrait $x+y$ et $x-y$; calculons donc z. Multiplions par 2 la troisième équation, puis ajoutons-la à la première, nous aurons

$$x^2+2xy+y^2+z^2=14+\frac{4}{3}z, \text{ ou } (x+y)^2+z^2=14+\frac{4}{3}z;$$

mais la seconde équation donne

$$x+y=6-z, \quad \text{et} \quad (x+y)^2=36-12z+z^2;$$

remplaçant $(x+y)^2$ par cette valeur, il vient

$$36-12z+z^2=14+\frac{4}{3}z, \quad \text{ou} \quad 6z^2-40z+66=0.$$

Cette dernière équation a pour racines $z'=3$, $z''=\frac{11}{3}$.

Considérons la première de ces deux valeurs de z, et nous aurons

$$x+y=6-3=3, \quad xy=\frac{2}{3}\times3=2;$$

d'où nous tirerions les valeurs

$$x'= \quad , \quad y'=2; \quad \text{et} \quad x''=2, \quad y''=1.$$

Considérons la seconde valeur de z; alors

$$x+y=6-\frac{11}{3}=\frac{7}{3}, \quad xy=\frac{2}{3}\times\frac{11}{3}=\frac{22}{9};$$

d'où l'on tire les valeurs imaginaires

$$x''' = \frac{7 + \sqrt{-39}}{6}, \quad y''' = \frac{7 - \sqrt{-39}}{6};$$

$$\text{et} \quad x'''' = \frac{7 - \sqrt{-39}}{6}, \quad y'''' = \frac{7 + \sqrt{-39}}{6}.$$

EXERCICES.

Résoudre les équations suivantes :

1. $x^2 - 3x = 13$ .... Rép. 4 et — 4.

2. $3x^2 - 9 = 39$ .... 4 et — 4.

3. $3x^2 - 4 = 71$ .... 5 et — 5.

4. $2x^2 - \dfrac{5}{8} = 2\dfrac{1}{2}$ .... $\dfrac{5}{4}$ et — $\dfrac{5}{4}$.

5. $x^2 + 6 = 5x$ .... 3 et 2.

6. $x^2 - 4x + 3 = 0$ .... 3 et 1.

7. $x^2 - x = 12$ .... 4 et — 3.

8. $3x^2 - 17x + 10 = 0$ ...... 5 et $\dfrac{2}{3}$.

9. $\dfrac{x^2}{3} - \dfrac{x}{2} = 9$ .... 6 et — $4\dfrac{1}{2}$.

10. $\dfrac{2x}{3} + \dfrac{1}{x} = \dfrac{7}{3}$ .... 3 et $\dfrac{1}{2}$.

11. $9x^2 + 25 = 0$ .... $\dfrac{\sqrt{-25}}{3}$ et $\dfrac{-\sqrt{-25}}{3}$.

12. $\dfrac{6}{x+1} + \dfrac{2}{x} = 3$ .... 2 et — $\dfrac{1}{3}$.

13. $2x^2 + 17 = 10x$ .... $\dfrac{5 + \sqrt{-9}}{2}$ et $\dfrac{5 - \sqrt{-9}}{2}$.

14. $\dfrac{x}{5} + \dfrac{5}{x} = 5\dfrac{1}{5}$ .... 25 et 1.

15. $2x - 5x^2 = 1$ . . . . Rép. $\dfrac{1 + \sqrt{-4}}{5}$ et $\dfrac{1 - \sqrt{-4}}{5}$.

16. $\dfrac{x}{x+1} + \dfrac{x+1}{x} = 2\dfrac{1}{6}$ . . . 2 et -3.

17. $\dfrac{2x + 4a}{a+b} - \dfrac{a-b}{2(x-b)} = 4$. $\dfrac{3b+a}{2}$ et $\dfrac{3b-a}{2}$.

18. $\dfrac{3b^2 x}{3x+b} = \dfrac{a^2(3x-b)}{2(x+a)}$ . . . . $\dfrac{ab}{3a-2b}$ et $-\dfrac{ab}{3a+2b}$.

19. Résoudre l'équation $(x^2 - 6x + 6)(x^2 - 9x + 20) = 0$; et calculer les racines à 0,001 près.

Rép. $1,268$; $4,732$; 5 et 4.

20. Résoudre $\dfrac{x}{x^2+a} = \dfrac{b}{x+c}$.

Rép. $x = \dfrac{-c \pm \sqrt{c^2 + 4ab(1-b)}}{2(1-b)}$.

21. Étant donnée l'équation $x^2 - px + q = 0$, déterminer q de manière que l'une des racines soit égale au double de l'autre, plus une unité.

Rép. $q = \dfrac{2p^2 - p - 1}{9}$.

22. Décomposer le trinôme $18x^2 - 9x - 2$ en facteurs du premier degré.

Rép. $18\left(x - \dfrac{2}{3}\right)\left(x + \dfrac{1}{6}\right)$, ou $(3x - 2)(6x + 1)$.

23. Résoudre le système des deux équations $y^2 + a^2 = m^2 + n^2$, $y + ax = m + an$; m, n et a désignant des nombres connus.

Rép. $x' = n$, $y' = m$; $x'' = \dfrac{2am + n(a^2 - 1)}{1 + a^2}$, $y'' = \dfrac{2an + m(1 - a^2)}{1 + a^2}$.

24. Résoudre l'équation $\dfrac{x-a}{b} - 1 = \dfrac{b+x}{x}$.

Rép. $x = \dfrac{a + 2b \pm \sqrt{(a+2b)^2 + 4b^2}}{2}$.

25. Résoudre les équations : $x^2 - y^2 = 180$, $x - y = 6$.

Rép. $x = 18$, $y = 12$.

26. Résoudre les équations $\dfrac{x}{y} + \dfrac{y}{x} = 2\dfrac{a^2 + b^2}{a^2 - b^2}$, $x - y = 2b$.

Rép. $x' = a + b$, $y' = a - b$; $x'' = b - a$, $y'' = -(b + a)$.

27. Déterminer le terme q de l'équation $x^2 - 13x + q = 0$, de manière que la différence des carrés des racines soit 39.

Rép. $q = 40$; alors $x' = 8$, $x'' = 5$.

28. Déterminer la nature des racines des deux équations $5(x + y) = xy$, $2x + 3y = 40$.

Rép. Elles sont imaginaires.

29. Résoudre le système $x + y = \dfrac{21}{8}$, $\dfrac{x}{y} - \dfrac{y}{x} = \dfrac{35}{6}$.

Rép. $x' = -\dfrac{21}{40}$, $y' = \dfrac{63}{20}$; $x'' = \dfrac{9}{4}$, $y'' = \dfrac{3}{8}$.

30. Résoudre les équations $xy = 35$, $x^2 + y^2 = 74$.

Rép. $x' = \pm 7$, $y' = \pm 5$; $x'' = \pm 5$, $y'' = \pm 7$.

31. Résoudre les équations suivantes : $y - px = m - pn$, $y^2 + xy + x^2 = m^2 + mn + n^2$, dans lesquelles m, p et n désignent des nombres connus. Faire ensuite $p = 1$, $m = 2$, $n - 1$.

Rép. 1° $x' = n$, $y' = m$; $x'' = \dfrac{n(p^2 - 1) - m(2p + 1)}{1 + p + p^2}$,

$y'' = \dfrac{-pn(2 + p) + m(1 - p^2)}{1 + p + p^2}$. 2° $x' = 1$, $y' = 2$; $x'' = -2$, $y'' = -1$.

32. Résoudre les équations $x + y = 100$, $x^2 - y^2 = 1000$.

Rép. $x = 55$, $y = 45$.

CHAPITRE II.

Problèmes du second degré.

244. Nous allons maintenant résoudre quelques problèmes conduisant à des équations du second degré, renvoyant, pour la mise en équation, aux généralités du n° 99, qui s'appliquent à tous les problèmes.

245. PROBLÈME I. — *Une personne achète un certain nombre d'objets pour 540 francs; si, pour la même somme, elle en avait eu 3 de moins, elle aurait payé chacun d'eux 15 francs de plus. Combien a-t-elle acheté d'objets?*

Soit x le nombre des objets achetés; ils coûtent 450 francs, de sorte que chacun d'eux vaut $\dfrac{540}{x}$; si leur nombre était $x-3$, chacun coûterait $\dfrac{540}{x-3}$. Mais, d'après l'énoncé, ce dernier prix surpasse le premier de 15 francs; on a donc l'équation

$$\frac{540}{x-3}=\frac{540}{x}+15.$$

En la résolvant, on trouve les deux racines

$$x'=12, \quad x=-9.$$

La première, qui est positive, satisfait à l'énoncé du problème, comme il est facile de le vérifier; la personne a donc acheté 12 objets.

Quant à la racine négative —9, il est évident qu'elle ne répond pas à la question, et doit être rejetée. Elle peut s'interpréter ; en effet, le nombre positif 9 satisfait (n° 174) à l'équation

$$\frac{540}{-x-3} = \frac{540}{-x} + 15 ; \quad \text{ou} \quad \frac{540}{x+3} = \frac{540}{x} - 15,$$

qu'on obtient en remplaçant dans la première x par $-x$; et cette équation correspond au problème suivant : *Une personne achète un certain nombre d'objets pour 540 francs ; si, pour la même somme, elle en achetait 3 de plus, chaque objet coûterait 15 francs de moins. Combien a-t-elle acheté d'objets ?*

La réponse à ce problème serait 9 objets.

246. PROBLÈME II. — *Trouver les longueurs des trois côtés d'un triangle rectangle, sachant qu'elles sont représentées par trois nombres entiers consécutifs.*

Soit x la longueur du plus petit côté, $x+1$ sera celle du moyen côté, et $x+2$ celle du plus grand ou de l'hypoténuse ; en appliquant le théorème du carré de l'hypoténuse, on obtient donc

$$(x+2)^2 = (x+1)^2 + x^2.$$

Développant les calculs, réduisant et transposant, cette équation devient

$$x^2 - 2x - 3 = 0,$$

et elle a pour racines les nombres 3 et -1. La première convient seule à la question, et donne les nombres 3, 4 et 5, pour longueurs des côtés du triangle ; la seconde n'est susceptible d'aucune interprétation.

247. REMARQUE. — Pour résoudre chacun des deux problèmes précédents, nous avons trouvé une équation du second degré ayant une racine négative, et nous avons rejeté cette racine comme ne convenant pas à la question ; la nature de chacun des problèmes ne comportait en effet qu'une solution positive. Dans le premier problème, la solution négative a pu être interprétée, comme il a été dit au n° 178 ; elle n'a pu l'être dans le second.

Il peut arriver qu'une solution négative de l'équation soit une solution du problème, tel qu'il est énoncé ; en voici un exemple.

248. PROBLÈME III. — *Trouver sur la droite AB, indéfiniment prolongée, un point dont la distance au point A soit moyenne proportionnelle entre sa distance au point B, et la longueur AB, qui est connue et représentée par* a.

Le point cherché ne se trouve assurément pas à droite de B; car alors, sa distance au point A serait plus grande que sa distance à B et que AB, le carré de la première distance ne pourrait pas être égal au produit des deux autres. Mais ce point peut se trouver entre A et B ou à gauche de A.

Pour mettre le problème en équation, supposons-le entre A et B, en C par exemple. Soit x la longueur AC, la longueur BC sera $a-x$, et le problème a pour équation,

$$x^2 = a(a-x), \quad \text{ou} \quad x^2 + ax - a^2 = 0.$$

En résolvant cette équation, on trouve les racines

$$x' = \frac{a(\sqrt{5}-1)}{2}, \quad x'' = -\frac{a(\sqrt{5}+1)}{2}.$$

La première est positive et plus petite que a, puisque $\sqrt{5}-1$ est un nombre positif moindre que 2 ; elle détermine un point situé entre A et B, conformément à l'hypothèse faite pour la mise en équation.

La seconde racine est négative ; mais on n'a pas le droit de conclure immédiatement qu'elle ne répond pas à l'énoncé. Elle vérifie, comme on sait, l'équation

$$(-x)^2 = a[a-(-x)], \quad \text{ou} \quad x^2 = a(a+x),$$

obtenue en remplaçant dans la précédente x par $-x$; et cette équation est celle qu'on obtient en cherchant le point à gauche de A.

Ainsi, il y a deux points C et C′ répondant à l'énoncé ; le premier, situé à droite de A correspond à la racine positive de l'équation ; le second, situé à gauche de A, correspond à la racine négative.

249. Remarque. — Si, pour mettre le problème précédent en équation, on avait supposé le point cherché à droite du point B, en appelant x sa distance au point A, on aurait trouvé l'équation

$$x^2 - ax + a^2 = 0,$$

dont les deux racines sont imaginaires; ce fait ne prouve pas que le problème est impossible, mais simplement que l'hypothèse faite n'est pas la bonne.

250. problème IV. — *Partager le nombre 12 en deux parties dont le produit soit égal à 40.*

Soit x l'une des parties, $12 - x$ sera l'autre ; de sorte que l'équation du problème est

$$x(12-x) = 40 \quad \text{ou} \quad x^2 - 12x + 40 = 0.$$

Les deux racines de cette équation sont données par la formule

$$x = 6 \pm \sqrt{-4};$$

elles sont imaginaires.

Ici, l'équation a été établie sans faire aucune hypothèse ; elle comprend toutes les conditions de l'énoncé, et rien que celles-là, comme elle n'est vérifiée par aucun nombre, le problème est impossible.

251. Certains problèmes conduisent à une équation du second degré ayant ses deux racines positives; il faut examiner alors si la question comporte deux solutions. Cela arrive quelquefois; d'autres fois, au contraire, une seule des deux racines convient, ce qui est facile à reconnaître; d'autres fois encore, aucune des deux racines ne convient. Donnons des exemples de ces différents cas.

252. PROBLÈME V. — *Trouver un nombre tel que, si de 13 fois ce nombre on retranche le quintuple de son carré, le reste soit égal à 6.*

Soit x le nombre cherché; en le multipliant par 13, on a $13x$; le quintuple de son carré est $5x^2$; on a donc l'équation

$$13x - 5x^2 = 6 \quad \text{ou} \quad 5x^2 - 13x + 6 = 0.$$

Les racines de cette équation sont 2 et $\dfrac{3}{5}$; il est facile de vérifier que toutes deux satisfont à la question.

D'abord, 13 fois 2 donnent 26, le quintuple du carré de 2 est 20, et la différence entre 26 et 20 est 6. De même, 13 fois $\dfrac{3}{5}$ donnent $\dfrac{39}{5}$, le quintuple du carré de $\dfrac{3}{5}$ est $\dfrac{45}{25}$ ou $\dfrac{9}{5}$, et la différence entre $\dfrac{39}{5}$ et $\dfrac{9}{5}$ est $\dfrac{30}{5}$ ou 6.

253. PROBLÈME VI. — *Diviser le nombre 30 en deux parties telles que leur produit soit égal à 8 fois leur différence.*

Soit x la plus petite partie, $30 - x$ sera la plus grande. Leur produit est $(30 - x)x$; leur différence est $30 - 2x$, et 8 fois cette différence donnent $240 - 16x$. On a donc l'équation

$$(30 - x)x = 240 - 16x \quad \text{ou} \quad x^2 - 46x + 240 = 0,$$

dont les racines sont 40 et 6.

La première de ces racines ne convient pas, puisqu'elle est supérieure au nombre à partager 3o, dont elle ne doit être qu'une partie.

La seconde convient bien ; en effet, l'une des parties étant 6, l'autre sera 24 ; leur produit 144 est bien égal à 8 fois leur différence 18.

254. PROBLÈME VII. — *Un marchand a acheté un certain nombre d'objets pour une somme totale de 672 fr. S'il les revendait à raison de 48 francs la pièce, il perdrait à ce marché une somme égale au prix d'un objet. On demande combien d'objets il a achetés.*

Soit x le nombre des objets, chacun d'eux a coûté $\frac{672}{x}$. En les revendant 48 francs pièce, le marchand recevrait $48x$; et alors il perdrait le prix d'un objet ou $\frac{672}{x}$. Donc

$$672 = 48x + \frac{672}{x}, \quad \text{ou} \quad 48x^2 - 672x + 672 = 0.$$

Cette équation admet pour racines les deux nombres positifs

$$x' = 7 + \sqrt{35}, \quad x'' = 7 - \sqrt{35},$$

qui, n'étant pas entiers, ne peuvent pas représenter un nombre d'objets ; il faut en conclure que le problème proposé est absurde.

255. PROBLÈME VIII. — *La hauteur d'un trapèze est de 10 mètres, et sa surface est égale à celle d'un rectangle construit avec ses deux bases parallèles ; de plus, le double de la plus petite base, ajouté au triple de la plus grande, est égal à 6 fois la hauteur du trapèze. On demande les longueurs des deux bases.*

Soit x la petite base, y la grande. La surface du trapèze est égale à

$$\frac{x+y}{2} \times 10, \quad \text{ou} \quad 5x + 5y;$$

la surface du rectangle fait avec les deux bases est xy ; on a donc une première équation

$$5x + 5y = xy.$$

Là seconde est

$$2x + 3y = 60.$$

Pour résoudre ces deux équations, tirons de la seconde

$$x = \frac{60 - 3y}{2},$$

et portons cette valeur de x dans la première, nous aurons

$$5\frac{60-3y}{2} + 5y = y\frac{60-3y}{2}, \quad \text{ou} \quad 3y^2 - 65y + 300 = 0.$$

En résolvant cette équation, on trouve les racines

$$y' = 15, \quad y'' = \frac{20}{3},$$

auxquelles correspondent respectivement les valeurs de x ;

$$x' = 7,5 \quad \text{et} \quad x'' = 20.$$

La première solution $x' = 7,5$ et $y' = 15$ convient à la question ; la seconde ne convient pas, car la valeur de x, qui représente la plus petite base, surpasse celle de y.

Les deux bases du trapèze sont donc de $7^m,5$ et de 15^m.

256. Dans tous les problèmes qui précèdent, les données étaient exprimées en nombres ; nous allons en résoudre deux dans lesquelles les données seront représentées par des lettres, ce qui donnera lieu à une discussion.

257. PROBLÈME IX. — *Trouver les côtés d'un rectangle, connaissant son périmètre 2p, et le côté a du carré équivalent.*

Soient x et y les côtés cherchés, on a immédiatement les deux équations

$$x+y=p, \quad xy=a^2;$$

de sorte que x et y sont (n° 240) les deux racines de l'équation du second degré

$$z^2-pz+a^2=0.$$

En résolvant cette équation, on trouve que les deux côtés du rectangle sont égaux à

$$\frac{p}{2}+\sqrt{\frac{p^2}{4}-a^2}, \quad \text{et} \quad \frac{p}{2}-\sqrt{\frac{p^2}{4}-a^2}.$$

DISCUSSION. — Pour que le problème proposé soit possible, il faut et il suffit que les valeurs trouvées pour les longueurs des côtés soient réelles et positives. Elle seront réelles si la différence $\frac{p}{4}-a^2$ est positive, et alors elles seront toutes deux positives (n° 234); en effet, leur produit a^2 est positif, donc elles ont le même signe; leur somme p est positive, donc elles sont positives.
La seule condition imposée aux données est qu'on ait

$$a^2<\frac{p^2}{4}.$$

D'après cela, tous les rectangles, ayant un même périmètre 2p, ont une surface a^2 moindre que $\frac{p^2}{4}$; si pour l'un d'eux $a^2=\frac{p^2}{4}$, les deux côtés sont égaux à $\frac{p}{2}$, ce rectangle est un carré, et c'est le plus grand de tous les rectangles considérés.

258. PROBLÈME X. — *Trouver les trois côtés d'un triangle rectangle, connaissant son périmètre 2p, et sa surface* m².

Si z, x, et y, désignent l'hypoténuse et les deux côtés de l'angle droit du triangle, les équations du problème sont

$$x^2 + y^2 = z^2, \quad x + y + z = 2p, \quad xy = 2m^2.$$

Pour résoudre ces équations, tirons de la seconde

$$x + y = 2p - z,$$

et élevons au carré les deux membres de cette dernière équation, nous aurons

$$x^2 + y^2 + 2xy = 4p^2 - 4pz + z^2;$$

remplaçons maintenant $x^2 + y$ par z^2, et xy par $2m^2$, il viendra

$$z^2 + 4m^2 = 4p^2 - 4pz + z^2, \quad \text{ou} \quad 4pz = 4p^2 - 4m^2;$$

enfin cette dernière équation donne

$$z = \frac{p^2 - m^2}{p}.$$

La valeur de z étant connue, on en déduit

$$x + y = 2p - \frac{p^2 - m^2}{p} = \frac{p^2 + m^2}{p};$$

de sorte que l'on connaît la somme des inconnues x et y ainsi que leur produit; x et y sont les racines de l'équation

$$u^2 - \frac{p^2 + m^2}{p} u + 2m^2 = 0.$$

On a donc définitivement

$$x = \frac{p^2 + m^2}{2p} + \sqrt{\frac{(p^2 + m^2)^2}{4p^2} - 2m^2},$$

$$y = \frac{p^2 + m^2}{2p} - \sqrt{\frac{(p^2 + m^2)^2}{4p^2} - 2m^2}.$$

DISCUSSION. — Pour que le problème soit possible, il faut évidemment que les valeurs trouvées pour les inconnues soient réelles et positives; et cela suffit.

La valeur de z est réelle; et pour qu'elle soit positive il faut que l'on ait

$$p^2 > m^2, \quad \text{ou} \quad p > m.$$

Les valeurs de x et y seront réelles, si l'on a

$$\frac{(p^2 + m^2)^2}{4p^2} - 2m^2 > 0, \quad \text{ou} \quad (p^2 + m^2)^2 - 8p^2m^2 > 0;$$

et alors elles seront positives, car leur produit m^2 et leur somme $\dfrac{p^2 + m^2}{p}$ sont des nombres positifs.

Ainsi, pour que le problème soit possible, il faut et il suffit que les données satisfassent aux deux inégalités

$$p > m, \quad (p^2 + m^2)^2 - 8p^2m^2 > 0.$$

Or, le premier membre de la seconde peut être considéré comme la différence de deux carrés; ce qui donne

$$(p^2 + m^2 + 2pm\sqrt{2})(p^2 + m^2 - 2pm\sqrt{2}) > 0.$$

Le premier facteur étant positif, le second doit l'être aussi,

$$p^2 + m^2 - 2pm\sqrt{2} > 0.$$

Cherchons, d'après cela, entre quelles limites peut varier m lorsque p est donné; et pour cela, décomposons le premier membre de l'inégalité précédente, qui est du second degré par rapport à m, en deux facteurs du premier degré, d'après la règle du n° 235. Nous trouverons ainsi

$$[m - p(\sqrt{2} - 1)][m - p(\sqrt{2} + 1)].$$

Or, nous savons déjà que m doit être plus petit que p, et par suite que $p(\sqrt{2} + 1)$, le second facteur du produit

ci-dessus est donc négatif; le premier facteur doit donc
être lui-même négatif pour que le produit soit positif;
d'où

$$m < p(\sqrt{2} - 1).$$

Ainsi, m ne peut surpasser $p(\sqrt{2} - 1)$.

EXERCICES.

1. La somme de deux nombres est 8, la somme de leurs carrés
est 34. Quels sont ces nombres?

Rép. 5 et 3.

2. Trouver les trois côtés d'un triangle rectangle dont le périmètre est de 132 mètres, et la surface de 726 mètres carrés.

Rép. 33^m, 44^m, 55^m.

3. Deux champs rectangulaires ont chacun 216 mètres carrés de
surface; le second a 4 mètres en longueur de plus que le premier,
9 mètres en moins de largeur. Trouver les dimensions de chaque
rectangle.

Rép. Celles du premier rectangle sont 8 mètres et 27 mètres;
celles du second 12 mètres et 18 mètres.

4. Dans une circonférence de 20 mètres de rayon est inscrite
une corde BM ayant 29 mètres de longueur; son prolongement passe
en un point A situé à 25 mètres du centre. Calculer à 0,001 près
la portion AM la plus petite de la sécante AMB.

Rép. AM = 6^m,363. L'équation a une racine négative, dont la
valeur absolue représente la longueur AB.

5. Le volume d'un tronc de pyramide à bases parallèles est de
6080 mètres cubes; la hauteur du tronc est de 15 mètres, et la base
inférieure de 576 mètres carrés. Trouver la base supérieure.

Rép. 256 mètres carrés. L'équation admet une seconde racine
1600, qui ne convient pas à la question.

6. Trouver les trois côtés et la surface d'un triangle, sachant que
son périmètre est de 18 mètres, et que l'un des côtés est égal à la

demi-somme des deux autres, et que le produit de ces derniers est 32.

Rép. Les côtés sont respectivement de 6^m, 4^m et 8^m; la surface est de $11^m.4,62$ à un décimètre carré près. Il faut se rappeler que *a, b, c* désignant les trois côtés d'un triangle, et $2p$ étant le périmètre, l'expression de la surface est $\sqrt{p(p-a)(p-b)(p-c)}$.

7. Une personne emprunte 8200 francs dont elle payera les intérêts; elle se libère au moyen de deux paiements égaux de 4410 francs effectués au bout de 1 an et de 2 ans. Quel est le taux de l'intérêt?

Rép. Le taux est de 5 o/o. L'équation a une racine négative qui n'est pas susceptible d'interprétation.

8. Une personne laisse en mourant 140000 francs à partager entre plusieurs héritiers; au bout de quelque temps trois des héritiers meurent, et les autres reçoivent 6000 francs de plus. Combien y avait-il d'héritiers? Interpréter la solution négative.

Rép. Il y avait 10 héritiers. La solution négative — 7 correspond au cas où les héritiers recevraient 6000 francs de moins s'ils étaient trois de plus.

9. Trouver un nombre qui surpasse sa racine carrée de 156 unités.

Rép. 169. L'équation admet une seconde racine positive 144; solution de ce problème : trouver un nombre tel qu'en lui ajoutant sa racine carrée on ait 156.

10. Le périmètre d'un triangle rectangle est de 132 mètres; la somme des carrés des côtés est 6050. Trouver les trois côtés.

Rép. 33 mètres, 44 mètres, et 55 mètres.

11. Une pierre est tombée au fond d'un puits; et on a entendu le bruit de sa chute 4 secondes et demie après son départ. Quelle est la profondeur du puits?

Rép. $88^m,21$.

12. Trouver les quatre termes d'une proportion, connaissant : la somme des extrêmes, 21; la somme des moyens, 19; la somme des carrés des quatre termes, 442.

Rép. Les quatre termes sont 15, 10, 9, 6.

13. Trouver trois nombres dont l'un soit moyen proportionnel

entre les deux autres, connaissant : leur somme 7, et la somme de leurs carrés 21.

Rép. 2; 1 et 4.

14. Deux locomotives partent en même temps du point d'intersection de deux voies rectangulaires, avec des vitesses uniformes de 12 et de 16 mètres par seconde. On demande après combien de temps leur distance sera de 90 kilomètres.

Rép. Après 1 heure $\frac{1}{4}$.

15. La différence de deux nombres est 12, et leur produit est $74\frac{1}{4}$. Quels sont ces deux nombres?

Rép. $16\frac{1}{2}$ et $4\frac{1}{2}$.

16. Trouver deux nombres positifs tels qu'il y ait égalité entre leur somme, leur produit, et la différence de leurs carrés.

Rép. $\dfrac{3+\sqrt{5}}{2}$ et $\dfrac{1+\sqrt{5}}{2}$.

17. La somme des âges d'un père et de son fils est 40 ans, et dans 10 ans le produit de leurs âges sera 756. Quel est l'âge de chacun?

Rép. Le père a 32 ans, et le fils 8 ans.

18. Deux courriers partent en même temps, l'un de A pour aller en B, l'autre de B pour aller en A. Leurs vitesses sont uniformes et telles que le premier arrive en B 16 heures après la rencontre, et que le second arrive en A 25 heures après la rencontre. Quel est le temps employé par chaque courrier pour parcourir la distance AB?

Rép. Le premier met 36 heures, et le second 45.

19. Inscrire dans une circonférence donnée un triangle isocèle, tel que la somme de sa base et de sa hauteur soit égale à une longueur donnée a. Discuter.

Rép. Si r désigne le rayon de la circonférence, la base et la hauteur du triangle sont respectivement

$$\frac{4(a-r)\pm\sqrt{-a^2+2ar+4r^2}}{5}, \quad \frac{a+4r\pm\sqrt{-a^2+2ar+4r^2}}{5}.$$

Le problème est impossible si l'on a $a > r(1+\sqrt{5})$; il a une solution lorsque $a = r(1 + \sqrt{5})$. Lorsque $a < r(1 + \sqrt{5})$, plusieurs cas peuvent se présenter : 1º Si $a \leqslant 2r$, il y a une seule solution ; 2º si $a > 2r$, il y a deux solutions.

20. Un polygone a 230 diagonales, quel est le nombre de ses côtés ?

Rép. 23.

21. Deux cordes AB et CD d'un cercle se coupent en un point O ; les deux parties OA et OB de la première sont égales respectivement à 1ᵐ,2 et 2ᵐ,1 ; la différence entre les segments OC et OD de la seconde est de 1ᵐ,84. On demande la longueur de cette seconde corde.

Rép. 3ᵐ,669.

22. Partager le nombre 100 en trois parties dont les carrés soient proportionnels aux nombres 8, 18 et 50.

Rép. Les trois parties sont 20, 30 et 50.

23. Les trois arêtes d'un parallélipipède rectangle sont proportionnelles aux nombres 5, 7, 9 ; si on les augmentait respectivement de 1 mètre, 2 mètres et 3 mètres, le volume augmenterait de 105 mètres cubes. Quelles sont les arêtes de ce parallélipipède ?

Rép. 2ᵐ,5, 3ᵐ,5, 4ᵐ,5.

24. Un corps de pompe AB a un tuyau d'aspiration CD de 2 mètres de hauteur ; le piston E peut se mouvoir entre 0ᵐ,1 et 0ᵐ,5 à partir du fond du corps de pompe où se trouve la soupape F du tuyau d'aspiration ; le rayon du corps de pompe est de 0ᵐ,05 ; celui du tuyau est de 0ᵐ,01 ; on demande à quelle hauteur l'eau montera au premier coup de piston ?

Rép. A 0ᵐ,27 dans le corps de pompe.

25. Dans un manomètre à air comprimé, dont le tube est parfaitement calibré, le mercure est de niveau dans les deux branches, sous la pression atmosphérique de 0ᵐ,76 ; on demande de combien de centimètres le mercure montera dans la branche fermée sous une autre pression H, n étant le nombre de centimètres du tube occupés primitivement par l'air dans la branche fermée. Appliquer la formule au cas de $n = 40$ centimètres et H $= 0ᵐ,96$.

Rép. Dans le cas général on trouve, pour l'inconnue,

$$x = \frac{2n + H}{4} \pm \sqrt{\frac{(2n + H)^2}{8} - \frac{n}{2}(H - 0,76)}.$$ La seconde valeur convient seule, la première étant plus grande que n. L'application numérique donne $x = 4^{cm},8o8$.

26. Inscrire dans une sphère de rayon donné r un cône dont la base soit équivalente à la moitié de la surface latérale.

Rép. Le rayon de la base est $\frac{r\sqrt{3}}{2}$, et la hauteur $\frac{3}{2}r$. Le cône est équilatéral.

CHAPITRE III.

Des questions de maximum et de minimum qui peuvent se résoudre par les équations du second degré.

---

259. Une quantité variable peut être tantôt croissante, tantôt décroissante. Si, après avoir augmenté jusqu'à une certaine valeur, elle diminue ensuite, cette valeur est dite un *maximum* de la quantité considérée; si au contraire, après avoir diminué jusqu'à une certaine valeur, elle augmente ensuite, cette valeur est dite un *minimum*.

Ainsi, on dit que l'eau atteint son maximum de densité à la température de 4 degrés, parce que la température croissant à partir de zéro, la densité de l'eau augmente d'abord, et elle diminue dès que la température dépasse 4 degrés.

Considérons encore l'expression algébrique

$$\frac{x^2 + 4x - 36}{2(x - 5)}.$$

Si on y remplace x successivement par les nombres entiers 0, 1, 2, 3, 4, elle prend les valeurs correspondantes $3\frac{3}{5}$, $3\frac{7}{8}$, 4, $3\frac{3}{4}$, 2, d'abord croissantes jusqu'à 4, décroissantes ensuite; le nombre 4 est donc un *maximum* de cette expression algébrique. Donnant maintenant à x les valeurs 6, 7, 8, 9, 10, l'expression algébrique devient successivement 12, $10\frac{1}{4}$, 10, $10\frac{1}{8}$, $10\frac{2}{5}$; elle décroît d'abord jusqu'à 10, et croît ensuite, le nombre 10 est donc un *minimum* de la fraction.

D'après cela, un maximum ou un minimum n'est pas nécessairement supérieur ou inférieur à toutes les autres valeurs de la quantité considérée; il suffit qu'il soit plus grand ou plus petit que les valeurs qui le précèdent et le suivent immédiatement.

260. Il arrive quelquefois qu'une même quantité présente plusieurs maximums séparés les uns des autres par des minimums. Ainsi, la température de l'air atteint chaque jour une valeur maximum vers 2 heures après-midi, et un minimum vers 4 ou 5 heures du matin. La hauteur de la mer passe par un maximum et un minimum dans l'intervalle de 12 heures. Tous les ans, la durée du jour atteint un maximum au solstice d'été, un minimum au solstice d'hiver.

261. Dans ce chapitre, nous allons apprendre à déterminer les maximums et minimums d'une expression algébrique contenant une ou plusieurs inconnues, au moins lorsque les équations à résoudre sont du premier ou du second degré.

La règle à suivre pour cela est la suivante : *on cherche les valeurs des inconnues qui rendent l'expression considérée égale à un nombre donné* m *; puis, on examine entre quelles limites peut être pris le nombre* m *pour que le problème soit possible, c'est-à-dire pour que les valeurs des inconnues soient réelles, et dans certains cas positives; ces limites sont les maximums et les minimums cherchés.*

C'est ce que nous allons expliquer, en résolvant quelques problèmes particuliers.

262. PROBLÈME I. — *Partager le nombre* a *en deux parties dont le produit soit maximum.*

Appelons   la première des parties demandées, $a - x$

désignera l'autre, et leur produit sera

$$x(a-x), \quad \text{ou} \quad ax-x^2;$$

on voit que sa valeur dépend de celle de x. Pour trouver son maximum, d'après la règle ci-dessus, cherchons quelle valeur de x le rend égal à m; et pour cela posons l'équation

$$ax-x^2=m, \quad \text{ou} \quad x^2-ax+m=0.$$

En résolvant cette équation, on trouve

$$x=\frac{a}{2}\pm\sqrt{\frac{a^2}{4}-m}, \quad \text{d'où} \quad a-x=\frac{a}{2}\mp\sqrt{\frac{a^2}{4}-m};$$

de sorte que si l'on veut partager le nombre a en deux parties dont le produit soit m, il faut prendre ces deux parties égales à

$$\frac{a}{2}+\sqrt{\frac{a^2}{4}-m} \quad \text{et} \quad \frac{a}{2}-\sqrt{\frac{a^2}{4}-m}.$$

Maintenant, ces deux valeurs doivent être réelles, positives, et moindres que a; or, elles satisferont à toutes ces conditions si elles sont réelles, car leur produit est un nombre positif m et leur somme est le nombre positif a; la seule condition de possibilité du problème est donc que le nombre m soit inférieur ou tout au plus égal à $\frac{a^2}{4}$, ce qui s'écrit

$$m\leqslant\frac{a^2}{4}.$$

Ainsi la plus grande valeur que puisse prendre le produit des deux facteurs x et $a-x$ est $\frac{a^2}{4}$; et lorsqu'il a cette valeur, la différence $\frac{a^2}{4}-m$ étant nulle, on a

$$x = \frac{a}{2}, \quad a - x = a - \frac{a}{2} = \frac{a}{2},$$

le nombre a est divisé en deux parties égales.

Il est facile de voir que $\frac{a^2}{4}$ satisfait bien à la définition

du maximum, donnée au n° 259. En effet, lorsque $x = \frac{a}{2}$,

le produit a la valeur $\frac{a^2}{4}$; mais si l'on donne à x une

valeur un peu plus petite ou un peu plus grande que $\frac{a}{2}$,

le produit a nécessairement une valeur moindre que $\frac{a^2}{4}$.

263. Le problème précédent revient à trouver le maximum d'un produit de deux facteurs positifs variables x et $a - x$, ayant une somme constante a; nous pouvons donc énoncer le théorème suivant :

THÉORÈME.—*Le produit de deux facteurs positifs ayant une somme constante est maximum quand ces deux facteurs sont égaux.*

264. Ce théorème permet de résoudre immédiatement un grand nombre de questions; en voici quelques-unes.

1° *Parmi tous les rectangles qui ont un même périmètre* 2p, *quel est celui dont la surface est maximum?*

La somme de la base et de la hauteur de tous ces rectangles est constante et égale à p; leur produit donne la mesure de la surface; celle-ci est donc maximum

quand la base et la hauteur sont égales toutes deux à $\frac{p}{2}$,

et alors le rectangle est un carré.

2° *De tous les triangles ayant un même périmètre* 2p, *et une même base a, quel est celui dont la surface est maximum?*

En appelant b et c les deux autres côtés, la surface est représentée par

$$\sqrt{p\,(p-a)\,(p-b)\,(p-c)}.$$

Or, les deux facteurs p et $p-a$ sont constants par hypothèse ; les deux autres ont une somme constante

$$p-b+p-c=2p-b-c=a+b+c-b-c=a ;$$

le produit de ces deux facteurs est donc maximum lorsqu'ils sont égaux, c'est-à-dire lorsque $b=c$. Il en est de même du produit $p(p-a)\,(p-b)\,(p-c)$, et aussi de sa racine carrée ; la surface est donc maximum quand le triangle est isocèle.

265. Le théorème énoncé au n° 263 suppose que les facteurs du produit ne sont assujettis à aucune condition qui les empêche de devenir égaux ; comme cela arriverait, par exemple, si leur somme étant un nombre impair, ou voulait qu'il fussent des nombres entiers.

On peut alors énoncer ce théorème plus général: *Le produit de deux facteurs ayant une somme constante est maximum quand la différence de ces facteurs est la plus petite possible.*

En effet, en raisonnant, comme au n° 262, on trouve que pour rendre le produit égal à m, il faut prendre pour facteurs

$$\frac{a}{2}+\sqrt{\frac{a^2}{4}-m}, \quad \text{et} \quad \frac{a}{2}-\sqrt{\frac{a^2}{4}-m}.$$

Ici encore, m doit être inférieur à $\dfrac{a_2}{4}$, mais ne peut lui être égal, car alors les deux facteurs seraient égaux, et cela est impossible par hypothèse. Le maximum de m sera donc la valeur se rapprochant le plus possible de

$\frac{a^2}{4}$, et alors l'expression $\sqrt{\frac{a^2}{4} - m}$, qui représente la différence des deux facteurs, sera la plus petite possible.

266. PROBLÈME II. — *Décomposer un nombre a en deux facteurs dont la somme soit minimum.*

Soit x un des facteurs cherchés, l'autre sera $\frac{a}{x}$. Si nous voulons rendre leur somme égale au nombre m, nous poserons l'équation

$$x + \frac{a}{x} = m, \quad \text{ou} \quad x^2 - mx + a = 0 ;$$

d'où nous tirerons

$$x = \frac{m}{2} \pm \sqrt{\frac{m^2}{4} - a}.$$

Ces valeurs de x devant être réelles, il faut que $\frac{m^2}{4}$ soit supérieur ou au moins égal au nombre donné a; la plus petite valeur que l'on puisse prendre pour m est donc telle que l'on ait

$$\frac{m^2}{4} = a, \quad \text{ou} \quad m = 2\sqrt{a} ;$$

et alors on trouve

$$x = \frac{m}{2} = \sqrt{a}; \quad \frac{a}{x} = \frac{a}{\sqrt{a}} = \sqrt{a}.$$

Montrons encore que $2\sqrt{a}$ est bien le minimum demandé, dans le sens défini au n° 259. Lorsque x a la valeur $\sqrt{a}$, la somme est égale à $2\sqrt{a}$; mais si x prend une valeur un peu plus petite ou un peu plus grande que $\sqrt{a}$, la somme devient dans les deux cas plus grande que $2\sqrt{a}$, puisque $\frac{m^2}{4}$ ne peut être moindre que a.

D'après cela : *pour décomposer un nombre donné en deux facteurs dont la somme soit minimum, il faut le décomposer en deux facteurs égaux chacun à sa racine carrée.*

267. Ce dernier énoncé suppose que les deux facteurs peuvent devenir égaux ; dans le cas contraire, il doit être ainsi modifié : *la somme de deux facteurs d'un nombre donné est minimum quand leur différence est la plus petite possible.*

On le démontrerait par raisonnement analogue à celui du n° 265.

268. Les deux problèmes précédents suffisent pour démontrer la règle générale énoncée au n° 261 ; nous allons maintenant l'appliquer à quelques exemples un peu plus compliqués.

269. PROBLÈME III. — *De tous les rectangles inscrits dans un cercle donné, quel est celui dont la surface est maximum.*

Soit r le rayon du cercle donné ; et cherchons les côtés d'un rectangle inscrit dont la surface serait égale à m. En appelant x et y ces deux côtés, et remarquant que chaque diagonale du rectangle est un diamètre du cercle, on a les deux équations

$$x^2 + y^2 = 4r^2, \quad xy = m.$$

Pour les résoudre, multiplions par 2 les deux membres de la seconde, elle deviendra

$$2xy = 2m ;$$

cela fait, ajoutons-la, et retranchons-la membre à membre à la première, il viendra

$$(x+y)^2 = 4r^2 + 2m, \quad (x-y)^2 = 4r^2 - 2m ;$$

et puis

$$x + y = \sqrt{4r^2 + 2m}, \quad x - y = \sqrt{4r^2 - 2m},$$

en supposant que x soit le plus grand côté. On déduit de là

$$x = \frac{\sqrt{4r^2 + 2m} + \sqrt{4r^2 - 2m}}{2},$$

$$y = \frac{\sqrt{4r^2 + 2m} - \sqrt{4r^2 - 2m}}{2}.$$

Maintenant, ces valeurs de x et de y doivent être réelles, positives, et moindres que le diamètre $2r$ du cercle ; or, il suffit pour cela qu'elles soient réelles, car leur somme et leur différence étant positives, elles le sont elles-mêmes ; et de plus la somme de leurs carrés étant $4r^2$, chacune est moindre que $2r$.

Ainsi, $2m$ doit être inférieur, ou au plus égal à $4r^2$, m doit être $2r^2$ au plus ; la maximum de la surface est donc $2r^2$. D'ailleurs, quand $m = 2r^2$, on trouve

$$x = r\sqrt{2}, \quad y = r\sqrt{2} ;$$

donc *le rectangle inscrit dans un cercle, et qui a une surface maximum, est un carré.*

270. PROBLÈME IV. — *Trouver les valeurs maximum et minimum de la fraction* $\dfrac{x^2 + 4x - 36}{2(x-5)}$, *lorsque x prend toutes les valeurs possibles, depuis l'infini négatif, jusqu'à l'infini positif.*

Cherchant quelles valeurs il faut donner à x pour que la fraction devienne égale au nombre m, nous poserons l'équation

$$\frac{x^2 + 4x - 36}{2(x-5)} = m.$$

Pour résoudre cette équation, chassons le dénominateur, et faisons passer tous les termes dans le premier membre, nous aurons

$$x^2 - (2m - 4)\, x + 10m - 36 = 0\,;$$

les racines de cette équation sont, après simplification,

$$x = m - 2 \pm \sqrt{m^2 - 14m + 40}.$$

Mais le trinôme du second degré en m qui se trouve sous le radical peut (no 235) être décomposé en deux facteurs du premier degré, $(m-4)\,(m-10)$; les valeurs de x peuvent donc s'écrire

$$x = (m-2) \pm \sqrt{(m-4)(m-10)}.$$

Cela posé : 1° pour toute valeur de m comprise entre 4 et 10, le facteur $m-4$ est positif, le facteur $m-10$ est négatif, leur produit est négatif; par suite les valeurs correspondantes de x sont imaginaires. Ainsi, il n'y a aucun nombre qui substitué à x fasse prendre à la fraction proposée une valeur comprise entre 4 et 10.

2° Si m est un nombre moindre que 4, et à plus forte raison moindre que 10, les deux facteurs $m-4$ et $m-10$ sont négatifs, leur produit est positif, les valeurs correspondantes de x sont réelles; il en est encore ainsi quand $m=4$. Donc la fraction peut prendre toutes les valeurs inférieures à 4, et aussi la valeur 4, qui est un *maximum*.

3° Si m est un nombre plus grand que 10, et par suite plus grand que 4, les deux facteurs sous le radical, ainsi que leur produit, sont positifs, les valeurs correspondantes de x sont réelles; et elles le sont encore quand $m=10$. Donc la fraction peut prendre la valeur 10, et toutes les valeurs supérieures; 10 est un *minimum*.

Pour avoir les valeurs de x correspondant à ce maximum et à ce minimum, il faut remplacer successivement m par 4 et par 10 dans l'expression de x; le radical devient nul dans les deux cas, et l'on trouve

$$x = 8, \text{ puis } x = 2.$$

271. PROBLÈME V. — *Trouver les maximums et minimums de la fraction* $\dfrac{x^2 - 1}{2x - 1}$.

Opérant comme dans le cas précédent, nous poserons l'équation

$$\frac{x^2 - 1}{2x - 1} = m,$$

qui devient après simplifications

$$x^2 - 2mx + m - 1 = 0;$$

les racines de cette équation sont

$$x = m \pm \sqrt{m^2 - m + 1}.$$

Si l'on cherche à décomposer en facteurs du premier degré le trinôme sous le radical, on trouve des racines imaginaires, donc (n° 237) ce trinôme est toujours positif, quelle que soit la valeur de m; les valeurs de x sont donc toujours réelles, et la fraction peut prendre toutes les valeurs imaginables. Il n'y a dans ce cas ni maximum ni minimum.

EXERCICES.

1. Trouver la valeur de x qui rend maximum $4 + 2x - x^2$.

Rép. $x = 1$; le maximum est 5.

2. Quel est le minimum du trinôme $a^2 x^2 - 2abx + 2b^2$?

Rép. C'est b^2, pour $x = \dfrac{b}{a}$.

3. De tous les rectangles ayant 80 mètres de périmètre, quel est celui dont la surface est maximum ?

Rép. Le carré ayant 20 mètres de côté, sa surface est de 400 mètres carrés.

4. Décomposer le nombre 25 en deux facteurs dont la somme soit minimum.

Rép. Chaque facteur est 5 ; leur somme est 10.

5. Partager le nombre 40 en deux parties telles que la somme des quotients obtenus en divisant chacune d'elles par l'autre soit minimum.

Rép. Il faut le partager en deux parties égales ; le minimum est 2.

6. Partager le nombre a en deux parties dont la somme des racines carrées soit minimum.

Rép. Il faut partager en deux parties égales ; le minimum est $\sqrt{2a}$.

7. Partager le nombre a en deux parties dont la somme des carrés soit minimum.

Rép. Les deux parties sont $\dfrac{a}{2}$; le minimum est $\dfrac{a^2}{2}$.

8. Partager le nombre 6 en deux parties dont la somme des cubes soit minimum.

Rép. Chaque partie est 3 ; le minimum est 54.

9. Partager le nombre 27 en deux parties telles que la somme de 4 fois le carré de la première, et de 5 fois le carré de la seconde, soit minimum.

Rép. Les deux parties sont 15 et 12 ; le minimum est 1620.

10. De tous les carrés inscrits dans un carré donné, quel est le maximum ?

Rép. Celui qu'on obtient en joignant les milieux des côtés adjacents du carré donné.

11. De tous les rectangles qu'on peut inscrire dans un cercle de rayon donné r, quel est celui dont le périmètre est maximum ?

Rép. Le carré inscrit ; son périmètre est $4r\sqrt{2}$.

12. De tous les triangles rectangles ayant une hypoténuse de 4 mètres, quel est celui dont le périmètre est maximum ?

Rép. Le triangle isocèle dont les côtés égaux sont $\sqrt{8}$; son périmètre est $9^m,65$ à un centième près.

13. Trouver le maximum et le minimum de $\dfrac{x^2 + 1}{x}$.

Rép. Il y a un maximum —2, pour $x = -1$; un minimum 2, pour $x = 1$.

14. Trouver le maximum et le minimum de $\dfrac{x^2 + 2x - 23}{2x - 9}$.

Rép. Maximum 3, pour $x = 2$; minimum 8, pour $x = 7$.

15. Trouver le maximum ou le minimum de $\dfrac{x^2 - 3x + 2}{x^2 - 5x + 4}$.

Rép. Il n'a ni maximum ni minimum.

16. Étant donnée une droite dont la longueur est de 575 mètres, la diviser en deux parties telles que le carré de l'une plus 3 fois le carré de l'autre soit minimum.

Rép. Les deux parties sont 431m,25 et 143m,75 ; le minimum est 247968,75.

17. Partager le nombre 95 en deux parties entières dont le produit soit maximum.

Rép. Les deux parties sont 47 et 48 ; le maximum est 2256.

18. L'hypoténuse d'un triangle rectangle ayant 23m,50 de longueur, calculer à 0m,01 près les deux côtés de l'angle droit de manière à rendre la surface maximum. Évaluer cette surface en ares et centiares.

Rép. Les deux côtés de l'angle droit sont égaux à 16m,61 ; la surface est 2 ares 76 centiares, à un centiare près.

19. Décomposer le nombre 18 en deux facteurs entiers dont la somme soit minimum.

Rép. Les facteurs sont 3 et 6 ; leur somme est 9.

20. Un cercle est tangent aux deux côtés d'un angle droit ; on propose de mener une troisième tangente, de manière que le triangle rectangle formé par les trois tangentes ait une surface maximum ou minimum.

Rép. Il faut mener les deux tangentes perpendiculaires à la bissectrice de l'angle droit donné.

21. De tous les rectangles inscrits dans un triangle donné, quel est celui dont la surface est maximum ?

Rép. Il est la moitié du triangle.

22. De tous les cônes circonscrits à une sphère de rayon donné r, quel est celui dont le volume est minimum ?

Rép. Sa hauteur est $2r$, le rayon de sa base $r\sqrt{2}$, et son volume $\frac{8}{3}\pi r^3$.

23. Quel est le maximum du volume d'un cône ayant une surface totale donnée égale à celle d'un cercle de rayon a^2 ?

Rép. Ce maximum est $\dfrac{\pi a^3}{6\sqrt{2}}$. Le rayon de la base et la hauteur sont respectivement $\dfrac{a}{2}$ et $a\sqrt{2}$.

24. On estime que le prix d'un diamant est proportionnel au carré de son poids ; cela posé, y a-t-il perte quand on brise le diamant en deux parties ? Quand la perte est-elle maximum ?

Rép. 1° Il y a perte ; 2° la perte est maximum quand les deux morceaux sont égaux.

LIVRE IV

CHAPITRE I

Des progressions.

PROGRESSIONS PAR DIFFÉRENCE.

272. On appelle *progression par différence*, ou *progression arithmétique*, une suite de nombres dont chacun est égal à celui qui le précède augmenté ou diminué d'un nombre constant appelé *raison* de la progression. Les nombres qui forment une progression en sont les *termes*.

Pour indiquer que des nombres sont en progression arithmétique, on les écrit à la suite les uns des autres en les séparant par un point, et mettant le signe ÷ devant le premier; ainsi

$$\div 2.4.6.8.10.12\ldots$$
$$\div 30.27.24.21.18.15.12.9.\ldots$$

sont deux progressions arithmétiques.

La première, dont les termes vont en augmentant, est dite *croissante*, et a pour raison 2; la seconde, dont les termes vont en diminuant, est dite *décroissante* et elle a pour raison 3.

273. REMARQUE. — Chaque terme de la seconde progression est égal à celui qui le précède, plus le nombre négatif — 3; si donc on appelle raison de la progression ce nombre négatif, on peut dire que dans toute progression arithmétique chaque terme est égal au précédent plus la raison. Alors la progression est croissante ou décroissante, suivant que la raison est un nombre positif ou négatif.

274. THÉORÈME. — *Un terme quelconque d'une progression arithmétique est égal au premier, plus autant de fois la raison qu'il y a de termes avant celui que l'on considère.*

En effet, d'après la définition, chaque terme est égal au précédent plus la raison; le terme qui occupe le $(n+1)^e$ rang sera donc obtenu en ajoutant au premier terme n fois de suite la raison.

D'après cela, soit a le premier terme; r la raison, positive ou négative; t le terme qui en a n avant lui; on a la formule :

$$t = a + nr.$$

Ce théorème permet d'évaluer un terme sans qu'on ait besoin de calculer ceux qui le précèdent.

1° Par exemple, le n^e nombre impair, qui est le n^e terme de la progression arithmétique

$$\div 1.3.5.7.9.11\ldots$$

a pour valeur

$$1 + (n-1) \times 2 = 1 + 2n - 2 = 2n - 1;$$

2° Le 100e terme de la progression décroissante

$$\div 1000.997.994.991\ldots,$$

dont la raison est —3, a pour valeur

$$1000 + 99(-3) = 1000 - 99 \times 3 = 703$$

COROLLAIRES. — 1° *Les termes d'une progression arithmétique croissante croissent indéfiniment*, c'est-à-dire qu'à partir d'un certain terme ils surpassent tout nombre donné A, quelque grand qu'il soit.

Soient a et r le premier terme et la raison positive de la progression; son $(n+1)^e$ terme, qui est $a+nr$, sera plus grand que A, si n est tellement choisi que l'or ai

$$a+nr>A, \quad \text{ou} \quad n>\frac{A-a}{r}.$$

Si donc on prend pour n le nombre entier immédiatement supérieur à $\frac{A-a}{r}$, le terme correspondant de la progression surpassera A; il en sera de même des termes suivants, puisque la progression est croissante.

Ainsi, tous les termes de la progression croissante

$$\div 5.8.11.14....$$

surpassent 10000, à partir du 3333ᵉ.

2° *Dans une progression arithmétique composée d'un nombre limité de termes, la somme de deux termes également éloignés des extrêmes est égale à celle des extrêmes.*

Soient a, l, r, le premier terme, le dernier terme, et la raison de la progression; les deux termes t et t' seront également éloignés des extrêmes si le premier en a autant avant lui que le second en a après lui; si le terme t en a n avant lui, on a

$$t=a+nr;$$

maintenant, si la progression commençait au terme t', le dernier terme l en aurait n avant lui, de sorte que

$$l=t'+nr, \quad \text{d'où} \quad t'=l-nr.$$

On a donc

$$t+t'=a+nr+l-nr=a+l.$$

275. PROBLÈME. — *Entre deux nombres donnés a et b insérer m moyens arithmétiques.*

On entend par là former une progression arithmé-tique commençant par a, finissant par b, et ayant m termes entre a et b.

La progression devant avoir a pour premier terme, il suffit de trouver sa raison, que nous appellerons r. Or, le nombre des moyens étant m, le dernier terme b aura $(m+1)$ termes avant lui ; donc, d'après le théorème pré-cédent,

$$b = a + (m+1)r, \quad \text{d'où} \quad r = \frac{b-a}{m+1}.$$

Ainsi la raison s'obtient en retranchant le premier nombre donné du second, et divisant la différence par le nombre des moyens à insérer augmenté d'une unité.

Si l'on a $b > a$, la progression doit être croissante, et l'on trouve bien pour r un nombre positif ; si au con-traire on a $b < a$, la progression doit être décroissante, et l'on trouve pour r un nombre négatif.

APPLICATIONS. — 1° Insérer 11 moyens arithmétiques entre 6 et 30. On a dans ce cas

$$r = \frac{30-6}{11+1} = 2$$

la progression demandée est donc

$$\div 6.8.10.12\ldots\ldots 26.28.30.$$

2° Insérer 11 moyens arithmétiques entre 30 et 6 ; alors la raison est donnée par la formule

$$r = \frac{6-30}{11+1} = -2;$$

la progression décroissante est donc

$$\div 30.28.26.24.\ldots 10.8.6.$$

COROLLAIRES.— 1° *Si, entre chaque terme d'une progres-*

sion arithmétique et le suivant, on insère un même nom-bre de moyens arithmétiques, on forme une progression unique.

Etant donnée la progression arithmétique

$$\div\ a.\ b.c.d.\ e\ldots,$$

on insère *m* moyens arithmétiques entre *a* et *b*, entre *b* et *c*, entre *c* et *d*, etc.; les raisons des progressions partielles ainsi formées ont, d'après le théorème ci-dessus, pour valeurs respectives,

$$\frac{b-a}{m+1},\quad \frac{c-b}{m+1},\quad \frac{d-c}{m+1}\ldots;$$

mais les différences $b-a$, $c-b$, $d-c$, etc., sont toutes égales à la raison r de la progression donnée; donc toutes les raisons écrites plus haut sont égales entre elles et ont pour valeur commune $\dfrac{r}{m+1}$. D'ailleurs, le dernier terme de chaque progression partielle est le premier de la suivante; on a donc une seule progression ayant pour raison $\dfrac{r}{m+1}$.

2° *Entre les termes consécutifs d'une progression arithmétique on peut insérer un même nombre de moyens assez grand pour que la raison de la progression ainsi formée soit aussi petite qu'on le veut.*

En effet, r étant la raison de la progression donnée, m le nombre de moyens insérés entre chaque terme et le suivant, la raison de la nouvelle progression est $\dfrac{r}{m+1}$ comme nous venons de le voir. Cette raison sera plus petite que le nombre A, si petit qu'il soit, si m est choisi de manière que l'on ait

$$\frac{r}{m+1}<A,\quad \text{d'où}\quad m>\frac{r}{A}-1.$$

La question admet donc une infinité de solutions ; et la plus petite valeur de *m* est le nombre entier immédiatement supérieur à $\frac{r}{A} - 1$.

276. THÉORÈME. — *La somme des termes d'une progression arithmétique limitée est égale à la moitié du produit obtenu en multipliant la somme des termes extrêmes par le nombre des termes.*

Etant donnée la progression arithmétique

$$\div a.b.c. \ldots h.k.l. ,$$

composée de *n* termes, appelons S la somme de ces termes. Nous aurons d'abord

$$S = a + b + c + \ldots + h + k + l,$$

puis, en renversant l'ordre des termes,

$$S = l + k + h + \ldots + c + b + a.$$

Ajoutant ces deux égalités membre à membre, nous aurons

$$2S = (a+l) + (b+k) + (c+h) + \ldots$$
$$+ (h+c) + (k+b) + (l+a) ;$$

or les deux termes compris dans chaque parenthèse sont également éloignés des extrêmes, leur somme est donc (n° 273) égale à $(a+l)$; de plus, il y a autant de parenthèses que de termes dans la progression, c'est-à-dire *n*, donc

$$2S = (a+l)n, \quad \text{et} \quad S = \frac{(a+l)n}{2}.$$

APPLICATIONS. — 1° *Trouver la somme des* n *premiers nombres entiers.*

Ces nombres forment la progression arithmétique

$$\div 1.2.3.4 \ldots n,$$

ayant 1 et n pour termes extrêmes, et 1 pour raison; donc

$$S = \frac{(n+1)n}{2}.$$

2° *Trouver la somme des* n *premiers nombres impairs.* Ces nombres forment la progression

$$\div 1.3.5.7.9\ldots.,$$

ayant 1 pour premier terme et 2 pour raison. Or, nous avons trouvé (n° 273) que le n^e nombre impair a pour valeur $2n-1$; donc, la somme demandée est

$$\frac{(1+2n-1)n}{2} = \frac{2n^2}{2} = n^2;$$

elle est égale au carré du nombre des termes considérés.

277. Résolvons maintenant quelques problèmes pour lesquels il faut faire usage des théorèmes que nous venons d'établir.

278. PROBLÈME I. — *Combien doit-on réclamer pour les arrérages d'une rente annuelle de a francs, non payée pour la* n^e *fois, en tenant compte de l'intérêt simple à* i o/o *par an ?*

On réclamera d'abord tous les arrérages non payés, ce qui fait une somme de $a.n$ francs.

Maintenant, chaque arrérage produit un intérêt annuel de $\frac{a.i}{100}$; le premier arrérage, qui se trouve en retard de $(n-1)$ années a donc produit un intérêt égal à $\frac{ai(n-1)}{100}$; de même, le second a produit un intérêt de $\frac{ai(n-2)}{100}$; c. ainsi de suite, jusqu'au dernier qui a produit l'intérêt $\frac{ai}{100}$. De sorte que la somme de tous les intérêts échus à la fin de la n° année est

$$\frac{ai}{100}\left[1+2+3\ldots+(n-2)+(n-1)\right].$$

Dans la parenthèse se trouve la somme des $n-1$ termes d'une progression arithmétique ayant pour termes extrêmes 1 et $n-1$; cette somme est donc égale à $\dfrac{n(n-1)}{2}$,

et les intérêts dus sont $\dfrac{ai}{100}\times\dfrac{n(n-1)}{2}$.

Par conséquent, la somme à réclamer est

$$an+\frac{ai}{100}\times\frac{n(n-1)}{2}.$$

Supposons, par exemple, $a=4800, n=12, i=5$; nous trouverons

$$4800\times 12+\frac{4800\times 5}{100}\times\frac{12.\,11}{2}=73440\,\text{francs.}$$

279. PROBLÈME II.— *Un jardinier, tant en allant qu'en revenant, a parcouru a mètres pour arroser un certain nombre d'arbres placés en ligne droite à r mètres l'un de l'autre; on sait qu'il a parcouru b mètres pour le dernier arbre. Combien y a-t-il d'arbres, et à quelle distance du premier arbre se trouve la source, où le jardinier revient finalement, et qui est placée en ligne droite avec les arbres?*

Le jardinier ayant fait autant de chemin pour aller de la source aux différents arbres, que pour en revenir, $\dfrac{a}{2}$ représente le chemin total effectué pendant l'aller; de plus, la distance de la source au dernier arbre est $\dfrac{b}{2}$.

Cela posé, appelons x le nombre d'arbres, et y la distance de la source au premier; les distances de la source aux divers arbres sont les termes d'une progression géo-métrique commençant à y, finissant à $\frac{b}{2}$, ayant pour raison r; le nombre des termes est x, et leur somme est $\frac{a}{2}$, on a donc les deux équations

$$\frac{b}{2} = y + (x-1)r, \quad \frac{a}{2} = \frac{\left(y + \frac{b}{2}\right)x}{2}.$$

Pour les résoudre, tirons de la première la valeur de y,

$$y = \frac{b}{2} - (x-1)r;$$

portons-la dans la seconde, qui devient, après simplifications,

$$a = bx - x(x-1)r, \quad \text{ou} \quad rx^2 - (b+r)x + a = 0;$$

cette dernière équation admet deux racines x' et x'', auxquelles correspondent les deux valeurs de y,

$$y' = \frac{b}{2} - (x'-1)r, \quad y'' = \frac{b}{2} - (x''-1)r.$$

Les valeurs trouvées pour les inconnues peuvent être, suivant les valeurs des données, réelles ou imaginaires; quand elles sont réelles, elles peuvent être positives ou négatives, entières ou non entières. Mais on ne devra admettre comme solutions du problème que des valeurs de x entières et positives et des valeurs de y positives.

Supposons que, dans un cas particulier, on ait $a = 13750$, $r = 5$, $b = 520$; les valeurs de x seront alors

$$x' = 50, \quad x'' = 55,$$

et les valeurs de y correspondantes

$$y' = 15, \quad y'' = -10.$$

La seule solution acceptable est donc la première : il y a donc 5o arbres, et le premier est à 15 mètres de la source.

PROGRESSIONS PAR QUOTIENT.

280. On appelle *progression par quotient ou progression géométrique* une suite de nombres dont chacun est égal à celui qui le précède, multiplié par un nombre constant appelé *raison* de la progression. Ces nombres sont les *termes* de la progression.

Pour indiquer que des nombres sont en progression géométrique, on les écrit ordinairement les uns à la suite des autres en les séparant par le signe : et mettant le signe $\div$ devant le premier ; ainsi

$$\div 2 : 6 : 18 : 54 : 162 : \ldots \ldots,$$
$$\div 24 : 12 : 6 : 3 : \frac{3}{2} : \frac{3}{4} : \ldots \ldots,$$

sont deux progressions géométriques.

La raison 3 de la première étant plus grande que l'unité, les termes vont en augmentant, la progression est dite *croissante*; la raison $\frac{1}{2}$ de la seconde étant plus petite que l'unité, les termes vont en diminuant, la progression est dite *décroissante*.

281. THÉORÈME. — *Dans une progression géométrique, un terme quelconque est égal au premier multiplié par une puissance de la raison, dont le degré égale le nombre des termes qui le précèdent.*

En effet, chaque terme étant, par définition, égal au précédent multiplié par la raison, lorsque le premier aura été multiplié n fois de suite par la raison, c'est-à-dire par sa n^e puissance, on obtiendra précisément le $(n+1)^e$ terme.

Si donc on appelle a le premier terme, q la raison, t le $(n+1)^e$ terme, on a la formule

$$t = aq^n.$$

Ainsi le 10e terme de la progression géométrique qui a 5 pour premier terme, et 2 pour raison, est égal à

$$5 \times 2^9 = 2550.$$

COROLLAIRES.— 1° *Dans une progression géométrique limitée, le produit de deux termes également distants des extrêmes est égal au produit des extrêmes.*

Soient a, l, q, le premier terme, le dernier terme, et la raison q de la progression; soient de plus t le terme qui en a n avant lui, t' celui qui en a n après lui. On a d'abord

$$t = aq^n;$$

puis, la progression étant supposée commencer à t', le terme l en a n avant lui, ce qui donne

$$l = t'q^n, \quad \text{et} \quad t' = \frac{l}{q^n};$$

on en déduit

$$t t' = aq^n \times \frac{l}{q^n} = al,$$

ce qu'il fallait démontrer.

2° *Les termes d'une progression géométrique croissante croissent indéfiniment*, c'est-à-dire qu'à partir d'un certain rang, ils surpassent tout nombre donné quelque grand qu'il soit.

Considérons la progression

$$\div q \colon b \colon c \colon \ldots \ldots \colon h \colon k \colon l \ldots \ldots,$$

dont la raison q est plus grande que l'unité. D'abord la différence de deux termes consécutifs augmente à mesure que ces termes sont plus éloignés ; en effet, on a

$$l = kq, \quad k = hq,$$

et par suite

$$l - k = kq - hq = (k - h) q,$$

or la raison q est plus grande que l'unité, donc

$$l - k > k - h.$$

Mais, si cette différence était constante, la progresion serait arithmétique et croissante, puisque le second terme b est plus grand que le premier a ; ses termes croîtraient indéfiniment (nº 273). Ceux de la progression géométrique croissant plus vite croissent à plus forte raison indéfiniment.

3º *Les termes d'une progression géométrique décroissante décroissent indéfiniment*, c'est-à-dire qu'à partir d'un certain rang ils sont moindres qu'un nombre A, quelque petit qu'il soit.

Soit a le premier terme de la progression ; sa raison, plus petite que l'unité, peut être représentée par $\frac{1}{q}$, q étant un nombre plus grand que l'unité ; et le $(n+1)^e$ terme est égal à $\frac{a}{q^n}$. Ce terme sera moindre que A, si n est choisi de telle sorte que l'on ait

$$\frac{a}{q^n} < A, \quad \text{d'où} \quad q^n > \frac{a}{A};$$

or, q^n est le $(n+1)^e$ terme de la progression croissante commençant par l'unité et ayant q pour raison, et nous venons de voir qu'il peut être aussi grand que possible quand n est suffisamment grand.

282. PROBLÈME. — *Entre deux nombres a et b, insérer m moyens géométriques.*

On entend par là : former une progression géométrique dont a et b soient le premier et le dernier terme, et qui ait m termes entre a et b.

La question revient évidemment à trouver la raison de cette progression ; appelons-la q. Le dernier terme b devant se trouver le $(m+2)^e$ en aura $(m+1)$ avant lui ; de sorte qu'on a, d'après le théorème précédent,

$$b = aq^{m+1}, \quad \text{d'où} \quad q^{m+1} = \frac{b}{a}, \quad \text{et} \quad q = \sqrt[+1]{\frac{b}{a}}.$$

Ainsi, la raison s'obtient en divisant le second des nombres donnés par le premier, et en extrayant de ce quotient une racine dont l'indice égale le nombre des moyens à insérer plus un.

COROLLAIRES. — 1° *Si, entre chaque terme d'une progression géométrique et le suivant, on insère un même nombre de moyens géométriques, on forme une progression unique.*

En effet, soit donnée la progression

$$\div a \dot: b \dot: c \dot: d \dots ;$$

si l'on insère m moyens géométriques entre a et b, entre b et c, entre c et d, etc., on forme des progressions partielles qui ont pour raisons respectives, nous venons de le voir,

$$\sqrt[m+1]{\frac{b}{a}}, \quad \sqrt[m+1]{\frac{c}{b}}, \quad \sqrt[m+1]{\frac{d}{c}}, \dots$$

mais les quotients $\dfrac{b}{a}$, $\dfrac{c}{b}$, $\dfrac{d}{c}$, etc., sont tous égaux à la raison q de la progression géométrique donnée ; donc les raisons des progressions partielles sont toutes égales entre elles et à $\sqrt[m+1]{q}$. De plus, le dernier terme d'une de ces progressions est le premier de la suivante ; donc toutes ces progressions n'en font qu'une.

2° *Entre les termes successifs d'une progression géométrique croissante, on peut insérer un même nombre de moyens assez grand pour que la différence entre deux termes consécutifs de la nouvelle progression soit aussi petite qu'on le veut.*

Si q désigne la raison de la progression donnée, et m le nombre des moyens insérés entre deux termes successifs, la raison Q de la nouvelle progression est, d'après le théorème ci-dessus,

$$\sqrt[m+1]{q}.$$

Cela posé, a étant le premier terme de la première progression, et aussi de la seconde, deux termes consécutifs de celle-ci seront de la forme aQ^n et aQ^{n+1} ; il s'agit de prouver qu'on aura

$$aQ^{n+1} - aQ^n < A, \text{ ou } aQ^n(Q-1) < A,$$

quelque petit que soit le nombre A, si m est assez grand. La dernière inégalité peut s'écrire

$$Q-1 < \frac{A}{aQ^n}, \text{ ou } Q < 1 + \frac{A}{aQ^n};$$

et elle sera satisfaite en même temps que la suivante

$$Q < 1 + \frac{A}{l},$$

l désignant le terme de la progression donnée, immédiatement supérieur à aQ^n. En remplaçant Q par sa valeur, il vient

$$\sqrt[m+1]{q} < 1 + \frac{A}{l}, \text{ ou } q < \left(1 + \frac{A}{l}\right)^{m+1};$$

or, $\left(1+\dfrac{A}{l}\right)^{m+1}$ est le $(m+2)^e$ terme de la progression

géométrique croissante commençant par l'unité, et ayant

$1+\dfrac{A}{l}$ pour raison; en prenant m assez grand, ce terme

peut être (n° 280) aussi grand qu'on le veut, et par suite

plus grand que q.

283. THÉORÈME. — *Le produit des termes d'une pro-*
gression géométrique limitée est égal à la racine carrée
du résultat obtenu en faisant le produit des termes ex-
trémes, et l'élevant à une puissance marquée par le nom-
bre des termes.

Soit la progression géométrique de **n** termes

$$\div a \colon b \colon c \colon \ldots \ldots \colon h \colon k \colon l;$$

si P désigne le produit de ces termes, on a d'abord

$$P = abc \ldots \ldots hkl,$$

puis, intervertissant l'ordre des facteurs,

$$P = lkh \ldots \ldots cba.$$

Multiplions membre à membre ces deux égalités,

$$P^2 = al.\ bk.\ ch \ldots \ldots hc.\ kb.\ la.$$

Le second membre est le produit de n groupes, dont
chacun est le produit de deux termes également distants
des extrêmes, et par suite égal au produit al (n° 280);
cela donne

$$P^2 = al.\ al.\ al \ldots \ldots al.\ al.\ al. = (al)^n,$$

et en extrayant les racines carrées,

$$P = \sqrt{(al)^n}.$$

284. THÉORÈME. — *Pour calculer la somme des termes*
d'une progression géométrique limitée, on multiplie le
dernier terme par la raison; on retranche ce produit du

premier terme; *on divise le reste par l'excès de l'unité sur la raison.*

Soit une progression géométrique de n termes, ayant pour raison q,

$$\div a:b:c:d:\ldots\ldots:h:k:l;$$

par définition, on a les égalités

$$b=aq, \ c=bq, \ldots \ k=hq, \ l=kq,$$

dont la somme membre à membre donne

$$b+c+\ldots\ldots+k+l=(a+b+c+\ldots\ldots+h+k)\, q.$$

Maintenant, S désignant la somme cherchée, le premier membre de cette égalité est égal à $S-a$, et la parenthèse qui est dans le second membre est $S-l$; de sorte que l'égalité peut s'écrire

$$S-a=(S-l)\, q=Sq-lq.$$

Si la raison q est plus petite que l'unité, Sq est plus petit que S, l et lq sont plus petits que a; faisant passer Sq dans le premier membre de l'égalité précédente, et a dans le second, il vient

$$S\,(1-q)=a-lq, \text{ et } S=\frac{a-lq}{1-q}.$$

Si q est plus grand que l'unité, on a

$$lq-a=S\,(q-1) \text{ et } S=\frac{lq-a}{q-1}.$$

Mais cette dernière formule et la précédente sont identiques, si l'on admet l'usage des nombres négatifs, puisque les deux termes de la première sont respectivement égaux à ceux de la seconde, et de signes contraires; on peut n'employer que la première pour tous les cas.

APPLICATIONS. — 1° Trouver la somme des termes de la progression

$$\div 2:4:8:16:32:64:128.$$

Dans ce cas, on a $l = 128$, $q = 2$, $a = 2$; par suite

$$S = \frac{128 \times 2 - 2}{2 - 1} = 254.$$

2° Même question pour la progression décroissante

$$\div \frac{1}{3} . \frac{2}{9} . \frac{4}{27} . \frac{8}{81} . \frac{16}{243}.$$

Alors $a = \frac{1}{3}$, $l = \frac{16}{243}$, $q = \frac{2}{3}$; donc

$$S = \frac{\frac{1}{3} - \frac{16}{243} \times \frac{2}{3}}{1 - \frac{2}{3}} = \frac{\frac{1}{3} - \frac{32}{729}}{\frac{1}{3}} = \frac{211}{243}.$$

285. Si a, l, q, désignent le premier terme, le n^e terme, et la raison d'une progression géométrique, la somme des n premiers termes de cette progression est, d'après ce qui précède, donnée par la formule

$$S = \frac{a - lq}{1 - q} = \frac{a}{1 - q} - \frac{lq}{1 - q};$$

le terme l étant remplacé par sa valeur aq^{n-1}, elle devient

$$S = \frac{a}{1 - q} - \frac{aq^n}{1 - q}.$$

Supposons maintenant que, la progression étant décroissante, le nombre n des termes dont on fait la somme croisse indéfiniment, le terme $\frac{aq^n}{1 - q}$ de cette somme diminue et tend vers zéro, car (n° 280) on peut le considérer comme le $(n+1)^e$ terme de la progression décroissante ayant $\frac{a}{1 - q}$ pour premier terme, et q pour raison. Par conséquent la somme S tend à devenir $\frac{a}{1-q}$; ce qu'on écrit

$$\lim S = \frac{a}{1-q}.$$

Ainsi, *la somme des* n *premiers termes d'une progression géométrique décroissante illimitée tend, si le nombre* n *croît indéfiniment, vers une limite égale au quotient du premier terme par l'excès de l'unité sur la raison.*

APPLICATIONS.— 1° La somme de tous les termes en nombre infini de la progression

$$\div \frac{1}{2} \cdot \frac{1}{4} \cdot \frac{1}{8} \cdot \frac{1}{16} : \cdots,$$

a pour valeur

$$\frac{\frac{1}{2}}{1-\frac{1}{2}} = \frac{\frac{1}{2}}{\frac{1}{2}} = 1.$$

2° La fraction périodique simple $0,434343\ldots$, peut être considérée comme la somme

$$\frac{43}{100} + \frac{43}{10000} + \frac{43}{1000000} + \cdots,$$

des termes en nombre infini de la progression géométrique décroissante ayant $\frac{43}{100}$ pour premier terme et $\frac{1}{100}$ pour raison ; elle est donc équivalente à

$$\frac{\frac{43}{100}}{1-\frac{1}{100}} = \frac{\frac{43}{100}}{\frac{99}{100}} = \frac{43}{99}.$$

Ce résultat est précisément celui que fournit la **règle** donnée en arithmétique.

EXERCICES.

1. Insérer 3 moyens arithmétiques entre 0 et 1.

Rép. La raison est $\frac{1}{4}$ ou 0,25; la progression est

$$\div 0:0,25:0,50:0,75:1$$

2. Le premier terme d'une progression arithmétique est $\frac{1}{2}$, sa

raison $\frac{1}{3}$; combien faut-il prendre de termes pour que leur somme

soit égale à 48 ?

Rép Il faut prendre 16 termes.

3. Une progression par différence a pour raison 6, pour dernier terme 30, et pour somme de ses termes 72 ; trouver le premier terme et le nombre des termes.

Rép. Il y a deux solutions : 1° le premier terme est — 12, et le nombre des termes 8 ; 2° le premier terme est 18, et le nombre des termes 3.

4. Les trois côtés d'un triangle rectangle sont trois termes consécutifs d'une progression arithmétique dont la raison est 25 ; quels sont ces trois côtés?

Rép. 75, 100, 125.

5. Insérer 4 moyens géométriques entre les nombres 32 et 243, qui sont respectivement les 5ᵉˢ puissances de 2 et de 3.

Rép. La raison est $\frac{3}{2}$, et la progression

$$\div 32:48:72:108:162:243.$$

6. Trouver le dernier terme et le nombre des termes d'une progression arithmétique, connaissant le premier terme $\frac{1}{2}$, la raison $\frac{3}{2}$, la somme des termes 7475.

Rép. Le dernier terme est 149, et le nombre des termes est 100.

7. Un ouvrier gagne 1500 francs la 1ʳᵉ année ; on l'augmentera de 50 francs tous les ans. Combien gagnera-t-il la 6ᵉ année?

Rép. Il gagnera 1750 francs.

8. Dans une progression arithmétique, on connaît la raison $\frac{1}{3}$, le dernier terme $2 + \frac{5}{6}$, et la somme des termes $13 + \frac{1}{3}$; on demande le premier terme, et le nombre des termes.

Rép. Deux solutions : 1o Le nombre des termes est 10, et le premier terme $-\frac{1}{6}$; 2o le nombre des termes est 8, et le premier terme $\frac{1}{2}$.

9. Deux progressions arithmétiques ont respectivement pour premiers termes 42 et 16, pour raisons 3 et 5 ; combien faut-il prendre de termes dans chacune d'elles, le nombre étant le même dans les deux, pour avoir la même somme?

Rép. 27 termes. La somme des termes est de 162 dans chaque progression.

10. Un corps abandonné à lui-même à une certaine hauteur parcourt $4^m,9044$ pendant la première seconde de sa chute ; pendant la deuxième seconde, il parcourt 3 fois plus ; 5 fois plus pendant la troisième seconde, et ainsi de suite. Quel espace aura-t-il parcouru au bout de 10 secondes?

Rép. $490^m,44$.

11. Deux mobiles partent en même temps de deux points A et B, et marchent sur la droite AB dans un même sens, A poursuivant B ; le premier parcourt 1 m. dans la première minute, 3 m. dans la deuxième, 5 m. dans la troisième et ainsi de suite ; le second parcourt 3 m. dans la première minute, 4 m. dans la deuxième, 5 m. dans la troisième, et ainsi de suite. On demande après combien de minutes le mobile A atteindra le mobile B, sachant que la distance AB est de 75 mètres.

Rép. Après 15 minutes.

12. Une horloge ne sonne que les heures. Combien sonne-t-elle de coups en 12 heures?

Rép. Elle sonne 78 coups.

13. Trouver la somme des 80 premiers nombres impairs.

Rép. Cette somme égale 6400.

14. Trouver le dernier terme et la somme des termes d'une progression géométrique de 10 termes, dont le premier terme est 15, et la raison 2.

Rép. Le dernier terme est 7680, et la somme 15345.

15. Trouver la raison et la somme des termes d'une progression de 9 termes dont le premier est 16, et le dernier 6250000.

Rép. La raison est 5, la somme 7812496.

16. Un ballon contient 8 grammes d'air que l'on enlève au moyen d'une pompe dont la capacité est $\frac{1}{10}$ de celle du ballon. On demande le poids de l'air qui restera dans le ballon après 5 coups de piston.

Rép. Il restera 4^{gr},724 à un milligramme près. Les poids d'air restant dans le ballon après le 1er, le 2e..... coup de piston sont les termes d'une progression géométrique ayant $\frac{9}{10}$ pour raison, et $8 \times \frac{9}{10}$ pour premier terme.

17. Trouver la somme des 8 premiers termes de la progression géométrique ayant pour raison 2, et pour premier terme 2.

Rép. 510.

18. Un ouvrier place à la caisse d'épargne une somme de 20 fr., et chaque mois il place 5 fr. de plus que le mois précédent. Quelle somme a-t-il placée à la fin de l'année ?

Rép. 570 francs.

19. Les quatre fers d'un cheval sont maintenus à l'aide de 24 clous. Quel serait le prix de ce cheval, si on le payait à raison de un centime pour le 1er clou, 2 pour le 2e, 4 pour le 3e, et ainsi de suite en doublant toujours le nombre de centimes ?

Rép. 167772 fr. 75.

20. On construit le carré qui a pour sommets les milieux des côtés d'un carré donné ; on répète la même construction sur le second carré, puis sur le troisième, et ainsi de suite indéfiniment. Quelle est la somme des aires de tous ces carrés inscrits les uns dans les autres ?

Rép. Chaque carré est la moitié de celui dans lequel on l'inscrit ; donc si on prend pour unité de surface l'aire du carré donné, les aires des autres carrés seront $\frac{1}{2}, \frac{1}{4}, \frac{1}{8}, \ldots$ La somme de ces nombres, pris en nombre infiniment grand est 1 ; donc la somme des aires en question est égale à l'aire du premier carré.

21. Un propriétaire fait faire un puits à un maçon. Il doit lui donner 5 francs pour le premier mètre creusé, 8 pour le second, 11 pour le troisième, et ainsi de suite, en augmentant de 3 francs à chaque mètre. Combien le maçon recevra-t-il si le puits a 10 mètres de profondeur ?

Rép. 185 francs.

22. On a 10 fagots en ligne droite, à 3 mètres les uns des autres. Quel chemin faut-il parcourir pour réunir les autres, un à un, au premier ?

Rép. 720 mètres.

23. Partager le nombre 195 en trois parties qui forment une progression géométrique, et dont la troisième surpasse la première de 120.

Rép. Les parties sont 15, 45 et 135.

24. Des lampions sont disposés sur 20 rangs ; le premier rang contient un lampion, le second 2, le troisième 3, et ainsi de suite. Quel est le nombre total de ces lampions, et quel en est le prix, à 1 fr. 50 la douzaine ?

Rép. Il y a 210 lampions ; ils coûtent 26 fr. 25.

25. Les trois arêtes d'un parallélipipède rectangle forment une progression arithmétique dont la raison est 1, et si chaque arête avait 1 mètre de plus, le volume du parallélipipède augmenterait de 216 mètres cubes. Quelles sont les longueurs des trois arêtes ?

Rép. 7 mètres, 8 mètres, et 9 mètres.

26. Trouver trois nombres en progression arithmétique, tels que le premier soit au troisième comme 5 est à 9, et que la somme des trois soit 63.

Rép. 15, 21, 27.

27. Les angles d'un triangle forment une progression géométrique dont la raison est $\frac{1}{4}$; quels sont ces angles ?

Rép. 274° 17' 8", 57 ; 68° 34' 17", 14 ; 17° 8' 34", 29.

28. Quatre nombres forment une progression arithmétique dont la raison est 5 ; leur produit est 5616. Trouver ces nombres.

Rép. 1° 3, 8, 13, 18 ; 2° —18, —13, 8, —3.

CHAPITRE II.

Des logarithmes.

DÉFINITION DES LOGARITHMES.

286. Soient deux progressions indéfinies

$$\div 1 : q : q^2 : q^3 \ldots \ldots : q^n : \ldots \ldots,$$
$$\div o . r . 2r . 3r \ldots . nr \ldots \ldots,$$

l'une géométrique commençant par l'unité, l'autre arithmétique commençant par zéro ; chaque terme de la seconde est appelé *logarithme* du terme qui occupe le même rang dans la première.

L'ensemble des deux progressions constitue un *système de logarithmes* ; et, dans chaque système, le nombre qui a l'unité pour logarithme s'appelle *base* du système.

On voit que, par définition, dans tout système, le logarithme de l'unité est zéro.

287. Dans les calculs numériques, on emploie exclusivement le système de logarithmes défini par les deux progressions

(1)
$$\div 1 : 10 : 100 : 1000 : \ldots \ldots$$
$$\div o . 1 .. 2 \ldots . 3 . . ;$$

comme il a pour base le nombre 10, on le nomme *système décimal*, et les logarithmes eux-mêmes se nomment logarithmes *décimaux* ou *vulgaires*. Ce sont les seuls dont nous parlerons désormais.

A l'inspection des deux progressions (1), on reconnaît

immédiatement : 1° que les nombres et leurs logarithmes croissent en même temps ; 2° qu'une puissance de 10 a pour logarithme un nombre entier égal au nombre des zéros qu'elle contient.

288. La définition ci-dessus assigne des logarithmes seulement aux puissances de 10 ; il nous faut encore définir le logarithme d'un nombre quelconque, positif et plus grand que l'unité.

D'abord, si entre les termes successifs des deux progressions (1) nous insérons un même nombre m de moyens, nous formerons (nos 274 et 281) deux nouvelles progressions

(2)
$$\div 1 : q : q^2 : q^3 : \ldots \ldots : q^n : \ldots \ldots$$
$$\div 0 . r . 2r . 3r . \ldots \ldots nr \ldots ,$$

dont les raisons ont pour valeurs $q = \sqrt[m+1]{10}$, et $r = \dfrac{1}{m+1}$;

chaque terme de la nouvelle progression arithmétique sera encore dit le *logarithme* du terme occupant le même rang dans la nouvelle progression géométrique.

Cela posé, soit N un nombre quelconque, positif et plus grand que l'unité.

1° Si, en choisissant convenablement le nombre m des moyens considérés plus haut, N fait partie de la progression géométrique (2), son logarithme est le terme de même rang dans la progression arithmétique correspondante.

2° Si, quel que soit le nombre m des moyens, N ne peut jamais être introduit dans la progression géométrique, il sera compris entre deux termes de cette progression, q^n et q^{n+1} par exemple ; on dit alors que son logarithme est compris entre les deux termes de la progression arithmétique nr et $(n+1)r$, logarithmes de q^n et q^{n+1}.

Ce logarithme est parfaitement déterminé. Car lorsque m est suffisamment grand, les deux termes q^n et q^{n+1} diffèrent entre eux (n° 281) d'une quantité aussi petite que possible ; le nombre N qui est compris entre eux diffère encore moins de chacun d'eux, et il est leur limite commune ; en même temps la différence des deux termes nr et $(n+1)r$ de la progression arithmétique tend (n° 274) vers zéro, de sorte que ces deux nombres ont une limite commune, qui est le logarithme de N. On se sert, pour le désigner, de la notation $\log$ N ; et on voit que si l'on prend pour sa valeur, soit nr, soit $(n+1)r$, on commet une erreur moindre que r.

PROPRIÉTÉS DES LOGARITHMES.

289. THÉORÈME. — *Le logarithme d'un produit de plusieurs facteurs est égal à la somme des logarithmes de ces facteurs.*

Ainsi, a, b, c, étant trois facteurs d'un produit, on a

$$\log abc = \log a + \log b + \log c.$$

1° Si les nombres a, b, c, font partie de la progression géométrique (2), on peut les représenter par $q^n, q^m,$ et q^p ; leur produit est alors $q^n \times q^m \times q^p$, ou bien q^{n+m+p}. Ce produit est un terme de la progression géométrique, et a pour logarithme $(n+m+p)r$, ou bien $nr + mr + pr$, c'est-à-dire la somme des logarithmes de q^n, q^m, et q^p.

2° Si les nombres a, b, c, ne font pas partie de la progression géométrique, on peut trouver trois termes a', b', c', de cette progression, qui en diffèrent très-peu ; et l'on a, par ce qui précède,

$$\log a'b'c' = \log a' + \log b' + \log c';$$

mais le premier membre de cette égalité diffère aussi peu qu'on le veut de $\log abc$, et le second de

$\log a + \log b + \log c$; ces deux dernières quantités ne peuvent donc avoir entre elles aucune différence.

COROLLAIRES. — 1º *Le logarithme d'un quotient plus grand que l'unité est égal au logarithme du dividende, moins celui du diviseur.*

Soit $\dfrac{a}{b}$ le quotient proposé; on a, par définition,

$$\frac{a}{b} \times b = a,$$

donc, en appliquant le théorème ci-dessus,

$$\log \frac{a}{b} + \log b = \log a, \quad \text{et} \quad \log \frac{a}{b} = \log a - \log b.$$

2º *Le logarithme d'une puissance d'un nombre est égal au logarithme de ce nombre, multiplié par le degré de la puissance.*

Ainsi, l'on a

$$\log a^m = m \log a.$$

En effet, a^m est le produit de m facteurs égaux à a; son logarithme, qui est la somme des logarithmes de tous ses facteurs, se compose donc de m fois le logarithme de a.

3º *Le logarithme d'une certaine racine d'un nombre est égal au logarithme de ce nombre, divisé par l'indice de la racine.*

On a, par exemple,

$$\log \sqrt[m]{a} = \frac{\log a}{m}.$$

En effet, par définition,

$$\left(\sqrt[m]{a} \right)^m = a;$$

donc, d'après le corollaire précédent,

$$m \log \sqrt[m]{a} = \log a, \quad \text{et} \quad \log \sqrt[m]{a} = \frac{\log a}{m}.$$

290. CARACTÉRISTIQUE. — D'après la définition, les puissances de 10 étant les seuls nombres qui aient pour logarithmes des nombres entiers, tous les autres nombres ont pour logarithmes des nombres décimaux, dont la partie entière se nomme *caractéristique* du logarithme.

291. THÉORÈME. — *La caractéristique du logarithme d'un nombre contient autant d'unités qu'il y a de chiffres moins un à la partie entière de ce nombre.*

En effet, les nombres dont la partie entière n'a qu'un chiffre étant compris entre 1 et 10, leurs logarithmes sont compris entre zéro et 1, et ont zéro pour caractéristique; les nombres dont la partie entière a deux chiffres étant compris entre 10 et 100, leurs logarithmes sont compris entre 1 et 2, et ont 1 pour caractéristique; en général, les nombres dont la partie entière a $(m+1)$ chiffres étant compris entre 10^m et 10^{m+1}, leurs logarithmes sont compris entre m et $m+1$, et leur caractéristique est m.

Ainsi les nombres 842 et 842,75 ont des logarithmes dont la caractéristique est 2; le logarithme 3,24265 correspond à un nombre dont la partie entière contient 4 chiffres.

292. THÉORÈME. — *Lorsqu'on multiplie ou divise un nombre par 10^n, la caractéristique du logarithme augmente ou diminue de n unités, et la partie décimale reste la même.*

En effet, d'après ce qui a été démontré au n° 288

$$\log (a \times 10^n) = \log a + \log 10^n;$$

mais le logarithme du 10^n est n, donc

$$\log (a \times 10^n) = \log a + n.$$

De même, si 10^n est moindre que le nombre a,

$$\log \frac{a}{10^n} = \log a - \log 10^n = \log a - n.$$

Or, n est un nombre entier, donc dans les deux cas la caractéristique seule est changée, et augmente ou diminue de n ; la partie décimale reste la même.

Ainsi, le logarithme de 3627 est 3,55955; on en conclut

$$\log 36270 \quad = 4,55955$$
$$\log 362700 = 5,55955$$
$$\log 362,7 \quad = 2,55955$$
$$\log \; 36,27 \; = 1,55955$$
$$\log \quad 3,627 = 0,55955$$

DISPOSITION ET USAGE DES TABLES.

293. Les tables de logarithmes ne contiennent que les logarithmes des nombres entiers; car, pour avoir le logarithme d'une fraction comme $\frac{41}{25}$, en se rappelant que

$$\log \frac{41}{25} = \log 41 - \log 25,$$

il suffira de chercher les logarithmes des nombres entiers 41 et 25, et de retrancher le second du premier.

Nous ne nous occuperons ici que de la table de Lalande, qui contient avec 5 décimales exactes les logarithmes de tous les nombres entiers depuis 1 jusqu'à 10000.

294. DISPOSITION DE LA TABLE. — Chaque page est divisée par des doubles traits en 3 colonnes verticales; et chacune de celles-ci est partagée en 3 autres : la première à gauche, intitulée *Nomb.*, contient les nombres entiers consécutifs écrits les uns sous les autres; la seconde, intitulée *Logarith.*, contient, en face de chacun de ces nombres, son logarithme; la troisième, intitulée D (*différence*), contient des nombres écrits sur des lignes intermédiaires à celles des logarithmes, et qui représentent les différences entre deux logarithmes consécutifs, c'est-à-dire le nombre d'unités du cinquième ordre décimal qu'il faut ajouter à chaque logarithme pour avoir le suivant. Ces différences ne sont marquées qu'à partir du logarithme de 990.

Dans cette table sont marquées les caractéristiques; on n'y fera pas attention, puisqu'on les connaît immédiatement à l'inspection seule des nombres.

295. USAGE DE LA TABLE. — Pour faire un calcul par logarithmes, il faut savoir résoudre les deux problèmes suivants.

PROBLÈME I. — *Étant donné un nombre, trouver son logarithme.*

On commencera toujours par écrire la caractéristique; pour cela on comptera les chiffres de la partie entière du nombre donné, et on retranchera une unité du nombre de ces chiffres. Ensuite on cherchera dans la table la partie décimale du logarithme.

1° Le nombre donné est entier et moindre que 10000; on le trouve dans la table, et son logarithme est écrit à côté. Ainsi, on a immédiatement

$$\log 9 = 0,15424; \quad \log 993 = 2,28556; \quad \log 9775 = 3,99012.$$

2° Le nombre est décimal, mais moindre que 10000 quand on supprime la virgule. On opère alors comme si la virgule n'existait pas, ce qui ne change pas la partie décimale du logarithme, puisque cela revient à multiplier le nombre par une puissance de 10; on est alors ramené au cas précédent. Soit, par exemple, 19,35 le nombre donné; il n'a que 2 chiffres à la partie entière, donc la caractéristique du logarithme est 1; ce logarithme a même partie décimale que celui du nombre 1935 qui est 100 fois plus grand que 19,35, et qui est dans la table; donc

$$\log 19{,}35 = 1{,}28668.$$

3° Le nombre, abstraction faite de la virgule s'il est décimal, est plus grand que 10000. En le multipliant ou le divisant par une puissance convenable de 10, on le ramène à être compris entre 1000 et 10000 ; puis on cherche la partie décimale du logarithme de ce nouveau nombre, puisqu'elle est la même (n° 291, page 270) que celle du logarithme cherché.

Soit 54753,5 le nombre donné. Il y a 5 chiffres à la partie entière, donc la caractéristique du logarithme est 4; la partie décimale est la même que dans le logarithme du nombre 10 fois plus petit 5475,35. On cherche 5475 dans la colonne des nombres, et on trouve à côté, dans la colonne des logarithmes, la partie décimale 73838 ; dans la colonne D on trouve 8 unités du 5e ordre pour différence entre les logarithmes de 5476 et de 5475. Maintenant le logarithme de 5475,35 surpasse celui de 5475 ; pour savoir de combien, on admet, ce qui est sensiblement vrai, qu'à partir de 1000, les accroissements d'un nombre sont proportionnels à ceux de son logarithme, et l'on dit : si on ajoutait 1 à 5475, on devrait ajouter 8 unités du 5e ordre à son logarithme; si on ajoute seulement, 0,35 à 5475, on ajoutera à son logarithme les 0,35 de 8 unités du 5e ordre, ou 2,8 de ces unités. Comme 2,8 est plus près de 3 que de 2, on force le chiffre des unités et on prend 3; on agit ainsi toutes les fois que le chiffre des dixièmes est supérieur à 5. Le logarithme cherché est donc

$$\log 54753{,}5 = 4{,}73838 + 0{,}00003 = 4{,}73841.$$

Soit encore donné le nombre 2,87435. Le logarithme

a zéro pour caractéristique, et même partie décimale que le logarithme du nombre 1000 fois plus grand 2874,35. Dans la table, au nombre 2874 correspond la partie décimale 45849 du logarithme, et la *différence tabulaire* correspondante est 15; on dira donc : si à 2674 on ajoutait 1, le logarithme augmenterait de 15 (unités du 5e ordre), si on ajoute seulement 0,35 le logarithme augmentera de 15 × 0,35 ou 5,25 (unités du 5e ordre). Comme dans les logarithmes on néglige les unités du 6e ordre décimal, le logarithme demandé est

$$\log 2,87435 = 0,45849 + 0,00005 = 0,45854.$$

Voici comment on dispose le calcul :

$$\log 2,874 \quad \ldots\ldots 0,45849$$
$$35 \ldots\ldots\ldots\ldots 5$$
$$\overline{\log 2,87435 \quad = \quad 0,45854.}$$

296. PROBLÈME II. — *Un logarithme étant donné, trouver le nombre correspondant.*

La caractéristique faisant connaître seulement combien il y a de chiffres à la partie entière du nombre cherché, on en fait d'abord abstraction; puis on cherche dans la partie de la table comprise entre 10000 et 1000, la partie décimale du logarithme donné. Deux cas peuvent se présenter :

1° Si la partie décimale donnée se trouve écrite dans la table (colonne des logarithmes), on lit en face à gauche les chiffres du nombre correspondant; puis au moyen d'une virgule, ou de zéros placés à la droite de ces chiffres, on fait en sorte d'avoir une partie entière qui contienne autant de chiffres plus un qu'il y a d'unités à la caractéristique.

Supposons que la partie décimale du logarithme donné soit 72165; on lit en face, dans la table, le nombre 5268.

Donc $3,72165 = \log 5268$;

$0,72165 = \log 5,268$; $6,72165 = \log 5268000$.

2° Soit maintenant $4,49214$ le logarithme donné; la caractéristique 4 montre que la partie entière du nombre cherché se compose de 5 chiffres. La partie décimale ne se trouvant pas dans la table, on cherche, colonne des logarithmes, le nombre immédiatement inférieur à 49214; c'est 49206 qui correspond au nombre 3105; la différence tabulaire est 14, et la différence entre la partie décimale donnée et celle de la table est 8. D'après cela, si l'excès du logarithme donné sur celui de la table était de 14 unités du 5e ordre, le nombre cherché surpasserait 3105 de 1, et serait 3106; si l'excès était seulement de une unité du 5e ordre, le nombre surpasserait 3105 de $\dfrac{1}{14}$ seulement; mais l'excès est réellement de 8 unités du 5e ordre, donc le nombre cherché surpasse 3105 de $\dfrac{8}{14}$ ou de $0,57$. Les chiffres du nombre cherché sont donc 310557, et le nombre est lui-même $31055,7$.

Ordinairement, on dispose ainsi le calcul :

$$\log \text{donné} \ \ = 4,49214\ldots$$
$$\log \text{tabulaire}\ldots\ldots06\ldots3105$$
$$\overline{\hspace{3.5cm}8\ldots\ldots57}$$

Nombre cherché $31055,7$.

Au logarithme tabulaire on n'a point écrit les chiffres qui sont déjà dans le logarithme donné.

On verrait de même que

$1,49214 = \log 31,0557$; $7,49214 = \log 31055700$.

Considérons encore le logarithme $2,54329$. La partie décimale de la table, qui est immédiatement inférieure à celle de ce logarithme, est 54320, et elle correspond au nombre 3493. La différence est 12, et celle des deux logarithmes considérés est 9; en raisonnant comme plus haut, on verrait que les chiffres du nombre cherché sont 349375, car $\frac{9}{12} = 0,75$. Ce nombre est donc 349,375.

USAGE DES CARACTÉRISTIQUES NÉGATIVES.

297. D'après les définitions données au commencement de ce chapitre, les nombres plus grands que l'unité ont seuls des logarithmes; mais on peut, à l'aide d'une convention très-simple, attribuer des logarithmes aux nombres moindres que l'unité, qu'on peut toujours supposer réduits en décimales.

Soit donné le nombre 0,000872; en transportant la virgule après la première décimale significative, c'est-à-dire en multipliant le nombre donné par 10000, on obtient le nombre 8,72 dont le logarithme est 0,94052. Or, on a démontré (n° 291) que, si l'on divise par 10000 un nombre plus grand que 10000, la partie décimale du logarithme n'est pas changée, la caractéristique seule est diminuée de 4 unités; on *convient* d'appliquer ce théorème au cas où le nombre n'est pas plus grand que 10000, et alors *le logarithme de* 0,0000872 *est, par convention, composé d'une caractéristique* — 4, *et d'une partie décimale positive* 0,94052. On l'écrit comme il suit :

$$\log 0{,}0000872 = \bar{4}{,}94052,$$

le signe — étant placé au-dessus de la caractéristique pour qu'on ne soit pas tenté de le faire porter sur la partie décimale.

Considérons encore le nombre 0,01875; en le multipliant par 100, on trouve le nombre 1,875 qui a pour logarithme 0,27300. Le logarithme du nombre proposé s'obtiendra donc en retranchant 2 de la caractéristique, ce qui donne

$$\log 0,01875 = \overline{2},27300.$$

En général, soit A un nombre décimal moindre que l'unité, et n le rang du premier chiffre significatif compté à partir de la virgule. En avançant celle-ci de n rangs vers la droite, ce qui revient à multiplier le nombre par 10^n, on obtient un nombre compris entre 1 et 10, et dont le logarithme a une caractéristique égale à zéro; pour revenir au logarithme du nombre A, il faut, par ce qui précède, conserver la même partie décimale, et diminuer de n unités la caractéristique, qui devient alors $-n$. Donc : *la caractéristique négative du logarithme d'un nombre moindre que l'unité est égale en valeur absolue au rang du premier chiffre significatif de ce nombre, après la virgule ; ou bien, au nombre des zéros, y compris celui des unités, qui précèdent ce chiffre significatif.*

298. Il est très-facile, d'après cela, de trouver dans une table le logarithme d'un nombre décimal moindre que l'unité, ou le nombre correspondant à un logarithme dont la caractéristique est négative.

1o Soit donné le nombre 0,8495. La caractéristique de son logarithme est -1 ; la partie décimale est celle du logarithme de 8495, c'est-à-dire 0,92916 d'après la table. On a donc

$$\log 0,8495 = \overline{1},92916.$$

2o Soit donné le logarithme $\overline{3},87512$. On trouve au moyen de la table 7501 pour nombre correspondant à la partie décimale de ce logarithme; mais d'après la caractéristique $\overline{3}$, le premier chiffre significatif du nombre doit être précédé de trois zéros, ce nombre est donc 0,007501.

299. Pour que les logarithmes à caractéristique négative soient utiles, il faut qu'on puisse les traiter comme les autres dans le calcul; nous allons démontrer que les propriétés démontrées au n° 288 s'étendent à ces logarithmes.

Par exemple, *le logarithme d'un produit est égal à la somme des logarithmes des facteurs, que ces facteurs soient plus grands ou plus petits que l'unité.*

1° Considérons d'abord un produit de deux facteurs, l'un plus grand et l'autre plus petit que l'unité, par exemple $13 \times 0,00253$. En multipliant par 1000 le second facteur pour le rendre plus grand que l'unité, on trouve le nombre $13 \times 2,53$ qui est 1000 fois plus grand que le produit donné, et pour lequel on a

$$\log 13 \times 2,53 = \log 13 + \log 2,53.$$

Maintenant, d'après la convention faite au n° 296, le logarithme du premier produit se déduit de celui du second, en en retranchant 3, ce qui donne

$$\log 13 \times 0,00253 = \log 13 + \log 2,53 - 3;$$

mais, par définition, $\log 2,53 - 3$ est le logarithme de 0,00253, donc enfin

$$\log 13 \times 0,00253 = \log 13 + \log 0,00253.$$

2° Soit maintenant un produit de facteurs plus petits que l'unité, $0,0013 \times 0,0253$. En multipliant le premier facteur par 1000 et le second par 100, pour les rendre plus grands que l'unité, on rend le produit 100000 fois plus grand; de sorte que son logarithme est égal à celui du nouveau produit moins le logarithme de 100000 ou 5, c'est-à-dire à

$$\log 1,3 \times 2,53 - 5 = \log 1,3 \times 2,53 - 3 - 2.$$

Mais, les deux facteurs du produit $1,3 \times 2,53$ étant plus grands que l'unité, on a

$$\log 1,3 \times 2,53 = \log 1,3 + \log 2,53,$$

et par suite

$$\log 0,0013 \times 0,0253 = (\log 1,3 - 3) + (\log 2,53 - 2) :$$

or, les deux différences $(\log 1,3 - 3)$ et $(\log 2,53 - 2)$ sont précisément les logarithmes de $0,0013$ et $0,0253$.

Le principe relatif au logarithme d'un produit étant vrai dans tous les cas, il en est de même des autres qui en sont des conséquences.

300. Les logarithmes à caractéristique négative étant la somme d'un nombre positif et d'un nombre négatif, leur calcul ne peut offrir aucune difficulté. Du reste, nous allons résoudre quelques questions où se présenteront de tels logarithmes.

APPLICATION DES LOGARITHMES.

301. PROBLÈME I. *Un bloc de fonte a la forme d'un parallélipipède rectangle dont les arêtes sont respectivement :* $0^m,568$, $1^m,615$ *et* $0,02739$. **On demande son poids, sachant que la densité de la fonte est de** $7,207$.

Le volume du bloc est en mètres cubes

$$0,568 \times 1,615 \times 0,02739 ;$$

le poids d'un corps étant le produit de son volume par sa densité, le poids cherché est, en milliers de kilogrammes,

$$P = 0,568 \times 1,615 \times 0,02739 \times 7,207.$$

On tire de là l'égalité

$$\log P = \log 0,568 + \log 1,615 + \log 0,02739 + \log 7,207,$$

puis, disposant les calculs comme en arithmétique, on écrit :

$$\log 0,568 \quad = \overline{1},75435$$
$$\log 1,615 \quad = 0,20817$$
$$\log 0,02739 = \overline{2},43759$$
$$\log 7,207 \quad = 0,85775$$
$$\log P = \overline{1},25786$$
$$\ldots\ldots 68 \ldots . 1810$$
$$18\ldots\ldots .75 ;$$

le nombre correspondant au logarithme $\overline{1},25786$ est $0,181075$; le poids demandé est donc $181^{kg},075$.

Pour faire la somme des logarithmes ci-dessus, on commence l'addition des parties décimales comme à l'ordinaire; arrivé à la colonne des dixièmes, on trouve 22, ce qui donne 2 pour le chiffre des dixièmes de la somme, et 2 unités pour la colonne des unités ; d'après la règle d'addition des nombres négatifs, on continue en disant : 2 et $\overline{1}$ donne 1 ; 1 et $\overline{2}$ donne $\overline{1}$; et on écrit $\overline{1}$ à la caractéristique.

302. PROBLÈME II.— *La longueur d' une circonférence est de 1 m. 75; trouver la longueur de son rayon. On prendra* $\pi = 3,1416$.

En désignant par R le rayon cherché, on sait que la longueur de la circonférence est égale à $2\pi R$; ce qui donne

$$1,75 = 2 \times 3,1416 \times R = 6,2832 \times R.$$

De cette égalité on tire

$$R = \frac{1,75}{6,2832}, \quad \text{et} \quad \log R = \log 1,75 - \log 6,2832.$$

$$\log \quad 1,75 = 0,24304$$
$$\log 6,2832 = 0,79818$$
$$\log R = \overline{1},44486$$
$$83. \ldots 2785$$
$$3\ldots\ldots 2$$

Le rayon est de $0^m,27852$.

On avait à retrancher d'un logarithme un autre plus grand ; la soustraction des parties décimales s'est faite sans difficulté ; arrivé à la partie entière, on avait à soustraire 1 de zéro, ce qui a donné le résultat négatif — 1 ; la caractéristique de log R a donc été $\overline{1}$.

303. PROBLÈME III. *Le volume d'un parallélipipède est de* $0^{mc},04612$; *sa hauteur est de* $0^m,0785$. ***Trouver la surface de sa base.***

En appelant S la surface cherchée, on a

$$0,04612 = S \times 0,0785, \quad \text{et} \quad S = \frac{0,04612}{0,0785};$$

on déduit de là

$$\log S = \log 0,04612 - \log 0,0785,$$
$$\log 0,04612 = \overline{2},66389$$
$$\log 0,0785 = \overline{2},89487$$
$$\log S = \overline{1},76902$$
$$S = 0^{mq},5875.$$

Pour effectuer la soustraction, on commence par les parties décimales, comme à l'ordinaire, et la soustraction des dixièmes donne 1 de retenue à reporter sur les unités ; on a alors à retrancher $\overline{1}$ de $\overline{2}$, et le résultat est $\overline{1}$, d'après la règle de soustraction des nombres négatifs.

304. PROBLÈME IV. — *Le côté d'un cube est de* $0^m,468$; *quel est son volume?*

En appelant V ce volume, on a

$$V = \overline{0,468}^3, \quad \text{et} \quad \log V = 3 \log 0,468$$
$$\log 0,468 = \overline{1},67025$$
$$\frac{3}{}$$
$$\log V = \overline{1},01075$$
$$\frac{\therefore \cdot \cdot 2 \qquad 1025}{3 \qquad 07}$$

on trouve $V = 0^{mc},102507$.

ALGÈBRE.

Ici on a multiplié un logarithme à caractéristique négative par 3, en multipliant d'abord la partie décimale et ensuite la caractéristique. La première partie faite comme à l'ordinaire, a donné la partie décimale du produit, et 2 unités de retenue ; la seconde partie a donné $\overline{3}$, et avec 2 de retenue, $\overline{1}$.

305. PROBLÈME V. — *Calculer le côté du cube équivalent à une sphère dont le rayon serait de 10 mètres. On* prendra $\pi = \dfrac{22}{7}$.

En appelant x le côté du cube, on doit avoir

$$x^3 = \frac{4}{3} \cdot \frac{22}{7} \cdot 10^3 = \frac{88}{21} \cdot 10^3 \; ;$$

on tire de là

$$x = 10 \sqrt[3]{\frac{88}{21}}, \quad \text{et} \quad \log x = \log 10 + \frac{\log 88 - \log 21}{3}.$$

$$\log 88 = 1{,}94448$$
$$\log 21 = 1{,}32222$$
$$\text{Différence} = 0{,}62226$$
$$\tfrac{1}{3}\text{ de la dif.} = 0{,}20742$$
$$\log 10 = 1{,}00000$$
$$\log x = 1{,}20742 ; \quad x = 16 \text{m.,126.}$$

306. PROBLÈME VI. — *Trouver la hauteur d'un cylindre ayant une capacité de un hectolitre, et dont la hauteur serait égale au diamètre de la base.*

Prenons pour unité de longueur le mètre, et par suite le mètre cube pour unité de volume, le cylindre aura alors une contenance de $\dfrac{1}{10}$ de mètre cube. Soit de plus x la hauteur cherchée, le rayon de la base sera $\dfrac{x}{2}$, la surface de cette base $\pi \dfrac{x^2}{4}$, et le volume du cylindre

$\pi \dfrac{x^2}{4} \times x$ ou $\pi \dfrac{x^3}{4}$. On a donc l'équation

$$\frac{\pi x^3}{4} = \frac{1}{10}, \quad \text{d'où} \quad x^3 = \frac{4}{10\pi} = \frac{2}{5\pi};$$

on tire de là

$$x = \sqrt[3]{\frac{2}{5\pi}}, \quad \text{et} \quad \log x = \frac{\log 2 - \log 5\pi}{3}.$$

$$
\begin{array}{ll}
\log 5 = 0{,}69897 & \log 2 = 0{,}30103 \\
\log \pi = 0{,}49715 & \log 5\pi = 1{,}19612 \\
\hline
\log 5\pi = 1{,}19612 & \log x^3 = \overline{1}{,}10491 \\
 & \log x = \overline{1}{,}70164 \\
 & \qquad\quad 58\ldots 5030 \\
 & \qquad\quad \overline{6.\ldots\ldots 7}
\end{array}
$$

La hauteur est $x = 0^m{,}50307$.

Pour diviser par 3 le logarithme $\overline{1}{,}10491$ on rend d'abord sa caractéristique divisible par 3, en augmentant de 2 sa valeur absolue, ce qui la rend égale à -3; mais le logarithme se trouvant ainsi diminué de 2 unités, il faut augmenter de ce même nombre la partie décimale, de sorte qu'on a à diviser par 3 le logarithme

$$-3 + 2{,}10491 ;$$

en divisant chaque partie par 3, on obtient

$$-1 + 0{,}70164 \quad \text{ou} \quad \overline{1}{,}70164.$$

EXERCICES.

1. Trouver les logarithmes des nombres : 1° 4875 ; 2° 32478 ; 3° 82526,45 ; 4° 6,75 ; 5° 0,0314159.

Rép. 1º 3,68797; 2º 4,51159; 3º 5,91659; 4º 0,82930; 5º $\overline{2}$,49715.

2. Trouver les nombres correspondant aux logarithmes : 1º 2,45056; 2º 8,79456; 3º 1,49816; 4º 0,57923; 5º $\overline{1}$,89211; 6º $\overline{3}$,21984.

Rép. 1º 282,20; 2º 623100000; 3º 31,489; 4º 3,7952; 5º 0,78003; 6º 0,0016589.

3. Calculer par logarithmes les deux expressions suivantes :

$$1º \; \frac{\sqrt[3]{0,047} \times (0,038)^4}{(0,0091)^3 \times \sqrt{0,0057}}; \qquad 2º \; \sqrt[3]{\frac{0,0254837}{\pi\sqrt{5}}}.$$

Rép. 1º 13,126; 2º 0,15365.

4. Quelle est, en mètres, la longueur du pendule qui bat 1 seconde à Paris ?

Rép. 0 m.,993825. On a la formule $t = \pi\sqrt{\dfrac{l}{g}}$; d'où $l = \dfrac{gt^2}{\pi^2}$: ici $t = 1$, $g = 9$ m.,8088.

5. Trouver les valeurs de x et de y qui satisfont aux équations :

$$\log x^3 + \log y^2 = \overline{1},45708 \text{ et } \log x - \log y = 0,23002.$$

Rép. En se rappelant que $\log x^3 = 3\log x$, $\log y^2 = 2\log y$, on a deux équations qui donnent $\log x = \overline{1},98342$ et $\log y = \overline{1},75340$; par suite $x = 0,96254$ et $y = 0,56676$.

6. Résoudre les deux équations :

$$x^2 + y^2 = 29, \quad \log x + \log y = 1$$

Rép. De $\log x + \log y = \log xy$, on a $\log xy = 1$; mais 1 est le logarithme de 10, donc $xy = 10$. On connaît alors le produit 10 de x et y, et la somme 29 de leurs carrés; on a donc $x = 2$, $y = 5$.

7. La diagonale d'un rectangle est de 2ᵐ,45; un côté est double de l'autre. Calculer les côtés et la surface du rectangle.

Rép. En appelant x le plus petit côté, on a l'équation $5x^2 = \overline{2,45}^2$; d'où $x = \dfrac{2,45}{\sqrt{5}}$, et $\log x = \log 2,45 - \dfrac{1}{2}\log 5$; $x = 1,0957$. L'autre côté est 2,1914; la surface 2 m. q. 401.

8. Calculer le rayon d'un cercle équivalent à un triangle dont la base est 62 m.,3295 et la hauteur 18 m.,9673.

Rép. Le rayon est 13 m.,717. On se rapellera que l'aire d'un triangle égale la moitié du produit de sa base par sa hauteur, et que celle du cercle égale le produit de π par le carré du rayon.

9. Quelle est la surface d'un cercle dont le rayon est 7 m.,34896?

Rép. 169 m. q.,67.

10. On a deux cercles concentriques dont les rayons sont 7 m.,5 et 2 m., 8; on mène par le centre O de ces deux cercles deux rayons OA et OB faisant entre eux un angle de 37°. On demande de calculer la surface de la partie AB A'B' du plan comprise entre les deux rayons et les circonférences des deux cercles.

Rép. 15 m. q.,63. La couronne comprise entre les deux circonférences a pour surface

$$\pi\left(\overline{7,5}^2 - \overline{2,8}^2\right) = \pi\,(7,5 + 2,8)(7,5 - 2,8) = \pi \times 10,3 \times 4,7;$$

la portion considérée e   ale à $\dfrac{\pi \times 10,3 \times 4,7 \times 37}{360}$.

11. Quel diamètre faut-il donner à une chaudière dont la forme est un cylindre terminé par deux hémisphères, pour que, sa longueur étant quadruple de ce diamètre, la capacité de la chaudière soit de 45 hectolitres?

Rép. Un diamètre de 1 mètre., 16. En appelant x le diamètre, on a l'équation $\dfrac{11}{12}\,\pi x^3 = 4,5$.

12. Un cylindre a pour volume 1 litre; sa hauteur est double du diamètre de la base. On demande les dimensions de ce cylindre.

Rép. La hauteur est de 172 millim., et le diamètre de 86 millim.

13. Un cube a 1 mètre de côté. Quel est le rayon de la sphère qui aurait même volume.

Rép. Le rayon est de 0 m. 62035.

14. Trouver le rayon d'une sphère dont le volume serait de 12 mètres cubes.

Rép. C'est 1 m. 4.

15. Trouver le poids d'une sphère en argent massif dont le rayon serait égal à 0 m. 4832. La densité de l'argent est 10,47.

Rép. 4949 kilogr. 85. Il faut se rappeler que le poids d'un corps
est égal à son volume multiplié par sa densité.

16. Trouver le nombre et la somme des termes d'une progression géométrique dont le premier terme est 12, le dernier 12288, et
la raison 4.

Rép. Le nombre des termes est 6, et la somme 16380.

17. Une progression géométrique a pour premier terme 10, pour
raison 8, et pour somme 46870. Trouver son dernier terme et le
nombre des termes.

Rép. Le dernier terme est 40960, et le nombre des termes 5.

18. Un souverain voulant récompenser Sessa, l'inventeur du jeu
d'échecs, celui-ci demanda : un grain de blé pour la 1re case,
2 grains pour la 2e, 4 grains pour la 3e, et ainsi en doublant jusqu'à
la 64e case. Combien demandait-il de grains de blé ?

Rép. Ce nombre est égal à la somme des 64 premiers termes de
la progression géométrique ayant 2 pour premier terme et pour
raison ; c'est donc $2^{64} - 1$. On voit par logarithmes que c'est
184466 suivi de 14 autres chiffres, ou un nombre plus grand que
184466 suivi de 14 zéros!

Or, un hectare ne produit guère que 458000 grains de blé, il
aurait donc fallu plus de 400 billions d'hectares, ou plus de 8 fois
la surface entière du globe pour produire ce que demandait Sessa.
Cela équivaut à 141 milliards de francs, somme environ 12 fois plus
grande que la richesse monétaire du monde entier.

CHAPITRE III

Intérêts composés et annuités.

DES INTÉRÊTS COMPOSÉS

307. Lorsqu'on place une somme d'argent, si, au lieu de toucher chaque année les intérêts échus, on les ajoute au capital pour produire à leur tour des intérêts, c'est-à-dire si on *capitalise* les intérêts, on dit que la somme d'argent est placée à *intérêts composés*.

Il est clair qu'alors le capital et les intérêts échus augmentent tous les ans.

308. Cherchons ce que devient après un certain temps un capital placé à intérêts composés, c'est-à-dire la somme obtenue en ajoutant à ce capital les intérêts produits pendant le temps considéré.

Soit a le capital, n le nombre d'années du placement, et i le taux pour 100 fr. par an ; l'intérêt annuel de 100 fr. étant i, celui de 1 fr. est $\dfrac{i}{100}$, nous le représenterons par r pour abréger.

D'après cela, 1 fr. rapportant un intérêt r dans un an, a fr. rapportent ar dans le même temps ; de sorte qu'après un an, le capital a devient $a + ar$, ou bien, en mettant a en facteur commun, $a(1+r)$. Ainsi, pour obtenir ce que devient un capital après une année de placement, il suffit de le multiplier par $(1+r)$.

Le capital qui produit des intérêts pendant la deuxième année est alors $a(1+r)$, et il devient, au bout de cette deuxième année, $a(1+r)(1+r)$ ou $a(1+r)^2$.

En continuant ainsi, nous ferions voir que le capital *a* devient $a(1+r)$, $a(1+r)^2$, $a(1+r)^3$,..., $a(1+r)^n$, après 1, 2, 3,...,*n*, années de placement.

Si donc A représente la valeur du capital à la fin de la *n*ᵉ année, nous pourrons poser la formule

(1) $$A = a(1 + r)^n.$$

309. Cette formule exprime la relation qui existe entre les quatre quantités suivantes : le capital placé *a*, sa valeur finale A, le taux *r*, la durée du placement *n*. Elle peut servir à déterminer une quelconque d'elles, quand on connaît les trois autres ; ce qui donne lieu à quatre problèmes distincts.

310. PROBLÈME I. — *Un capital a est placé à intérêts composés à r pour 1 fr. par an trouver sa valeur au bout de n années.*

C'est la question que nous venons de résoudre ; l'inconnue A est donnée immédiatement par la formule (1). Prenant les logarithmes des deux membres de cette formule, nous aurons

$$\log A = \log a + n \log (1 + r).$$

EXEMPLE. — *On place 3000 fr. à intérêts composés à 5 o/o par an ; combien retirera-t-on au bout de 6 ans ?*

On a ici : $a = 3000$, $r = \dfrac{5}{100} = 0,05$, et $n = 6$; donc

$$\log A = \log 3000 + 6 \log (1,05).$$

$$\begin{aligned}
\log 3000 &= 3,47712 \\
6 \log 1,05 &= 0,12714 \qquad\qquad A = 2400,30. \\
\hline
\log A \ \ &= 3,60426
\end{aligned}$$

On retirera 4020 fr. 30.

311. PROBLÈME II.—*Quel capital, placé à intérêts composés au taux r, acquiert une valeur A après n années ?*

De la formule (1) on tire

$$a = \frac{A}{(1+r)^n},$$

et en prenant les logarithmes des deux membres de cette égalité

$$\log a = \log A - \log(1+r)^n = \log A - n \log(1+r).$$

EXEMPLE. — *Quelle somme faut-il placer à intérêts composés à 6 o/o par an pour avoir 25000 fr. au bout de 10 ans ?*

Dans ce cas particulier, $A = 25000$, $n = 10$, $r = 0,06$; donc

$$\log a = \log 25000 - 10 \log 1,06.$$

$$\log 25000 = 4,39794$$
$$10 \log 1,06 = 0,25310 \qquad a = 13958,40$$
$$\overline{\log a \quad\quad = 4,14484}$$

Il faut placer 13958 fr. 40.

312. PROBLÈME III. — *A quel taux faut-il placer un capital* a *à intérêts composés, pour avoir une somme* A *au bout de* n *années ?*

Ici l'inconnue est r; or la formule (1) donne

$$(1+r)^n = \frac{A}{a}, \quad \text{d'où} \quad 1+r = \sqrt[n]{\frac{A}{a}}.$$

Prenant les logarithmes des deux membres de la dernière égalité,

$$\log(1+r) = \frac{\log \dfrac{A}{a}}{n} = \frac{\log A - \log a}{n}.$$

Le logarithme de $(1+r)$ étant connu, la table donnera le nombre correspondant; retranchant l'unité de ce

13

nombre, on aura r, et, en multipliant par 100, le taux cherché.

EXEMPLE. — *A quel taux faut-il placer 4500 fr. pour avoir* 10000 *fr. au bout de* 20 *ans, les intérêts étant composés?*

Les quantités A, a, n, étant égales respectivement à 10000, 4500, 20,

$$\log(1+r) = \frac{\log 10000 - \log 4500}{20}$$

$$
\begin{aligned}
\log 10000 &= 4{,}00000 \\
\log 4500 &= 3{,}65418 \\
\hline
& 0{,}34582
\end{aligned}
$$

$$\log(1+r) = \frac{0{,}34582}{20} = 0{,}017291; \quad 1+r = 1{,}0406.$$

On déduit de là $r = 0{,}0406$; le taux est 100 fois plus grand, ou 4,06.

313. PROBLÈME IV. — *Combien d'années le capital* a, *placé à intérêts composés, mettra-t-il pour devenir* A?

L'inconnue est n. Or, la formule (1) donne, au moyen des logarithmes,

$$\log A = \log a + n\log(1+r), \quad \text{d'où} \quad n = \frac{\log A - \log a}{\log(1+r)}.$$

Nous supposons que la durée du placement est un nombre exact d'années, de sorte qu'il faut prendre seulement la partie entière du quotient indiqué dans le second membre.

EXEMPLE. — *On place* 6000 *fr. à intérêts composés à 5 o/o; dans combien de temps aura-t-on* 6945 *fr.* 80 ?

En supposant A = 6945,80 et a = 6000, r = 0,05 dans la formule qui donne n, on trouve

$$n = \frac{\log 6945,80 - \log 6000}{\log 1,05}.$$

$\log 6945,80 = 3,84172$ $\log 1,05 = 0,02119$
$\log 6000 \quad = 3,77815$

la différence $= 0,06357$ $n = \dfrac{0,06357}{0,02119} = 3.$

On aura 6945 fr. 80 dans trois ans.

314. Dans tout ce qui précède, nous avons supposé que le capital reste placé pendant un nombre entier d'années; s'il n'en est pas ainsi, les intérêts se capitalisent pendant le nombre entier d'années, puis le capital obtenu au bout de ce temps est placé à intérêts simples pendant la fraction d'année qui reste. Etablissons la formule générale correspondant à ce cas.

315. Il s'agit de résoudre cette question : *Un capital a est placé à intérêts composés pendant n années, et une fraction t d'année; qu'est-il devenu au bout de ce temps ?*

Si r désigne toujours le taux pour 1 franc, au bout de n années le capital devient $a(1+r)^n$, comme nous l'avons vu au n° 307. Ce capital, placé à un intérêt simple pendant le temps t, produit un intérêt de $a(1+r)^n \times rt$, et devient par suite

$$a(1+r)^n + a(1+r)^n \times rt = a(1+r)^n(1+rt);$$

de sorte qu'on a la formule

(2) $$A = a(1+r)^n(1+rt).$$

Faisons-en plusieurs applications.

316. PROBLÈME V. — *Que devient un capital de 7000 francs placé à intérêts composés à 4,50 o/o pendant 8 ans et 4 mois ?*

La formule (2) du n° précédent devient dans le cas actuel

$$A = 7000 (1,045)^8 \left(1 + \frac{4 \times 0,045}{12} \right).$$

Commençons par évaluer la somme $1 + \dfrac{4 \times 0,045}{12}$, qui est égale à 1,015; et nous aurons

$$A = 7000 (1,045)^8 \times 1,015.$$

Nous tirons de là

$$\log A = \log 7000 + 8 \log 1,045 + \log 1,015$$
$$\log 7000 = 3,84510$$
$$8 \log 1,045 = 0,15296$$
$$\log 1,015 = 0,00647$$
$$\log A = \overline{4,00453}$$
$$32 \quad 1010$$
$$\overline{21\ldots49}$$
$$A = 10104 \text{ fr. } 90.$$

Le capital est devenu 10104 fr. 90.

317. PROBLÈME VI. — *Au bout de combien de temps un capital de 1000 francs, placé à intérêts composés à 5 o/o est-il doublé ?*

Si dans la formule (1) du n° 307, on suppose $A = 2000$, $a = 1000$, $r = 0,05$, on obtient

$$2000 = 1000 \times \overline{1,05}^n, \quad \text{ou} \quad 2 = \overline{1,05}^n;$$

et en prenant les logarithmes,

$$\log 2 = n \log 1,05 \quad \text{et} \quad n = \frac{\log 2}{\log 1,05} = \frac{0,30103}{0,02119}.$$

En effectuant la division indiquée dans le second membre de la dernière égalité, on trouve 14,207; donc, pour que le capital soit doublé, il faut plus de 14 ans, et moins de 15 ans. Pour savoir combien il y a en plus de 14 ans, nous allons employer la formule (2) du n° 314, dans laquelle A, a, r et n étant connus, t seulement n'est pas connu. Cette formule devient, dans le cas actuel,

$$2000 = 1000 \times \overline{1,05}^{14} \times (1 + t \times 0,05),$$

ou

$$2 = \overline{1,05}^{14}(1 + t \times 0,05);$$

on en déduit

$$1 + t \times 0,05 = \frac{2}{1,05^{14}},$$

$$\log(1 + t \times 0,05) = \log 2 - 14 \log 1,05.$$

Effectuons les calculs :

$$\log 2 = 0,30103$$
$$14 \log 1,05 = 0,29666$$
$$\log(1 + t \times 0,05) = \overline{0,00437}$$

$$\frac{2 \quad 1010}{5 \dots 1}$$

$$1 + t \times 0,05 = 1,0101; \quad t \times 0,05 = 0,0101; \quad t = \frac{1,01}{5},$$

Ainsi t est une fraction d'année égale à $\frac{1,01}{5}$, ce qui fait 2 mois et 13 jours.

Le capital est donc doublé en 14 ans, 2 mois et 13 jours.

Si, au lieu d'opérer ainsi, on s'était contenté d'effectuer la division $\frac{0,30103}{0,02119}$, et de transformer le quotient en années, mois et jours, on aurait trouvé 14 ans, 2 mois et 14 jours; ce résultat ne diffère que de 1 jour du précédent, c'est pourquoi ordinairement on effectue simplement la division.

DES ANNUITÉS.

318. On appelle annuité une somme que l'on paye tous les ans pendant un certain nombre d'années, soit pour effectuer un placement, soit pour se libérer d'une dette et de ses intérêts.

319. PROBLÈME I. — *Une personne place au commencement de chaque année, et pendant* n *années consécutives, une même somme* a *à la caisse d'épargne. Combien recevra-t-elle à la fin de la* n^e *année ?*

Les caisses d'épargne payent les intérêts composés des sommes qui y sont déposées ; soit r le taux de l'intérêt pour 1 franc.

La somme a placée au commencement de la première année, restant pendant n années, deviendra à l'époque considérée, $a(1+r)^n$; la somme a placée au commencement de la deuxième année, restant $(n-1)$ années, deviendra $a(1+r)^{n-1}$; et ainsi de suite jusqu'à la dernière somme qui, restant seulement un an, deviendra $a(1+r)$.

La personne aura donc à recevoir, à la fin de la n^e année, une somme A donnée par la formule

$$A = a(1+r) + a(1+r)^2 + \ldots + a(1+r)^{n-1} + a(1+r)^n.$$

Mais le second membre est la somme des n premiers termes d'une progression géométrique ayant $a(1+r)$ pour premier terme, $(1+r)$ pour raison, et $a(1+r)^n$ pour dernier terme, il est donc égal (n° 283), à

$$\frac{a(1+r)^{n+1} - a(1+r)}{1+r-1}, \quad \text{ou} \quad \frac{a(1+r)[(1+r)^n - 1]}{r},$$

et on a définitivement

$$A = \frac{a(1+r)[(1+r)^n - 1]}{r}.$$

EXEMPLE. — Soit $a = 40, n = 10, r = 0,045$; alors

$$A = \frac{40 \times 1,045 \times (\overline{1,045}^{10} - 1)}{0,045} = \frac{40 \times 209 \, (\overline{1,045}^{10} - 1)}{9},$$

et, prenant les logarithmes,

$$\log A = \log 40 + \log 209 + \log (\overline{1,045}^{10} - 1) - \log 9.$$

Commençons par calculer $\overline{1,045}^{10} - 1$, et pour cela $\overline{1,045}^{10}$; la table donne

$$\log 1,045 = 0,01912$$
$$\log \overline{1,045}^{10} = 10 \log 1,045 = 0,19120;$$

le nombre correspondant est $1,5538$; donc

$$1,045^{10} - 1 = 0,5538.$$

Puis

$$\log \quad 40 = 1,60206$$
$$\log \quad 209 = 2,32015$$
$$\log 0,5538 = \overline{1},74335$$
$$\text{la somme des log} \ = 3,66556$$
$$\log 9 = 0,95424$$
$$\log A = 2,71132$$

le nombre correspondant est $A = 514,42$.

320. PROBLÈME II.— *Une personne emprunte* A *francs; quelle annuité doit-elle payer pour rembourser en* n *années cette dette et ses intérêts composés, le taux étant de* r *pour* 1 *fr. par an ?*

Soit a l'annuité cherchée. Si le débiteur acquittait sa dette en une seule fois, au bout des n années, il devrait payer à cette époque la somme A augmentée de ses intérêts composés, ou $A(1 + r)^n$. En payant a à la fin de la première année, il aura à payer en moins à l'époque en question cette somme a et ses intérêts composés pendant $(n - 1)$ années, ou $a(1 + r)^{n-1}$; de même la seconde annuité diminuera la somme à payer au bout de la n^e année, de a plus ses intérêts composés pendant $(n-2)$ années, ou de $a(1+r)^{n-2}$; et ainsi de suite. Mais lorsque le débiteur payera la dernière annuité il ne devra plus rien; donc la somme $A(1+r)^n$ à payer à la fin de la n^e année doit être égale à la somme de toutes les diminutions qu'elle a subies; ce qui donne

$$A(1+r)^n = a + a(1+r) + \ldots + a(1+r)^{n-2} + a(1+r)^{n-1}.$$

Le second membre de cette égalité est la somme des termes d'une progression géométrique ayant a pour premier terme, $(1+r)$ pour raison, $a(1+r)^{n-1}$ pour dernier terme; il est donc égal à

$$\frac{a(1+r)^{n-1}(1+r) - a}{1+r-1} = a\frac{(1+r)^n - 1}{r};$$

de sorte que

$$A(1+r)^n = a\frac{(1+r)^n - 1}{r}.$$

De cette formule on déduit facilement

$$a = \frac{Ar(1+r)^n}{(1+r)^n - 1}.$$

Cette dernière formule contenant quatre quantités A, a, r, n, peut servir à résoudre quatre problèmes distincts, selon que l'une ou l'autre de ces quantités est l'inconnue. Nous en résoudrons deux seulement.

321. PROBLÈME III.—*Une personne achète une maison 14000 fr.; quelle annuité devra-t-elle payer pour acquitter sa dette en 7 ans? Elle paye les intérêts à 5 o/o par an.*

Faisons dans la formule trouvée plus haut, $A = 14000$, $n = 7$, et $r = 0,05$; nous aurons pour l'annuité cherchée

$$a = \frac{14000 \times 0,05 \times \overline{1,05}^7}{\overline{1,05}^7 - 1} = \frac{700 \times \overline{1,05}^7}{\overline{1,05}^7 - 1}$$

et en prenant les logarithmes,

$$\log a = \log 700 + \log \overline{1,05}^7 - \log(\overline{1,05}^7 - 1).$$

Calculons d'abord $\overline{1,05}^7$ au moyen des logarithmes :

$$\log 1,05 = 0,02119$$
$$\log \overline{1,05}^7 = 7 \log 1,05 = 1,04833;$$

le nombre correspondant est $1, 4071$; donc

$$\overline{1,05}^7 - 1 = 0,4071.$$

Achevons le calcul :

$$\log 700 \qquad = 2,84510$$
$$\log \overline{1,05}^7 \qquad = 0,14833$$
la somme des log $\qquad = 2,99343$
$$\log(\overline{1,05}^7 - 1) = \bar{1},60970$$
$$\log a \qquad = \bar{3},38373$$
$$64\ldots2419$$
$$9 \qquad 5$$

On a donc $a = 2419$ fr. 50.

322. PROBLÈME IV. *Une personne a emprunté 50000 fr. à 4 o/o par an, et ne peut disposer que d'une annuité de 4000 fr. Dans combien de temps aura-t-elle payé sa dette?*

L'inconnue étant n, tirons de la formule des annuités,

$$a(1+r)^n - a = Ar(1+r)^n, \quad \text{puis} \quad (a-Ar)(1+r)^n = a,$$

et enfin

$$(1+r)^n = \frac{a}{a-Ar};$$

13.

puis prenons les logarithmes, nous aurons

$$n = \frac{\log a - \log (a - Ar)}{\log (1 + r)}.$$

Dans le cas actuel, A=50000, a=4000, r=0,04; par suite Ar=2,000, et a—Ar=2,000. Donc

$$n = \frac{\log 4000 - \log 2000}{\log 1,04}.$$

$$\log 4000 = 3,60205$$
$$\log 2000 = 3,30103$$
$$\text{Différence} = \overline{0,30103}$$
$$\log 1,04 = 0,01703;$$

par suite,

$$n = \frac{0,30103}{0,01703} = \frac{30103}{1703}.$$

On trouve en nombre rond $n = 17$ ans.

EXERCICES.

1. Que deviennent 11058 fr. 20 au bout de 6 ans, à intérêts composés à 5 o/o ?

Rép. 14819 fr. 50.

2. Avant de partir pour un voyage de circumnavigation, un officier de marine place à la Banque, à intérêts composés à 5 o/o, une somme de 6000 fr. Son voyage dure 4 ans ; combien la Banque lui doit-elle à son retour ?

Rép. Elle lui evra 7293 francs.

3. A quel taux faut-il placer un capital à intérêts composés pour qu'au bout de 37 ans il soit quintuplé ?

Rép. A 4,44 o/o.

4. Au bout de combien de temps une somme de 12000 fr., placée à intérêts composés à 5 o/o par an, vaudra-t-elle 18000 fr.?

Rép. Au bout de 8 ans, 3 mois 21 jours.

5. Pendant combien de temps faut-il placer une somme de 24000 fr. à intérêts composés à 5,5 o/o par an, pour avoir 389484 fr. 70 ?

Rép. Pendant 52 ans et 19 jours.

6. Quelle est la somme qui, placée pendant 9 ans à 5 o/o par an, vaudrait 45000 francs ?

Rép. 29006 francs.

7. Quel est le capital qui, placé aujourd'hui à 4,5 o/o par an, vaudra dans 10 ans 452837 francs ?

Rép. 291594 francs.

8. A quel taux faut-il placer 3870 fr. pour qu'au bout de 3 ans on ait 4609 fr. 23 ?

Rép. A 6 o/o.

9. On place 100000 fr. à 4,5 o/o ; au bout de la première année ce capital est devenu 104500 fr. ; on en retranche 2000 fr. et on fait la même opération pendant 20 années. On demande quel est le montant du capital après le prélèvement de l'annuité 2000 fr. pendant les 20 ans.

Trouver la formule générale de ce problème.

Rép. 78450 francs ; $a(1+r)^n - b\dfrac{(1+r)^n - 1}{r}$, a étant le capital primitif, b l'annuité prélevée tous les ans.

10. Un homme prévoyant place chaque année 500 fr. à raison de 5 o/o, et les intérêts sont composés. Quelle somme obtiendra-t-il au bout de 20 ans ?

Rép. 17252 francs.

11. Une commune fait un emprunt de 1,000,000 de francs. Quelle annuité devra-t-elle payer pour se libérer en 29 ans de cet emprunt et de ses intérêts composés, le taux étant de 5 o/o par an ?

Rép. 66045 francs.

12. Une personne a placé annuellement, pendant 30 ans, chez un banquier, une somme de 300 francs qui se capitalise avec les intérêts. Combien lui devra le banquier un an après le versement de la dernière annuité ?

Rép. 17498 francs.

13. Une personne a droit à une annuité a payable en un nom-

bre n d'années, c'est-à-dire qu'un premier payement a devrait être fait dans un an à dater d'aujourd'hui, un second payement égal dans 2 ans, et ainsi de suite jusqu'au dernier payement qui serait fait à la fin de la n^e année ; le débiteur désire acquitter sa dette moyennant une annuité plus forte a' payable en un nombre d'années moindre n'. On demande : 1° une formule donnant le rapport $\frac{a'}{a}$; 2° la même formule simplifiée quand on suppose $n = 2n'$.

Rép. 1° En appelant A la somme empruntée, on a (n° 319, problème II), $a = \dfrac{Ar(1+r)^n}{(1+r)^n-1}$, $a' = \dfrac{Ar(1+r)^{n'}}{(1+r)^{n'}-1}$; et, par suite $\dfrac{a'}{a} = \dfrac{(1+r)^{n'}}{(1+r)^n} \times \dfrac{(1+r)^n-1}{(1+r)^{n'}-1}$. 2° Quand $n = 2n'$, de ce que $(1+r)^{2n'}$ est le carré de $(1+r)^{n'}$, on obtient $\dfrac{a'}{a} = \dfrac{(1+r)^{n'}+1}{(1+r)^{n'}}$.

FIN DE L'ALGÈBRE.

TRIGONOMÉTRIE.

CHAPITRE I

DÉFINITIONS ET FORMULES DIVERSES.

OBJET DE LA TRIGONOMÉTRIE.

1. La *trigonométrie* a pour objet de *résoudre* les triangles, c'est-à-dire de trouver par le calcul les valeurs numériques des côtés et des angles, quand on a des données suffisantes.

La géométrie enseigne à construire un triangle au moyen de données qui le déterminent, et il est facile ensuite de mesurer les côtés et les angles avec une règle divisée et un rapporteur ; mais les instruments employés, équerre, compas, rapporteur, etc., n'étant jamais parfaits, on n'obtient ainsi que des résultats peu précis. La trigonométrie permet de résoudre les mêmes problèmes par le calcul, et elle fournit les valeurs des inconnues avec un degré d'exactitude très-suffisant.

ÉVALUATION DES LONGUEURS ET DES ANGLES.

2. Pour appliquer le calcul à la résolution des triangles, il faut d'abord savoir représenter numériquement les côtés et les angles d'un triangle; et ensuite connaître les relations qui existent entre ces éléments.

Les valeurs numériques des côtés s'obtiennent en mesurant ces côtés avec une même unité de longueur, qui est habituellement le *mètre*.

On évalue les angles en les comparant à un même angle pris pour unité, le *degré,* qui est la 90° partie de l'angle droit. Chaque degré se subdivise en 60 *minutes,* et chaque minute en 60 *secondes ;* les angles moindres qu'une seconde s'évaluent en fraction décimale de la seconde. Par exemple, un angle peut contenir 54 degrés, 18 minutes, 15 secondes et 25 centièmes de seconde ; ce qu'on écrit

$$54^\circ \quad 18' \quad 15'',25.$$

On démontre en géométrie que la mesure d'un angle est la même que la mesure de l'arc compris entre ses côtés sur la circonférence décrite de son sommet comme centre avec un rayon quelconque, pourvu toutefois que l'unité d'arc soit l'arc de cette circonférence qui est compris entre les côtés de l'unité d'angle. Aussi nous arrivera-t-il souvent de considérer, au lieu d'un angle, l'arc qui a même mesure.

DÉFINITION DES LIGNES TRIGONOMÉTRIQUES.

3. Les relations qui existent entre les côtés et les angles d'un triangle étant très-compliquées, on en établit seulement entre les côtés et certaines quantités, appelées *lignes trigonométriques,* dont la valeur dépend de celle des angles. Ce sont ces quantités que nous allons d'abord étudier.

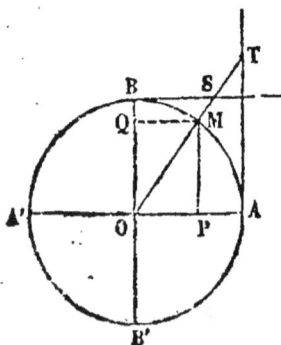
Fig. 1.

4. Soit AOM un angle, qui est représenté sur la figure 1 s'il est aigu, sur la figure 2 s'il est obtus. De son sommet O, comme centre, avec un rayon quelconque, décrivons une circonférence de cercle, sur laquelle il intercepte un arc AM ; nous désignerons, pour abréger, par *a,* le nombre qui exprime la mesure de l'angle et de l'arc. Nous supposerons aussi, dans ce qui va suivre, que le rayon du cercle soit pris pour unité de longueur.

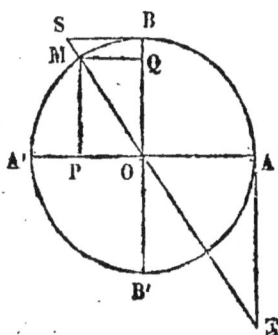

5. Le *sinus* de l'angle AOM, ou de l'arc AM, est la longueur de la perpendiculaire MP abaissée d'une des extrémités de l'arc sur le diamètre passant par l'autre extrémité. C'est ce que l'on exprime en écrivant

$$MP = \sin a.$$

Fig. 2.

6. La *tangente* du même angle est la longueur de la portion AT de la tangente menée au cercle par une des extrémités A de l'arc, et comprise entre cette extrémité et le rayon OM qui passe par l'autre extrémité ; cette longueur doit être précédée du signe + ou du signe — , selon que AT est au-dessus ou au-dessous du diamètre AA'.

Ainsi, quand l'angle est aigu (fig. 1), on écrit

$$\operatorname{tg} a = AT ;$$

et, quand l'angle est obtus (fig. 2),

$$\operatorname{tg} a = - AT.$$

7. La *sécante* est la longueur de la droite OT qui va du centre à l'extrémité de la tangente, prise avec le signe + ou le signe — , suivant que le point M se trouve sur cette longueur ou sur son prolongement.

Ainsi, l'on a (fig. 1),

$$OT = \sec a,$$

et puis (fig. 2)

$$- OT = \sec a.$$

8. On nomme *cosinus, cotangente* et *cosécante* d'un angle ou d'un arc, le *sinus*, la *tangente* et la *sécante* de son complément. Ainsi, *a* désignant un angle ou un arc,

$90°-a$ désignera le complément ; de sorte qu'on a, par définition,

$$\cos a = \sin (90^0 - a),\ \mathrm{cotg}\ a = \mathrm{tg}\ (90^0 - a),$$
$$\mathrm{coséc}\ a = \mathrm{séc}\ (90^0 - a).$$

Si l'angle a est aigu, comme AOM (fig. 1), en menant le diamètre BB' perpendiculaire à AA' on obtient son complément BOM, qui a pour sinus, pour tangente et pour sécante, d'après ce qui précède, les longueurs MQ, BS et OS; mais la figure MQPO étant un rectangle, MQ = OP. On a donc alors

$$OP = \quad a,\quad BS = \mathrm{cotg}\ a,\quad OS = \mathrm{coséc}\ a.$$

Si l'angle est obtus, comme OAM (fig. 2), il est égal à un angle droit augmenté de BOM, ou diminué de l'angle négatif —BOM ; c'est cet angle négatif que l'on regarde comme le complément de l'angle considéré. Mais alors, les longueurs BS et OP étant comptées à droite de BB', il faudra les prendre avec le signe — pour avoir la tangente et le sinus de ce complément, c'est-à-dire la cotangente et le cosinus de l'angle AOM ; la longueur OS contenant le point M sera elle-même la cosécante. De sorte que l'on a dans ce cas,

$$-OP = \cos a,\quad -BS = \mathrm{cotg}\ a,\quad OS = \mathrm{coséc}\ a.$$

9. Il suit de là que :

1° Le *cosinus* d'un angle ou d'un arc est la distance du centre au pied du sinus, prise avec le signe + ou le signe —, suivant que cette distance est comptée sur le côté OA de l'angle ou sur son prolongement.

2° La *cotangente* est la longueur de la tangente menée au cercle par le point B, comprise entre ce point et le prolongement du rayon OM, cette longueur étant prise avec le signe + ou le signe —, suivant qu'elle est à droite ou à gauche du diamètre BB'.

3° La *cosécante* est la distance du centre à l'extrémité de la cotangente.

10. Il résulte de ce qui précède que les lignes trigonométriques d'un angle sont des nombres qu'on obtient en mesurant certaines lignes avec une unité égale au rayon de la circonférence décrite du sommet de l'angle comme centre ; en d'autres termes, ce sont les rapports de ces lignes au rayon. Il importe de remarquer que ces rapports dépendent seulement de l'angle, et nullement du rayon qui a été choisi.

En effet, considérons un angle, et de son sommet A comme centre, avec deux rayons différents, décrivons les arcs de cercle BM, B'M', (fig. 3) ; puis abaissons les perpendiculaires MP, M'P', sur le côté ABB'.

Les triangles AMP, AM'P' étant semblables donnent les deux égalités

$$\frac{MP}{AM} = \frac{M'P'}{\quad}, \quad \frac{AP}{AM} = \frac{AP'}{AM'} ;$$

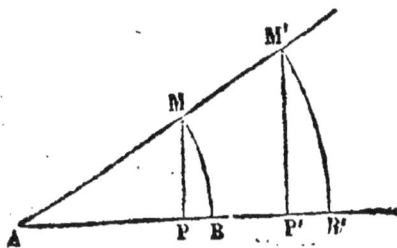

Fig. 3.

en d'autres termes, le sinus et le cosinus de l'angle considéré ont la même valeur quel que soit le rayon du cercle décrit de son sommet comme centre.

On démontrerait tout aussi facilement que les autres lignes trigonométriques de l'angle ont la même valeur quel que soit ce rayon

VARIATIONS DES LIGNES TRIGONOMÉTRIQUES.

11. Examinons maintenant comment varient les lignes trigonométriques d'un angle quand il croît depuis zéro jusqu'à deux angles droits.

12. Lorsque le côté OM de l'angle est couché sur

l'autre côté OA, l'angle est nul, et le point M coïncide avec le point A.

Le sinus et la tangente d'un pareil angle sont évidemment nuls.

Le cosinus étant la distance entre le centre et le pied du sinus est alors égal à OA ou l'unité; il en est de même de la sécante.

La cotangente est la portion de la tangente en B comprise entre ce point et son point de rencontre avec OM prolongé; mais ce rayon coïncidant avec OA, les deux lignes sont parallèles, on dit qu'elles se rencontrent à une distance infiniment grande, et la cotangente est *infinie*; il en est de même de la cosécante.

On résume ce qui précède en écrivant :

$$\sin 0° = 0, \quad \text{tg } 0° = 0, \quad \text{séc } 0° = 1,$$
$$\cos 0° = 1, \quad \text{cotg } 0° = \infty, \quad \text{coséc } 0° = \infty.$$

13. Si le côté OM, tournant autour du point O, s'élève graduellement jusqu'à ce que l'angle AOM devienne droit, il engendre des angles de plus en plus grands; les sinus, tangente, et sécante de ces angles croissent sans cesse; les cosinus, cotangente, et cosécante décroissent en même temps. On s'en assure facilement en construisant les lignes trigonométriques de quelques-uns de ces angles.

14. Lorsque OM atteint la position OB, l'angle est droit. Le sinus est alors BO ou l'unité; le cosinus, étant la distance entre le centre O et le pied P du sinus, est nul.

La tangente est infinie, puisque le rayon OB prolongé est parallèle à la tangente en A; il en est de même de la sécante.

La cotangente est nulle; et la cosécante est égale à OB ou à l'unité.

On peut donc écrire :

$$\sin 90^0 = 1, \quad \text{tg } 90^0 = \infty, \quad \text{séc } 90^0 = \infty,$$
$$\cos 90^0 = 0, \quad \text{cotg } 90^0 = 0, \quad \text{coséc } 90^0 = 1.$$

15. Si le rayon OM continue son mouvement autour du point O, l'angle devient obtus (fig. 2).

Le sinus va en diminuant ; et le cosinus, qui est négatif, augmente en valeur absolue.

La tangente et la cotangente deviennent négatives ; la première a d'abord une valeur absolue infiniment grande, qui diminue ; la seconde augmente en valeur absolue.

La sécante, négative, et d'abord infiniment grande, diminue en valeur absolue ; la cosécante augmente.

16. Enfin, quand OM atteint la position OA', il a décrit un angle égal à deux angles droits, ou à 180°. On trouve facilement

$$\sin 180^0 = 0, \quad \text{tang } 180^0 = 0, \quad \text{séc } 180^0 = -1,$$
$$\cos 180^0 = -1, \quad \text{cotg } 180^0 = -\infty, \quad \text{coséc } 180^0 = \infty.$$

ANGLES CORRESPONDANT A UNE LIGNE TRIGONOMÉTRIQUE DONNÉE.

17. Quand un angle est donné, toutes ses lignes trigonométriques sont déterminées ; inversement, un angle est déterminé, sauf un cas d'exception, quand on connaît une de ses lignes trigonométriques.

18. Supposons qu'on donne le sinus d'un angle. Décrivons une circonférence ayant pour rayon l'unité de longueur, puis traçons deux diamètres rectangulaires AA' et BB' (fig. 4) ; puis, sur le rayon OB, prenons une longueur OQ égale au sinus donné, et enfin menons par le point Q une parallèle MM' à AA'. Les deux arcs AM et

AM′, et par suite les deux angles AOM et AOM′ ont respectivement pour sinus les longueurs MP et M′P′ égales à OQ; et ce sont les seuls.

Ainsi, à un sinus donné, correspondent deux angles, et on voit de suite par la figure qu'ils sont supplémentaires.

19. Supposons maintenant qu'on donne un cosinus, et qu'il soit positif. Après avoir tracé une circonférence, comme au n° précédent (fig. 4), prenons sur OA une longueur OP égale à ce cosinus, et menons une parallèle PM à BB′; l'arc AM, et par suite l'angle AOM aura bien le cosinus donné.

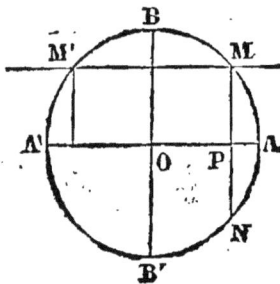

Si le cosinus avait été négatif, on aurait pris une longueur OP′ égale à la valeur absolue de ce cosinus, sur le prolongement OA′, de OA; cela aurait donné l'angle AOM′.

Fig. 4.

Ainsi, à un cosinus, correspond un angle seulement, il est aigu ou obtus, suivant que le cosinus est positif ou négatif.

20. Étant donnée une tangente, que nous supposerons positive, voici comment on obtient l'angle correspondant. Après avoir tracé une circonférence ayant pour rayon l'unité de longueur, et un diamètre AA′, par le point A on mène une tangente à cette circonférence; on prend, au-dessus du diamètre AA′ une longueur AT égale à la tangente donnée, et on joint le point T au centre O. L'angle AOM a bien la tangente donnée; et c'est le seul, car un angle plus grand ou plus petit aurait une tangente plus grande ou plus petite.

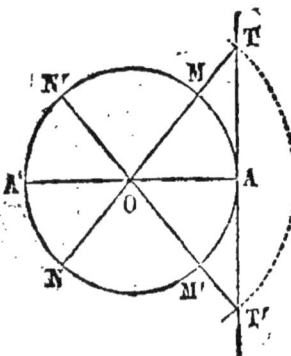

Fig. 5.

tangente plus grande ou plus petite.

Si la tangente était négative, on la porterait en AT′ (fig. 5), au-dessous de AA′; ce qui donnerait un angle obtus AON′.

21. Enfin, si c'est une cotangente qui est donnée, sur une tangente menée par le point B (fig. 6) à la circon-

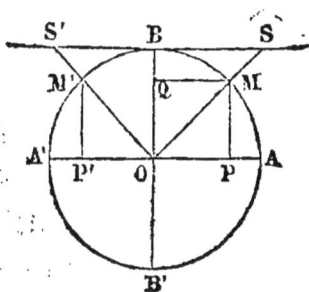

férence, nous prendrons une longueur égale à cette cotangente, en BS à droite de B si elle est positive, ou en BS′ à gauche si elle est négative; puis nous joindrons l'extrémité de cette longueur au centre. Nous aurons ainsi, dans le premier cas, l'angle aigu AOM, et dans le second l'angle obtus AOM′, ayant la cotangente donnée.

Fig. 6

22. Nous ne parlons pas du cas où l'on donnerait une sécante; il ne se présentera jamais dans la suite.

LIGNES TRIGONOMÉTRIQUES DE DEUX ANGLES SUPPLÉMENTAIRES.

23. Deux angles sont dits *supplémentaires* quand leur somme est égale à deux angles droits, ou 180°; et chacun d'eux se nomme le *supplément* de l'autre. Il suit de là que si a désigne un angle, 180° — a représente son supplément.

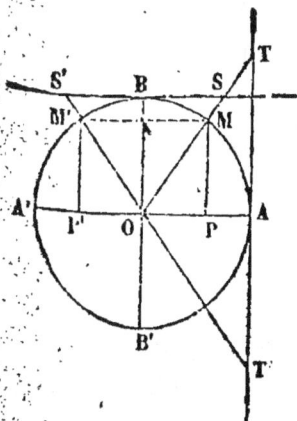

Ainsi, les deux angles AOM, A′OM (fig. 7) sont supplémentaires.

24. THÉORÈME. — *Deux angles supplémentaires ont leurs lignes trigonométriques de même nom égales et de signes contraires, excepté leurs sinus qui sont égaux et de mêmes signes.*

Fig. 7.

En effet par le point M (fig. 7), menons MM′ parallèle

à AA′; les deux arcs A′M et AM′ étant égaux, il en est de même des angles A′OM et AOM′, qui les interceptent. L'angle AOM′ est donc, comme A′OM, supplémentaire de l'angle AOM; construisons ses lignes trigonométriques.

1° Les deux triangles rectangles OMP, OM′P′, sont égaux comme ayant leurs hypoténuses OM et OM′ égales, et leurs angles aigus MOP et M′OP′ égaux; donc on a

$$MP = M'P', \quad OP = OP';$$

mais MP et M′P′ sont les sinus de l'angle AOM et de son supplément AOM′; de même, OP et —OP′ sont les cosinus de ces mêmes angles. Donc, les sinus sont égaux et de mêmes signes, les cosinus sont égaux et de signes contraires.

2° Les deux triangles AOT et AOT′ sont égaux comme ayant un côté égal adjacent à deux angles égaux chacun à chacun; le côté OA est commun, les angles en A sont droits, les angles AOT et AOT′ sont égaux. On en conclut que

$$AT = AT', \quad OT = OT'.$$

mais AT et OT sont la tangente et la sécante de l'angle AOM,—AT′ et —OT′ sont la tangente et la sécante de son supplément; donc, les tangentes des deux angles, comme leurs sécantes, sont égales et de signes contraires.

3° Enfin, les deux triangles BOS et BOS′ sont égaux pour la même raison que les précédents; ce qui donne

$$BS = BS', \quad OS = OS'.$$

On conclurait encore de là que les cotangentes de deux angles supplémentaires sont, comme leurs cosécantes, égales et de signes contraires.

Le théorème démontré se résume dans les égalités suivantes :

$$\sin(180^0 - a) = \sin a, \quad \text{tg}(180^0 - a) = -\text{tg} a,$$
$$\text{séc}(180^0 - a) = -\text{séc} a, \quad \cos(180^0 - a) = -\cos a,$$
$$\text{colg}(180^0 - a) = -\text{colg} a, \quad \text{coséc}(180^0 - a) = -\text{coséc} a.$$

RELATIONS ENTRE LES LIGNES TRIGONOMÉTRIQUES D'UN MÊME ANGLE OU D'UN MÊME ARC.

25. Il est facile de voir, au moyen d'une figure, que, si une ligne trigonométrique d'un angle est donnée, les cinq autres sont par cela même déterminées. Il doit donc exister entre les six lignes trigonométriques d'un même angle cinq relations distinctes ; il ne peut y en avoir davantage, car s'il y en avait six, de ces six équations on pourrait tirer les valeurs des six lignes trigonométriques d'un angle sans le connaître, ce qui est absurde.

Néanmoins, en combinant ces relations entre elles, on peut en déduire beaucoup d'autres, qui ne sont pas des relations nouvelles, mais des conséquences des précédentes ; comme dans un triangle rectangle, la relation $b^2 = a^2 - c^2$ est une conséquence de $a^2 = b^2 + c^2$.

26. Pour établir les relations en question, considérons d'abord un angle aigu AOM, que nous désignerons par a ; et menons ses lignes trigonométriques (fig. 8).

1° Le triangle rectangle OMP donne

$$\overline{OP}^2 + \overline{MP}^2 = \overline{OM}^2,$$

ou bien

$$1) \qquad \cos^2 a + \sin^2 a = 1,$$

$\sin^2 a$ et $\cos^2 a$ étant le carré de $\sin a$ et celui de $\cos a$.

2° Les deux triangles semblables OMP, OTA, donnent ensuite

$$\frac{AT}{MP} = \frac{OA}{OP} = \frac{OT}{OM},$$

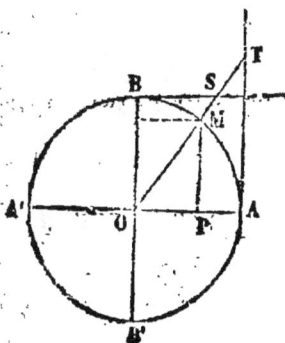

Fig. 8.

ou bien

$$\frac{\tang a}{\sin a} = \frac{1}{\cos a} = \frac{\sec a}{1};$$

d'où l'on déduit sans peine

(2) $\quad \tang a = \dfrac{\sin a}{\cos a},$ $\qquad$ (3) $\quad \sec a = \dfrac{1}{\cos a}$

3° Enfin, les deux triangles semblables OBS, OMP donnent

$$\frac{BS}{OP} = \frac{OB}{MP} = \frac{OS}{OM},$$

ou bien

$$\frac{\cotang a}{\cos a} = \frac{1}{\sin a} = \frac{\cosec a}{1};$$

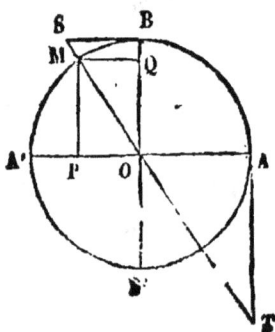

Fig. 9.

et de ces égalités on déduit

(4) $\quad \cotang a = \dfrac{\cos a}{\sin a},$

(5) $\quad \cosec a = \dfrac{1}{\sin a}.$

27. Les formules précédentes sont encore vraies pour un angle obtus, tel que AOM (fig. 9).

En effet, les considérations du n° précédent conduisent encore aux égalités

$$\overline{OP}^2 + \overline{MP}^2 = \overline{OM}^2, \quad \text{ou} \quad (-\overline{OP})^2 + \overline{MP}^2 = \overline{OM}^2,$$

$$\frac{AT}{MP} = \frac{OA}{OP} = \frac{OT}{OM}, \quad \text{ou} \quad \frac{-AT}{MP} = \frac{OA}{-OP} = \frac{-OT}{OM},$$

$$\frac{BS}{OP} = \frac{OB}{MP} = \frac{OS}{OM}, \quad \text{ou} \quad \frac{-BS}{-OP} = \frac{OB}{MP} = \frac{OS}{OM};$$

et si l'on observe que a désignant l'angle,

$$MP = \sin a, \quad -OP = \cos a, \quad -AT = \text{tang } a,$$

$$-BS = \text{cotang } a, \quad -OT = \text{séc } a, \quad OS = \text{coséc } a,$$

$$OA = 1, \quad OM = 1, \quad OB = 1,$$

ces égalités deviennent

$$\sin^2 a + \cos^2 a = 1,$$

$$\frac{\text{tang } a}{\sin a} = \frac{1}{\cos a} = \text{séc } a, \qquad \frac{\text{cotang } a}{\cos a} = \frac{1}{\sin a} = \text{coséc } a.$$

les mêmes qu'au n° précédent, on en déduit les mêmes relations entre les lignes trigonométriques.

28. On a souvent besoin de connaître le sinus et le cosinus d'un arc dont on connaît la tangente; on y arrive en résolvant les deux premières des relations précédentes

$$\sin^2 a + \cos^2 a = 1, \quad \text{tang } a = \frac{\sin a}{\cos a},$$

où tang a est connue, sin a et cos a sont deux inconnues.

De la seconde on tire

$$\sin a = \text{tang } a \cos a, \quad \text{puis} \quad \sin^2 a = \text{tang}^2 a . \cos^2 a ;$$

portant cette valeur dans la première, il vient

$$\text{tang}^2 a . \cos^2 a + \cos^2 a = 1, \quad \text{ou} \quad \cos^2 a (1 + \text{tang}^2 a) = 1,$$

et cette dernière équation ne contient plus que l'inconnue cos a. On en déduit

$$\cos^2 a = \frac{1}{1 + \text{tang}^2 a}, \quad \text{et} \quad \cos a = \frac{1}{\pm \sqrt{1 + \text{tang}^2 a}}.$$

Cette valeur, portée dans l'expression de sin a, donne

$$\sin a = \frac{\text{tang } a}{\pm \sqrt{1 + \text{tang}^2 a}}.$$

Bien que le radical entrant dans les expressions de $\sin a$ et $\cos a$ soit précédé du double signe $\pm$, il est bien entendu qu'un seul de ces signes devra être pris dans chaque cas particulier ; ce sera le signe $+$, si la tangente donnée est positive, car alors l'angle a étant aigu a un sinus et un cosinus positifs ; ce sera le signe $-$, si la tangente est négative, car l'angle a étant obtus, son sinus est positif et son cosinus est négatif.

Si l'on voulait avoir aussi les valeurs de $\cotg a$, séc a, et coséc a, il faudrait se servir des formules (3), (4), (5), du n° 26. On aurait ainsi

$$\text{cotang } a = \frac{\cos a}{\sin a} = \frac{1}{\pm\sqrt{1+\tang^2 a}} : \frac{\tang a}{\pm\sqrt{1+\tang^2 a}} = \frac{1}{\tg a};$$

$$\text{séc } a = \frac{1}{\cos a} = \pm\sqrt{1+\tang^2 a},$$

$$\text{coséc } a = \frac{1}{\sin a} = \frac{\pm\sqrt{1+\tang^2 a}}{\tang a}.$$

29. Les formules précédentes vont nous permettre de calculer les lignes trigonométriques de quelques arcs simples. Et d'abord, *le sinus d'un arc est la moitié de la corde d'un arc double.*

En effet, soit AM un arc, et MP son sinus (fig. 10). Le sinus étant prolongé jusqu'en M', le rayon OA se trouve être perpendiculaire sur la corde MPM' ; on sait qu'il partage cette corde et l'arc sous-tendu en deux parties égales. Ainsi MP est la moitié de la corde MM' qui sous-tend l'arc MAM' double de AM.

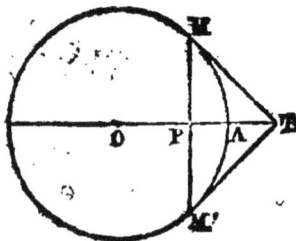
Fig. 10.

1° Cela posé, concevons que l'arc AM soit de 30°, l'arc MAM' sera de 60°, et la corde MM' sera le côté de l'hexagone régulier inscrit dans la circonférence ; on sait que ce côté est égal au rayon de la circonférence, qui est ici l'unité. On a donc

$$\sin 30^0 = \frac{1}{2}, \qquad \cos 30^0 = \sqrt{1 - \sin^2 30^0} = \frac{\sqrt{3}}{2};$$

puis

$$\tan 30^0 = \frac{\sin 30^0}{\cos 30^0} = \frac{1}{2} : \frac{\sqrt{3}}{2} = \frac{1 \times 2}{2 \times \sqrt{3}} = \frac{1}{\sqrt{3}} = \frac{\sqrt{3}}{3},$$

$$\cotan 30^0 = \frac{\cos 30^0}{\sin 30^0} = \frac{\sqrt{3}}{2} : \frac{1}{2} = \sqrt{3},$$

$$\sec 30^0 = \frac{1}{\cos 30^0} = 1 : \frac{\sqrt{3}}{2} = \frac{2}{\sqrt{3}} = \frac{2\sqrt{3}}{3},$$

$$\cosec 30^0 = \frac{1}{\sin 30^0} = 1 : \frac{1}{2} = 2.$$

2° Si l'arc AM est de 45°, la corde MM' est le côté du carré inscrit ou $\sqrt{2}$. On a donc

$$\sin 45^0 = \frac{\sqrt{2}}{2}, \quad \cos 45^0 = \frac{\sqrt{2}}{2}, \quad \tan 45^0 = 1,$$

$$\cotan 45^0 = 1, \quad \sec 45^0 = \frac{2}{\sqrt{2}} = \sqrt{2}, \quad \cosec 45^0 = \sqrt{2}.$$

3° Si l'arc AM est de 18°, la corde MM' est le côté de l'hexagone régulier inscrit, c'est-à-dire le plus grand segment du rayon divisé en moyenne et extrême raison; sa longueur est $\frac{\sqrt{5} - 1}{2}$. On a donc

$$\sin 18^0 = \frac{\sqrt{5} - 1}{4};$$

on en déduit

$$\cos 18^0 = \sqrt{1 - \frac{(\sqrt{5} - 1)^2}{16}} = \sqrt{1 - \frac{5 + 1 - 2\sqrt{5}}{16}} = \frac{\sqrt{10 + 2\sqrt{5}}}{4};$$

et par suite

$$\tan 18° = \frac{\sin 18°}{\cos 18°} = \frac{\sqrt{5}-1}{\sqrt{10+2\sqrt{5}}}, \quad \cot 18° = \frac{\sqrt{10+2\sqrt{5}}}{\sqrt{5}-1},$$

$$\sec 18° = \frac{1}{\cos 18°} = \frac{4}{\sqrt{10+2\sqrt{5}}}, \quad \csc 18° = \frac{1}{\sin 18°} = \frac{4}{\sqrt{5}-1}.$$

LIGNES TRIGONOMÉTRIQUES DE LA SOMME ET DE LA DIFFÉRENCE DE DEUX ANGLES.

30. PROBLÈME I.—*Connaissant les sinus et cosinus de deux angles, trouver le sinus et le cosinus de la somme et de la différence de ces angles.*

Soient a et b les deux angles donnés, b étant le plus petit des deux; supposons de plus que ces deux angles, ainsi que celui qui est égal à leur somme, soient des angles aigus.

Faisons l'angle AOB égal à a et l'angle BOC égal à b (fig. 11); puis du point C abaissons la perpendiculaire CQ sur OB, et prolongeons-la jusqu'en D; les deux angles BOC, BOD étant alors égaux à b, nous aurons :

$$AOC = a+b, \quad \text{et} \quad AOD = a-b.$$

Abaissons maintenant sur le rayon OA les perpendiculaires CR, BP, DS; nous aurons, d'après les définitions,

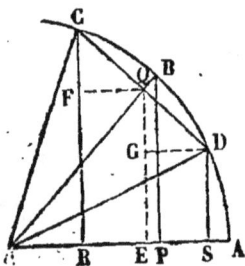
Fig. 11.

$$BP = \sin a, \quad OP = \cos a,$$
$$CQ = \sin b, \quad OQ = \cos b,$$

$$CR = \sin(a+b), \quad OR = \cos(a+b),$$
$$DS = \sin(a-b), \quad OS = \cos(a-b).$$

Enfin, menons la perpendiculaire QE sur OA, et les perpendiculaires DG, QF sur QE et CR; nous formerons ainsi deux triangles rectangles égaux CFQ, QGD, ce qui donnera CF $=$ QG, FQ $=$ GD.

Or, on voit sur la figure, que

$$\sin(a+b) = CR = QE+CF, \quad \sin(a-b) = DS = QE-CF,$$
$$\cos(a+b) = OR = OE-QF, \quad \cos(a-b) = OS = OE+QF;$$

le problème est donc ramené à la détermination des quatre longueurs QE, CF, OE, QF.

Les deux triangles semblables CFQ, OBP, donnent

$$\frac{CF}{OP} = \frac{CQ}{OB} = \frac{FQ}{BP}, \quad \text{ou} \quad \frac{CF}{\cos a} = \frac{\sin b}{1} = \frac{FQ}{\sin a};$$

de l'égalité des deux premiers rapports, on tire

$$CF = \cos a \sin b,$$

les deux derniers donnent

$$FQ = \sin a \sin b.$$

De même, les deux triangles semblables OQE, OBP, donnent

$$\frac{QE}{BP} = \frac{OQ}{OB} = \frac{OE}{OP}, \quad \text{ou} \quad \frac{QE}{\sin a} = \frac{\cos b}{1} = \frac{OE}{\cos a},$$

et l'on en déduit facilement

$$QE = \sin a \cos b, \quad OE = \cos a \cos b.$$

En portant ces quatres valeurs dans les expressions précédentes de $\sin(a+b)$, $\sin(a-b)$, etc., on obtient

(1) $\begin{cases} \sin(a+b) = \sin a \cos b + \cos a \sin b, \\ \cos(a+b) = \cos a \cos b - \sin a \sin b, \\ \sin(a-b) = \sin a \cos b - \cos a \sin b, \\ \cos(a-b) = \cos a \cos b + \sin a \sin b. \end{cases}$

Les formules (1) ayant été établies en supposant que les deux angles a et b sont aigus et ont une somme inférieure à 90°, il s'agit de démontrer qu'elles sont encore vraies : 1° Quand les deux angles, étant aigus, ont une somme supérieure à 90°; 2° quand l'un des angles est aigu, l'autre obtus, leur somme n'étant pas plus grande que 180°. Nous ne considérerons d'abord que les deux premières formules (1).

1° Soient a et b deux angles aigus ayant une somme plus grande que 90°; leurs compléments, que nous appellerons a' et b', étant donnés par les formules

$$a' = 90° - a, \quad b' = 90° - b$$

sont aussi des angles aigus, dont la somme

$$a' + b' = 180° - (a + b),$$

est moindre que 90°, puisque $a + b$ surpasse 90°.

Les formules en question s'appliquent donc aux angles a' et b', de sorte que l'on a

$$\sin(a' + b') = \sin a' \cos b' + \cos a' \sin b',$$
$$\cos(a' + b') = \cos a' \cos b' - \sin a' \sin b';$$

mais, de ce que $a' + b' = 180° - (a + b)$, les deux angles $a' + b'$ et $a + b$ sont supplémentaires, et l'on a (n° 24) $\sin(a' + b') = \sin(a + b)$, $\cos(a' + b') = -\cos(a + b)$; de plus, d'après les définitions,

$$\sin a' = \sin(90° - a) = \cos a, \quad \sin b' = \sin(90° - b) = \cos b,$$
$$\cos a' = \cos(90° - a) = \sin a, \quad \cos b' = \cos(90° - b) = \sin b,$$

les deux formules écrites plus haut deviennent donc

$$\sin(a + b) = \sin b \cos a + \cos b \sin a,$$
$$-\cos(a + b) = \sin a \sin b - \cos a \cos b,$$

et ne sont autre chose que les deux premières formules (1) appliquées aux angles a et b.

2° Supposons que, a désignant un angle obtus, et b un angle aigu, la somme $a + b$ ne soit pas supérieure à 180°.

Si a' désigne l'excès de a sur $90°$, on a

$$a = 90° + a', \quad \text{d'où } a' = a - 90°;$$

et alors les deux angles a' et b étant aigus, on peut leur appliquer les formules considérées, et écrire

$$\sin(a' + b) = \sin a' \cos b + \cos a' \sin b,$$
$$\cos(a' + b) = \cos a' \cos b - \sin a' \sin b,$$

ou bien, en remplaçant a' par sa valeur,

$$\sin(a - 90° + b) = \sin(a - 90°)\cos b + \cos(a - 90°)\sin b,$$
$$\cos(a - 90° + b) = \cos(a - 90°)\cos b - \sin(a - 90°)\sin b;$$

mais les angles

$$a - 90° + b, \text{ et } a - 90°,$$

ayant pour compléments respectifs

$$180° - (a + b) \text{ et } 180° - a,$$

on a les égalités

$$\sin(a - 90° + b) = \cos[180° - (a + b)] = -\cos(a + b),$$
$$\sin(a - 90°) = \cos(180° - a) = -\cos a,$$
$$\cos(a - 90° + b) = \sin[180° - (a + b)] = \sin(a + b);$$
$$\cos(a - 90°) = \sin(180° - a) = \sin a;$$

les deux formules ci-dessus deviennent alors

$$-\cos(a + b) = -\cos a \cos b + \sin a \sin b,$$
$$\sin(a + b) = \sin a \cos b + \cos a \sin b,$$

ce sont encore les deux premières formules (1) appliquées aux angles a et b.

3° Maintenant, si les deux premières formules (1) s'appliquent à deux angles quelconques a et b, il en est de même des deux autres. En effet, de ce que a est égal à la somme $(a - b) + b$, les formules dont nous venons de démontrer la généralité donnent

$$\sin a = \sin(a-b)\cos b + \cos(a-b)\sin b,$$
$$\cos a = \cos(a-b)\cos b - \sin(a-b)\sin b;$$

pour tirer de là les valeurs de $\sin(a-b)$ et $\cos(a-b)$, multiplions les deux membres de la première formule par $\cos b$, ceux de la seconde par $\sin b$, puis retranchons la seconde de la première, nous aurons

$$\sin a \cos b - \cos a \sin b = \sin(a-b) \times [\sin^2 b + \cos^2 b],$$

et comme (nº 25)

$$\sin^2 b + \cos^2 b = 1,$$

il vient

$$\sin a \cos b - \cos a \sin b = \sin(a-b),$$

c'est la troisième formule (1) appliquée aux angles a et b.

De même, multiplions les deux membres des deux formules respectivement par $\sin b$ et $\cos b$, puis ajoutons-les membre à membre, nous aurons

$$\sin a \sin b + \cos a \cos b = \cos(a-b),$$

c'est la quatrième formule (1).

Ainsi, les formules (1) s'appliquent à tous les angles que nous aurons à considérer.

31. APPLICATIONS. — Appliquons les formules du numéro précédent à quelques exemples.

Nous avons trouvé (nº 29)

$$\sin 30^\circ = \frac{1}{2}, \; \cos 30^\circ = \frac{\sqrt{3}}{2}, \; \sin 45^\circ = \frac{\sqrt{2}}{2}, \; \cos 45 = \frac{\sqrt{2}}{2};$$

nous aurons, par conséquent,

$$\sin 75^\circ = \sin(45^\circ + 30^\circ) = \frac{\sqrt{2}}{2} \times \frac{\sqrt{3}}{2} + \frac{\sqrt{2}}{2} \times \frac{1}{2} = \frac{\sqrt{2}(\sqrt{3}+1)}{4};$$

$$\cos 75^\circ = \cos(45^\circ + 30^\circ) = \frac{\sqrt{2}}{2} \times \frac{\sqrt{3}}{2} - \frac{\sqrt{2}}{2} \times \frac{1}{2} = \frac{\sqrt{3}(\sqrt{2}-1)}{4},$$

$$\sin 15^\circ = \sin(45^\circ - 30^\circ) = \frac{\sqrt{2}}{2} \times \frac{\sqrt{3}}{2} - \frac{\sqrt{2}}{2} \times \frac{1}{2} = \frac{\sqrt{2}(\sqrt{3}-1)}{4},$$

$$\cos 15^\circ = \cos(45^\circ - 30^\circ) = \frac{\sqrt{2}}{2} \times \frac{\sqrt{3}}{2} + \frac{\sqrt{2}}{2} \times \frac{1}{2} = \frac{\sqrt{2}(\sqrt{3}+1)}{4}.$$

Les angles de 75° et 15° sont complémentaires ; et nous trouvons bien que le sinus de l'un est égal au cosinus de l'autre.

32. PROBLÈME II. — *Trouver la tangente de la somme et de la différence de deux angles, connaissant les tangentes de ces angles.*

Si a et b désignent les deux angles, la question revient à exprimer tang $(a+b)$ et tang $(a-b)$, au moyen de tang a et tang b.

Or, d'après la formule (2) du n° 25,

$$\text{tang}\,(a+b) = \frac{\sin(a+b)}{\cos(a+b)};$$

remplaçons $\sin(a+b)$ et $\cos(a+b)$ par leur valeur, nous aurons

$$\text{tang}(a+b) = \frac{\sin a \cos b + \cos a \sin b}{\cos a \cos b - \sin a \sin b};$$

divisons, dans le second membre, les deux termes de la fraction par $\cos a \cos b$,

$$\text{tang}\,(a+b) = \frac{\dfrac{\sin a \cos b}{\cos a \cos b} + \dfrac{\cos a \sin b}{\cos a \cos b}}{\dfrac{\cos a \cos b}{\cos a \cos b} \times \dfrac{\sin a \sin b}{\cos a \cos b}};$$

ou bien, après simplifications,

$$\text{tang}\,(a+b) = \frac{\dfrac{\sin a}{\cos a} + \dfrac{\sin b}{\cos b}}{1 - \dfrac{\sin a}{\cos a} \times \dfrac{\sin b}{\cos b}};$$

mais

$$\frac{\sin a}{\cos a} = \text{tg}\,a, \qquad \frac{\sin b}{\cos b} = \text{tg}\,b,$$

donc enfin

$$\text{tg}\,(a+b) = \frac{\text{tg}\,a + \text{tg}\,b}{1 - \text{tg}\,a\,\text{tg}\,b}.$$

14.

En partant de la formule

$$\text{tg}\,(a-b)=\frac{\sin\,(a-b)}{\cos\,(a-b)},$$

on trouverait par une marche toute semblable à la précédente

$$\text{tg}\,(a-b)=\frac{\text{tg}\,a-\text{tg}\,b}{1+\text{tg}\,a\,\text{tg}\,b}.$$

33. APPLICATIONS — Nous avons trouvé (n° 29)

$$\text{tg}\,45^0=1,\quad\text{et}\quad\text{tg}\,3o^0=\frac{1}{\sqrt{3}},$$

nous aurons donc, au moyen des formules précédentes,

$$\text{tg}\,75^0=\text{tg}\,(45^0+3o^0)=\frac{1+\dfrac{1}{\sqrt{3}}}{1-\dfrac{1}{\sqrt{3}}}=\frac{\sqrt{3}+1}{\sqrt{3}-1},$$

$$\text{tg}\,15^0=\text{tg}(45^0-3o^0)=\frac{1-\dfrac{1}{\sqrt{3}}}{1+\dfrac{1}{\sqrt{3}}}=\frac{\sqrt{3}-1}{\sqrt{3}+1}.$$

Ce sont bien les valeurs qu'on aurait trouvées en partant des valeurs obtenues au numéro précédent pour $\sin 75^0$, $\cos 75^0$, $\sin 15^0$, et $\cos 15^0$.

LIGNES TRIGONOMÉTRIQUES DU DOUBLE D'UN ANGLE.

34. Proposons-nous d'abord de trouver $\sin 2a$ et $\cos 2a$, au moyen de $\sin a$ et $\cos a$.

Pour cela, dans les formules

$$\sin\,(a+b)=\sin a\cos b+\cos a\sin b,$$
$$\cos\,(a+b)=\cos a\cos b-\sin a\sin b,$$

supposons l'angle b égal à l'angle a, elles deviendront

$$\sin 2a=2\sin a\cos a,\quad\cos 2a=\cos^2a-\sin^2a.$$

Telles sont les formules qui font connaître le sinus et le cosinus de l'angle double, quand on connaît le sinus et le cosinus de l'angle simple.

35. Maintenant, pour avoir l'expression de $\tang 2a$ au moyen de $\tang a$, nous supposerons $b = a$ dans la formule

$$\tang (a+b) = \frac{\tang a + \tang b}{1 - \tang a \tang b},$$

et nous obtiendrons

$$\tang 2a = \frac{2 \tang a}{1 - \tang^2 a}.$$

On arriverait au même résultat en remarquant que

$$\tang 2a = \frac{\sin 2a}{\cos 2a} = \frac{2 \sin a \cos a}{\cos^2 a - \sin^2 a};$$

puis, divisant les deux termes de la dernière fraction par $\cos^2 a$, ce qui donne

$$\tang 2a = \frac{2 \dfrac{\sin}{\cos a}}{1 - \dfrac{\sin^2 a}{\cos^2 a}} = \frac{2 \tang a}{1 - \tang^2 a}$$

36. APPLICATION.—1o Nous avons trouvé (no 29)

$$\sin 18^0 = \frac{\sqrt{3} - 1}{4}, \quad \text{et} \quad \cos 18^0 = \frac{\sqrt{10 + 2\sqrt{5}}}{4};$$

donc 36° étant le double de 18°, nous aurons, en employant les formules du no 34,

$$\sin 36^0 = \frac{2(\sqrt{3} - 1)\sqrt{10 + 2\sqrt{5}}}{16} = \frac{(\sqrt{3} - 1)\sqrt{10 + 2\sqrt{5}}}{8},$$

$$\cos 36^0 = \frac{10 + 2\sqrt{5}}{16} - \frac{(\sqrt{3} - 1)^2}{16} = \frac{1 + \sqrt{5}}{4}.$$

2o Nous avons trouvé, même numéro, $\tang 30^0 = \frac{\sqrt{3}}{3}$;

la formule du n° 35 nous donnera donc

$$\tan 60° = \frac{2 \times \dfrac{\sqrt{3}}{3}}{1 - \dfrac{3}{9}} = \sqrt{3}.$$

LIGNES TRIGONOMÉTRIQUES DE LA MOITIÉ D'UN ANGLE.

37. Nous chercherons les formules qui permettent de trouver le sinus, le cosinus et la tangente de la moitié d'un angle dont on connaît le cosinus.

1° Dans la formule du n° 34

$$\cos 2a = \cos^2 a - \sin^2 a,$$

remplaçons a par $\frac{1}{2} a$, et par conséquent $2a$ par a, nous aurons

$$\cos a = \cos^2 \frac{1}{2} a - \sin^2 \frac{1}{2} a;$$

puis, d'après la relation (1) du n° 25, nous avons

$$1 = \cos^2 \frac{1}{2} a + \sin^2 \frac{1}{2} a.$$

Pour résoudre ces deux équations entre les deux inconnues $\cos \frac{1}{2} a$ et $\sin \frac{1}{2} a$, ajoutons-les membre à membre ; elles donnent

$$1 + \cos a = 2 \cos^2 \frac{1}{2} a, \quad \text{d'où} \quad \cos \frac{1}{2} a = \sqrt{\frac{1 + \cos a}{2}}.$$

Retranchons membre à membre la première équation de la seconde, nous aurons

$$1 - \cos a = 2 \sin^2 \frac{1}{2} a, \quad \text{et} \quad \sin \frac{1}{2} a = \sqrt{\frac{1 - \cos a}{2}}.$$

Telles sont les formules qui donnent $\cos \frac{1}{2} a$ et $\sin \frac{1}{2} a$.

2° En divisant membre à membre ces deux relations, il vient

$$\frac{\sin \frac{1}{2} a}{\cos \frac{1}{2} a} = \tan \frac{1}{2} a = \frac{\sqrt{\dfrac{1-\cos a}{2}}}{\sqrt{\dfrac{1+\cos a}{2}}} = \sqrt{\frac{1-\cos a}{1+\cos a}};$$

cette dernière formule permet de calculer la tangente de l'angle $\frac{1}{2} a$ quand on connaît le cosinus de l'angle a.

REMARQUE.—Nous avons pris seulement le signe $+$ devant les radicaux, parce que l'angle a étant moindre que 180°, sa moitié est moindre que 90°, et toutes ses lignes trigonométriques sont positives.

38. APPLICATIONS. Nous avons trouvé au n° 29 que $\cos 30° = \frac{\sqrt{3}}{2}$; les formules que nous venons d'établir donneront pour le sinus et le cosinus de 15° moitié de 30°,

$$\sin 15° = \sqrt{\frac{1-\dfrac{\sqrt{3}}{2}}{2}} = \sqrt{\frac{2-\sqrt{3}}{4}} = \frac{\sqrt{2-\sqrt{3}}}{2},$$

$$\cos 15° = \sqrt{\frac{1+\dfrac{\sqrt{3}}{2}}{2}} = \sqrt{\frac{2+\sqrt{3}}{4}} = \frac{\sqrt{2+\sqrt{3}}}{2}.$$

Ces valeurs paraissent au premier abord différer de celles qui ont été trouvées au n° 31 ; mais on vérifie aisément qu'elles sont les mêmes en faisant leurs carrés sous l'une et l'autre forme.

TRANSFORMATION EN UN PRODUIT D'UNE SOMME OU D'UNE DIFFÉRENCE DE DEUX LIGNES TRIGONOMÉTRIQUES, SINUS OU COSINUS.

39. Nous avons démontré au n⁰ 3o les deux formul[es]

$$\sin(a+b) = \sin a \cos b + \cos a \sin b,$$
$$\sin(a-b) = \sin a \cos b - \cos a \sin b;$$

en faisant leur somme et leur différence membre [à] membre, on trouve les deux formules nouvelles

(1) $$\sin(a+b) + \sin(a-b) = 2\sin a \cos b,$$
$$\sin(a+b) - \sin(a-b) = 2\sin b \cos a.$$

En opérant de la même manière avec les formules

$$\cos(a+b) = \cos a \cos b - \sin a \sin b,$$
$$\cos(a-b) = \cos a \cos b + \sin a \sin b,$$

on trouve les deux formules

(2) $$\cos(a+b) + \cos(a-b) = 2\cos a \cos b,$$
$$\cos(a-b) - \cos(a+b) = 2\sin a \sin b.$$

Or, désignons par p la somme $a+b$, et par q la diffé[-]rence $a-b$, nous aurons

$$a+b = p, \quad a-b = q,$$

et par suite

$$a = \frac{p+q}{2}, \quad b = \frac{p-q}{2};$$

substituant ces valeurs à a et b dans les formules (1) [et] (2), elles deviennent

$$\sin p + \sin q = 2\sin\frac{p+q}{2}\cos\frac{p-q}{2},$$

(3) $$\sin p - \sin q = 2\sin\frac{p-q}{2}\cos\frac{p+q}{2},$$

$$\cos p + \cos q = 2\cos\frac{p+q}{2}\cos\frac{p-q}{2},$$

$$\cos q - \cos p = 2\sin\frac{p+q}{2}\sin\frac{p-q}{2}.$$

Ces quatre égalités peuvent être ainsi traduites en langage ordinaire :

1° *La somme des sinus de deux angles est égale au double produit du sinus de la demi-somme de ces angles par le cosinus de leur demi-différence.*

2° *La différence des sinus de deux angles est égale au double produit du sinus de la demi-différence de ces angles par le cosinus de leur demi-somme.*

3° *La somme de deux cosinus est égale au double produit du cosinus de la demi-somme des angles par le cosinus de leur demi-différence.*

4° *La différence de deux cosinus est égale au double produit du sinus de la demi-somme des angles par le sinus de la demi-différence obtenue en retranchant le premier angle du second.*

Si l'on avait à transformer en un produit une somme ou une différence de deux lignes trigonométriques différentes, comme

$$\sin p + \cos q,$$

en remplaçant $\cos q$ par $\sin(90° - q)$ on rentrerait dans l'un des cas examinés plus haut.

40. Faisons quelques applications des formules précédentes.

$$1° \quad \sin 48° + \sin 12° = 2\sin 30°\cos 18°,$$
$$2° \quad \cos 23° - \cos 47° = 2\sin 35°\sin 12°.$$

41. On peut utiliser ces formules pour rendre calculables par logarithmes la somme ou la différence de deux nombres plus petits que l'unité. Si l'on a, par exemple, $\sqrt{0,875} + \sqrt{0,5974}$, on posera

$$\sqrt{0,875} = \sin p, \quad \sqrt{0,5974} = \sin q,$$

et l'on trouvera au moyen des tables, comme nous le verrons bientôt, le nombre de degrés contenus dans les angles p et q; alors

$$\sqrt{0,875} + \sqrt{0,5974} = \sin p + \sin q = 2\sin\frac{p+q}{2}\cos\frac{p-q}{2},$$

ce qui permet de trouver la somme demandée au moyen des logarithmes, puisqu'elle est transformée en produit.

EXERCICES.

1. On sait que le sinus d'un angle obtus a pour valeur 0,75 : on demande de calculer le cosinus, la tangente, et la cotangente de cet angle.

Rép. Les valeurs de ces lignes sont : —0,661, —1,134, et —0,881.

2. On a $\sin a = \dfrac{1}{2}$, $\sin b = \dfrac{1}{3}$; calculer $\sin(a+b)$, sachant que les angles a et b sont aigus.

Rép. $\sin(a+b) = 0,747$.

3. Établir la relation qui existe entre la tangente et la sécante d'un angle.

Rép. $\sec^2 a = 1 + \tan^2 a$.

4. Trouver les relations qui existent entre les lignes trigonométriques de deux angles différant de 90°.

Rép. $\sin(a+90°) = \cos a$, $\quad$ $\tan(a+90°) = -\cotan a$, $\sec(a+90°) = -\cosec a$, $\cos(a+90°) = -\sin a$, $\cotan(a+90°) = -\tan a$, $\cosec(a+90°) = \sec a$.

5. Le sinus d'un angle étant $\dfrac{1}{4}$, calculer les valeurs du sinus et du cosinus de la moitié de cet angle.

Rép. Le sinus et le cosinus cherchés ont respectivement pour valeurs 0,126 et 1,992, si l'angle est aigu, 1,992 et 0,126 s'il est obtus.

6. Trouver les expressions de $\cotan(a+b)$ et de $\cotan(a-b)$ au moyen de $\cotan a$ et $\cotan b$.

Rép. $\operatorname{ctg}(a+b) = \dfrac{\operatorname{ctg} a\,\operatorname{ctg} b - 1}{\operatorname{ctg} a + \operatorname{ctg} b}$, $\operatorname{ctg}(a-b) = \dfrac{\operatorname{ctg} a\,\operatorname{ctg} b + 1}{\operatorname{ctg} b - \operatorname{ctg}}$.

7. Transformer en produit : $1^o \sin 35^o + \sin 75^o$; $2^o \sin 35^o + \cos 75^o$.

Rép. 1° $2 \sin 55^o \cos 20^o$; 2° $2 \sin 30^o \cos 5^o$.

8. Le cosinus d'un certain angle a est égal à $\frac{4}{3}$; trouver $\sin 2a$ et $\cos 2a$.

Rép. $\sin 2a = 0,96$; $\cos 2a = 0,28$.

9. Étant donné $\sin a$, $\cos a$, et $\tang a$, trouver $\sin 3a$, $\cos 3a$, et $\tang 3a$.

Rép. $\sin 3a = 3 \sin a - 4 \sin^3 a$; $\cos 3a = 4 \cos^3 a - 3 \cos a$; $\tang 3a = \dfrac{3 \tang a - \tang^3 a}{1 - 3 \tang^2 a}$.

10. Transformer $\sin^2 a - \sin^2 b$ en un produit.

Rép. $\sin^2 a - \sin^2 b = \sin(a+b)\sin(a-b)$.

11. Transformer $\tang a + \tang b$ en un produit.

Rép. $\tang a + \tang b = \dfrac{\sin(a+b)}{\cos a \cos b}$.

12. Étant données les équations $\tang(a+b) = 2 + \sqrt{3}$, $\tang(a-b) = 2 - \sqrt{3}$; trouver les valeurs de $\tang a$ et $\tang b$, et en déduire celles des angles a et b.

Rép. $\tang a = 1$, $\tang b = \dfrac{\sqrt{3}}{3}$; $a = 45^o$, $b = 30^o$.

13. Étant donné $\cos a = \dfrac{1}{9}$, trouver : $\sin\dfrac{a}{2}$, $\cos\dfrac{a}{2}$, et $\tang\dfrac{a}{2}$.

Rép. $\sin\dfrac{a}{2} = \dfrac{2}{3}$; $\cos\dfrac{a}{2} = \dfrac{\sqrt{5}}{3}$; $\tang\dfrac{a}{2} = \dfrac{2\sqrt{5}}{5}$.

14. Transformer en produit : 1° la somme $\sin(25^o 36' 14'') + \sin(16^o 3' 46'')$; 2° la différence $\cos(6^o 12' 5'') - \cos(62^o 40' 32'')$.

Rép. 1° $2 \sin(20^o 50') \cos(4^o 46' 14'')$; 2° $2 \sin(34^o 26' 18'',5) \sin(28^o 14' 13'',5)$.

15. Transformer $1 + \sin(20^o 32' 44'')$ en produit.

Rép. $2 \sin(55^o 16' 22'') \cos(34^o 43' 38'')$. On a dû remplacer 1 par $\sin 90^o$.

16. Sachant que l'on a $\tang x = \dfrac{b}{a}$, trouver la valeur de l'expression $a \cos 2x + b \sin 2x$.

Rép. $a \cos 2x + b \sin 2x = a$.

CHAPITRE II.

Des tables trigonométriques.

NOTIONS SUR LA CONSTRUCTION DES TABLES.

42. Les calculs trigonométriques se faisant par logarithmes, on a construit des tables qui contiennent les logarithmes des lignes trigonométriques des angles compris entre $0°$ et $90°$, et se succédant de minute en minute, ou de 10 secondes en 10 secondes.

Ainsi, les tables de LALANDE, dont nous allons parler, contiennent les logarithmes des sinus, cosinus, tangentes et cotangentes, des angles de 1, 2, 3, 4, ...minutes, jusqu'à $90°$, et avec cinq décimales.

Nous allons d'abord indiquer comment on a pu construire ces tables; nous ferons connaître ensuite comment on s'en sert.

43. Pour avoir les logarithmes des lignes trigonométriques des angles qui doivent être inscrits dans la table, il faut d'abord calculer les valeurs de ces lignes trigonométriques. On ne calcule que les sinus et les cosinus; car, a désignant un angle, une fois calculés $\sin a$ et $\cos a$, ainsi que leurs logarithmes, en vertu des formules

$$\operatorname{tg} a = \frac{\sin a}{\cos a}, \quad \operatorname{cotg} a = \frac{\cos a}{\sin a},$$

on obtient

$$\log \operatorname{tg} a = \log \sin a - \log \cos a,$$
$$\log \operatorname{cotg} a = \log \cos a - \log \sin a.$$

44. On commence par calculer $\sin 1'$; et pour cela on remarque que ce sinus d'un angle très-petit diffère très-peu de l'arc de $1'$. On cherche une limite supérieure de la différence qui existe entre eux, ce qui permet de savoir jusqu'à quel rang les décimales de l'arc et du sinus sont les mêmes; alors on calcule les décimales de l'arc d'une minute qui lui sont communes avec le sinus, et on a une valeur approchée de ce sinus.

Pour arriver à ce résultat, on s'appuie sur deux théorèmes que nous allons démontrer.

45. THÉORÈME I. — *Un arc, moindre qu'un quadrant, est plus grand que son sinus et plus petit que sa tangente.*
Sur une circonférence dont le rayon est pris pour unité de longueur (fig. 12), soit AM un arc moindre qu'un

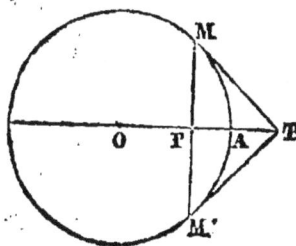

quadrant, MP son sinus, et MT sa tangente; il faut prouver que l'on a

$$MP < AM < MT.$$

Prenons un arc AM' égal à AM, la tangente en M' à la circonférence sera la droite M'T égale à MT; or, on a évidemment

Fig. 12.

$$MPM' < MAM' < MTM',$$

puis en divisant par 2 chacune de ces trois longueurs,

$$MP < AM < MT;$$

ou bien, en désignant l'arc par a,

$$\sin a < a < \operatorname{tg} a.$$

46. THÉORÈME II. — *Quand un arc est plus petit qu'un quadrant, la différence entre cet arc et son sinus est moindre que le quart du cube de l'arc.*

En appelant a l'arc, il s'agit de démontrer l'inégalité

$$a - \sin a < \frac{a^3}{4}, \quad \text{ou} \quad \sin a > a - \frac{a^3}{4}.$$

Or, si dans la formule démontrée n° 34

$$\sin 2a = 2 \sin a \cos a,$$

on remplace a par $\dfrac{a}{2}$, on trouve

$$\sin a = 2 \sin \frac{a}{2} \cos \frac{a}{2};$$

Ou bien, en multipliant et divisant le second membre par $\cos \dfrac{a}{2}$,

$$\sin a = \frac{2 \sin \dfrac{a}{2} \cos^2 \dfrac{a}{2}}{\cos \dfrac{a}{2}} = 2 \, \mathrm{tg} \frac{a}{2} \cos^2 \frac{a}{2};$$

mais $\sin \dfrac{a}{2}$ et $\cos \dfrac{a}{2}$ sont liés par la relation (n° 26)

$$\cos^2 \frac{a}{2} + \sin^2 \frac{a}{2} = 1, \quad \text{d'où} \quad \cos^2 \frac{a}{2} = 1 - \sin^2 \frac{a}{2};$$

de sorte que

$$\sin a = 2 \mathrm{tg} \frac{a}{2} \left(1 - \sin^2 \frac{a}{2} \right).$$

Maintenant en remplaçant $\mathrm{tg} \dfrac{a}{2}$ par $\dfrac{a}{2}$ qui est plus petit, et $\sin \dfrac{a}{2}$ par $\dfrac{a}{2}$ qui est plus grand, on diminue le second membre de l'égalité, donc

$$\sin a > 2 \times \frac{a}{2} \left(1 - \frac{a^2}{4} \right), \quad \text{ou} \quad \sin a > a - \frac{a^3}{4},$$

ce qu'il fallait démontrer.

47. Il suit de là que la différence entre arc $1'$ et sin $1'$ est moindre que $\dfrac{(\text{arc } 1')^3}{4}$. Or, la demi-circonférence dont le rayon est l'unité a pour longueur $\pi = 3,1415926535\ldots;$ elle contient 10800 minutes, de sorte que

$$\text{arc } 1' = \frac{3,14159\ldots}{10800} = 0.000290888208\ldots < 0,0003;$$

et puis

$$\frac{(\text{arc } 1')^3}{4} < \frac{0,000000000027}{4} < 0,0000000000005.$$

L'erreur commise en prenant arc $1'$ pour $\sin 1'$ est donc moindre qu'une unité du 11e ordre décimal, et l'on peut écrire

$$\sin 1' = 0,00029088820$$

avec 11 décimales exactes.

48. Pour calculer $\cos 1'$, considérons la formule démontrée au n° 34,

$$\cos 2a = \cos^2 a - \sin^2 a,$$

qui devient, en y remplaçant $\cos^2 a$ par $1 - \sin^2 a$,

$$\cos 2a = 1 - 2\sin^2 a ;$$

en supposant que $a = \dfrac{1'}{2}$ elle devient

$$\cos 1' = 1 - 2\sin^2 \frac{1'}{2}.$$

Or, d'après ce qui précède, $\sin \dfrac{1'}{2}$ est, à moins d'une unité décimale du 11e ordre, égal à arc $\dfrac{1'}{2}$ ou

$$0,0001454441 ;$$

on en déduit

$$\cos 1' = 0,9999999576.$$

49. Connaissant $\sin 1'$ et $\cos 1'$, on calculera facilement $\sin 2'$ et $\cos 2'$ au moyen des formules qui donnent $\sin 2a$ et $\cos 2a$ (n° 34.)

Ensuite dans les formules du n° 30 qui donnent

$\sin(a+b)$ et $\cos(a+b)$, și l'on suppose que $b = 1'$ et si l'on remplace a successivement par $2'$ $3'$, $4'$...., on aura les sinus et cosinus des arcs de $3'$, $4'$, $5'$.....

On ne pousse pas les calculs au-delà de $45°$; car si l'on veut le sinus et le cosinus d'un angle a plus grand que $45°$, on sait que

$$\sin a = \cos(90° - a) \quad \text{et} \quad \cos a = \sin(90° - a),$$

et l'angle $90° - a$ étant plus petit que $45°$, on a calculé son sinus et son cosinus.

50. Maintenant connaissant les sinus et cosinus des angles jusqu'à $90°$, il ne reste plus qu'à chercher les logarithmes de ces nombres, et à en déduire ceux des tangentes et des cotangentes, puis à les inscrire dans la table.

51. REMARQUE. — Les sinus et cosinus de tous les angles, ainsi que les tangentes des angles inférieurs à $45°$, et les cotangentes des angles plus grands que $45°$ sont moindres que l'unité; leurs logarithmes ont donc une caractéristique négative. Pour éviter d'écrire dans une table des nombres négatifs, on a augmenté toutes ces caractéristiques de 10 unités, et elles sont devenues positives. Quant aux tangentes des angles compris entre $45°$ et $90°$, et cotangentes des angles compris entre $0°$ et $45°$, elles sont plus grandes que 1, leurs logarithmes sont positifs, on les a inscrits tels qu'ils sont.

DISPOSITION DES TABLES.

52. Chaque page des tables de Lalande est divisée en plusieurs colonnes verticales.

Dans les deux colonnes extrêmes marquées en haut du signe ′ sont inscrits des nombres de minutes; les nombres de la première colonne à gauche vont en augmentant de haut en bas, ceux de la dernière à droite augmentent de bas en haut.

Quatre autres colonnes portent en haut l'un des signes *sin.*, *tang.*, *cot.*, *cos.*, suivi d'un nombre entier; chaque nombre inscrit dans la première de ces colonnes est le logarithme du sinus de l'angle ayant le nombre de degrés marqué en haut et le nombre de minutes marqué en face dans la première colonne à gauche; la seconde contient les logarithmes des tangentes; la troisième, ceux des cotangentes; enfin, la quatrième, ceux des cosinus.

Deux colonnes intitulées D (*différences*) contiennent chacune les différences entre deux logarithmes consécutifs de la colonne précédente. Celle de ces deux colonnes qui est relative aux cosinus ne commence qu'à 18 degrés.

Enfin, une colonne intitulée D.C.(*différences communes*) contient les différences entre deux logarithmes successifs de tangentes ou de cotangentes.

Ouvrons, par exemple, la table à la 48ᵉ page; nous lirons en haut : *sin* 23°, *tang* 23°, *cot* 23°, et *cos* 23°. Descendons la colonne des minutes à gauche jusqu'au nombre 46; en face de ce dernier nombre, nous lirons dans les diverses colonnes,

$$9,60532; \quad 9,64381; \quad 0,35619; \quad 9,96151.$$

Mais (nᵒ 51) les deux premiers nombres ont été augmentés de 10, ainsi que le dernier, donc

$$\log \sin 23°46' = \overline{1},60532; \quad \log \tang 23°46' = \overline{1},64381;$$
$$\log \cot 23°46' = 0,35619; \quad \log \ \cos \ 23°46' = \overline{1},96151.$$

53. Pour les angles compris entre 45° et 90°, les nombres de degrés se lisent au bas de chaque page, et les nombres de minutes dans la dernière colonne à droite.

Ainsi, à la 48ᵉ page, si dans la colonne marquée en bas *tang* 66°, on lit le nombre écrit en face du nombre 14 de la colonne des minutes à droite, on trouve 0,35619; c'est le logarithme de la tangente de 66°14′.

USAGE DES TABLES.

54. Les tables servent à trouver le logarithme d'une ligne trigonométrique quelconque d'un angle donné, et à trouver un angle connaissant le logarithme d'une de ses lignes trigonométriques.

55. PROBLÈME I. — *Un angle étant connu, trouver le logarithme d'une quelconque de ses lignes trigonométriques.*

1° L'angle contient un nombre exact de degrés et de minutes.

Cet angle étant inscrit dans la table, on trouve de suite le logarithme cherché dans la colonne qui porte en haut ou en bas le nom de la ligne trigonométrique en question.

Veut-on, par exemple, le logarithme du sinus de 32°45′; le nombre de degrés étant moindre que 45, on le cherche en haut des pages, puis on descend la colonne des minutes à gauche, jusqu'au nombre 45; on trouve en face, dans la colonne intitulée en haut *sinus*, le nombre 9,73318. Retranchant 10 unités, on obtient

$$\log \sin 32°45′ = \overline{1},73318.$$

Pour obtenir le logarithme de la tangente de 78°10′, on cherche le nombre de degrés 78 en bas d'une page, et on remonte la colonne des minutes à droite, jusqu'au nombre 10; en face, dans la colonne intitulée en bas *tang.*, on trouve le nombre 0,67878; donc

$$\log \tan 78°10′ = 0,67878.$$

2° L'angle donné contient des degrés, minutes et secondes. Supposons, par exemple, qu'on veuille avoir le logarithme de la tangente de 15°33′12″.

L'angle étant compris entre 15°33′ et 15°34′, le logarithme de la tangente est compris entre ceux des tangentes de ces deux angles; comme les tangentes des angles plus petits que 90° vont en augmentant et qu'il en est de même de leurs logarithmes, cherchons ce qu'il faut ajouter au logarithme de tang 15°33′, pour avoir celui de tang 15°33′12″.

Or, la table donne

$$\log \tan 15°33′ = \overline{1},44446,$$

et on lit à côté la différence tabulaire 49; c'est le nombre de cent-millièmes qu'il faut ajouter au logarithme de tang 15°33′ pour avoir celui de tang 15°34′. Si, pour 1′ d'augmentation de l'angle, il faut augmenter le logarithme de 49 cent-millièmes, pour 12″ ou $\frac{12}{60}$ de minute, on l'augmentera de $\frac{12}{60}$ de 49, ou $\frac{49 \times 12}{60}$, ou enfin 9,8 cent-millièmes; comme 9,8 est plus près de 10 que de 9, nous ajouterons 10, ce qui nous donnera

$$\log \tan 15°33′12″ = \overline{1},44446 + 0,00010 = \overline{1},44456.$$

On dispose ainsi le calcul :

$$\log \tan 15°33′ \qquad = \overline{1},44446$$
$$\underline{\qquad 12″ \qquad\qquad\qquad 10}$$
$$\log \tan 15°33′12″ = \overline{1},44456.$$

Cherchons encore le logarithme du cosinus de 36°18′20″ : on trouve immédiatement

$$\log \cos 36°18′ = \overline{1},90630$$

15

et la différence tabulaire est 10; cela signifie que, si l'angle augmentait de 1', le logarithme diminuerait de 10 cent-millièmes, puisque les cosinus, et par suite leurs logarithmes diminuent quand les angles augmentent.

Si l'angle augmente seulement de $20''$ ou $\dfrac{20}{60}$ de minute,

le logarithme diminuera de $\dfrac{20}{60}$ de 10 ou 3,3 cent-mil-lièmes. On aura donc

$$\begin{array}{r}\log\cos 36°18' = \overline{1},90630 \\ \underline{\quad 20'' \qquad\qquad 3\quad} \\ \log\cos 36°18'20'' = \overline{1},90627.\end{array}$$

3° Cherchons encore le logarithme du sinus de $125°42'$. Cet angle étant plus grand que $90°$ ne se trouve pas dans la table; mais, comme on l'a vu au n° 24, son sinus est le même que celui de son supplément $54°88'$, qui se trouve dans la table. On trouve

$$\log\sin 125°42' = \log\sin 54°18' = \overline{1},90960.$$

56. PROBLÈME II. — *Le logarithme d'une ligne trigonométrique étant donné, trouver le nombre de degrés, minutes et secondes de l'angle correspondant.*

1° Supposons d'abord que le logarithme donné se trouve écrit dans la table, à la colonne portant le nom de la ligne dont on connaît le logarithme; si ce nom se trouve en haut, on lit en haut le nombre de degrés, en face et à gauche le nombre de minutes; si le nom est en bas, on lit les degrés en bas et les minutes à droite.

Soit donné, par exemple, $\log\sin x = 1,56568$; en ajoutant 10, on trouve le nombre 9,56568 dans une colonne intitulée en haut *sin* $21°$, et on trouve en face, à gauche, $35'$; l'angle est donc de $21°35'$.

Soit encore donné $\log \cot x = \overline{1},39353$; ce nombre, augmenté de 10, se trouve dans une colonne intitulée en bas *cot* 76°, et en face de 6' dans la colonne des minutes à droite; l'angle x est donc égal à 76°6'.

2° Supposons maintenant que le logarithme donné ne se trouve pas dans la table, ce qui est le cas le plus ordinaire; soit, par exemple, $\log \tang x = 9,45732$ après qu'on a ajouté 10 unités.

On cherche dans les colonnes des tangentes le logarithme inférieur au logarithme proposé, et qui s'en rapproche le plus; on trouve 9,45702, qui correspond à 15°59'; la différence tabulaire correspondante est 48, et la différence entre le logarithme donné et celui qu'on a lu dans la table est 30 (unités du 5e ordre). On dit alors : si au logarithme de la table on ajoutait 48, on devrait augmenter de 60'' l'angle 15°59'; si l'on ajoutait seule-ment 1, on augmenterait l'angle de $\dfrac{60''}{48}$, et si l'on ajoute 30, on augmentera l'angle de $\dfrac{60'' \times 30}{48}$, ou de 37''.

L'angle demandé est donc 15°59'37''.

On dispose ainsi le calcul :

$$\log \tang x = 9,45732$$
$$\log \text{ de la table} = 9,45702\ldots15°59'$$
$$\text{différence}\ldots\ldots\ldots30\ldots,\ldots\ldots37''$$

$$x = 15°59'37''.$$

Cherchons encore l'angle x; tel que l'on ait

$$\log \cos x = \overline{1},78661;$$

nous ajoutons d'abord 10 unités à la caractéristique, ce qui donne 9,78661 pour le logarithme proposé.

Le logarithme de la table qui s'en rapproche le plus en dessous, dans une colonne de cosinus, est 9,78658; il correspond à 52° en bas et 17′ à droite, parce que la colonne porte le signe *cos* en bas. La différence tabulaire correspondante est 16, et la différence entre le logarithme donné et celui de la table est 3. Comme l'angle diminue quand le cosinus et son logarithme augmentent, nous dirons : pour 16 d'augmentation dans le logarithme l'angle diminue de 60″, pour 1 d'augmentation, il diminue de $\dfrac{60″}{16}$; et pour 3 d'augmentation, il diminue de $\dfrac{60″\times 3}{16}$, ou de 11″. L'angle cherché est donc 52°17′—11″=52°16′49″.

$$\log \cos x = 9,78661$$
$$\mathbf{log\ de\ la\ table} = \underline{9,78658}\ldots 52°17′$$
$$\text{diff.} \ldots\ldots\ldots 3\ldots\ldots\ldots 11″$$
$$x = 52°16′49″:$$

EXERCICES.

1. Trouver les logarithmes et les valeurs numériques des lignes trigonométriques suivantes :

sin 15°	cos 7°
sin 15°22′	cos 18°12′
sin 23°35′	cos 24°15′
sin 28°45′23″	cos 32°18′18″
sin 36°52′32″	cos 41°33′59″
sin 48° 0′41″	cos 57°42′ 2″
sin 52°	cos 47°
sin 55°18′	cos 68°51′
sin 72°42′31″	cos 72° 0′ 2″
sin 81° 0′43″	cos 87° 8′23″

2. Trouver les logarithmes et les valeurs numériques de

tang 7^0	cot 9^0
tang 100	cot $25^0 12'$
tang $11^0 22'$	cot $36^0 21'$
tang $21^0 45'$	cot $47^0 39' 28''$
tang $32^0 16' 35''$	cot. 58^0
tang 43^0 $0' 46''$	cot $58^0 42'$
tang 45^0	cot 69^0 $0'$ $9''$
tang $54^0 27'$	cot $75^0 10' 21''$
tang $65^0 33'$ $8''$	cot $80^0 14'$
tang $76^0 38' 12''$	cot $85^0 18' 12''$

3. Trouver les angles correspondant à

$\log \sin x = \overline{1},44034$	$\log \cos x = \overline{1},99981$
$\log \sin x = \overline{1},90942$	$\log \cos x = \overline{1},92400$
$\log \sin x = \overline{3},94084$	$\log \cos x = \overline{1},73337$
$\log \sin x = \overline{1},99993$	$\log \cos x = \overline{2},17128$
$\log \sin x = \overline{1},77569$	$\log \cos x = \overline{2},88925$
$\log \sin x = \overline{1},35794$	$\log \cos x = \overline{1},56777$
$\log \sin x = \overline{1},97600$	$\log \cos x = \overline{1},95543$
$\log \sin x = \overline{1},99592$	$\log \cos x = \overline{1},86615$

4. Trouver les angles correspondant à

$\log \tang x = \overline{2},30263$	$\log \cot x = \overline{1},59666$
$\log \tang x = \overline{1},82899$	$\log \cot x = 0,02275$
$\log \tang x = 0,10719$	$\log \cot x = \overline{1},79579$
$\log \tang x = 0,39997$	$\log \cot x = \overline{1},99444$
$\log \tang x = \overline{1},32108$	$\log \cot x = 0,35791$
$\log \tang x = \overline{1},88201$	$\log \cot x = 0,04818$
$\log \tang x = 0,36037$	$\log \cot x = \overline{1},97501$
$\log \tang x = \overline{1},78900$	$\log \cot x = \overline{1},23456$

5. Résoudre les équations : 1° $\sin x = \dfrac{3}{4}$; 2° $\cos x = 0,7$.

Rép. 1° $x' = 48^0 35' 25''$ et $x'' = 131^0 24' 35''$; 2° $x = 45^0 34' 23''$.

6. Trouver les angles qui satisfont aux équations suivantes :
1° tang $x = 16,35$; 2° cotang $x = 0,543$.

Rép. 1° $x = 86^o30'$; 2° $x = 61^o30'$.

7. Résoudre : 1° tang $x = 5 \sin x$; 2° 5 tang $x = 6 \cos x$.

Rép. 1° $x = 78^o27'47''$; 2° $x' = 41^o48'37''$, $x'' = 138^o11'23''$.

8. Résoudre $\sin (x + 18^o) + \sin (x - 18^o) = \cos (x + 18^o) + \cos (x - 18_0)$.

Rép. $x = 45^o$.

9. Résoudre l'équation 4 tang $x = \dfrac{1 - \cos 2x}{1 + \cos 2x}$.

Rép. $x' = 0$, $x'' = 75^o57'49'',5$.

10. Résoudre l'équation $\sin x + \cos x = $ séc x.

Rép. $x' = 0$, $x'' = 45^o$.

CHAPITRE III.

Résolution des triangles.

RELATIONS ENTRE LES ANGLES ET LES COTÉS
D'UN TRIANGLE RECTANGLE.

57. Nous désignerons, comme on le fait habituellement, par A, B, C, les trois angles d'un triangle, et par a, b, c, les côtés respectivement opposés à ces angles. De plus, A désignera l'angle droit dans un triangle rectangle, et par suite, a sera l'hypoténuse.

58. THÉORÈME I. — *Dans tout triangle rectangle, un côté de l'angle droit est égal à l'hypoténuse multipliée par le sinus de l'angle opposé, ou par le cosinus de l'angle adjacent au côté considéré.*

Soit ABC un triangle rectangle. Du point C comme centre, avec un rayon égal à l'unité, décrivons l'arc DM, et du point M abaissons la perpendiculaire MP sur AC. Les deux triangles ABC, PCM étant semblables, on a

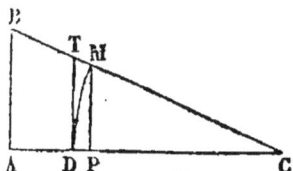

Fig. 13.

$$\frac{AB}{MP} = \frac{BC}{CM}, \quad \text{ou} \quad \frac{c}{\sin C} = \frac{a}{1},$$

car, par définition, MP est le sinus de l'angle C; on déduit de là la relation :

(1) $$c = a \sin C.$$

Mais l'angle B étant le complément de l'angle C, on a $\sin C = \cos B$, et par suite, la relation (1) donne

(2) $$c = a \cos B.$$

Les relations (1) et (2) justifient bien l'énoncé.

59. THÉORÈME II.—*Dans tout triangle rectangle, chaque côté de l'angle droit est égal à l'autre côté multiplié par la tangente de l'angle opposé ou par la cotangente de l'angle adjacent au premier côté.*

En effet (fig. 13), menons au point D la tangente DT à l'arc de cercle DM; elle sera la tangente trigonométrique de l'angle C. Or, les deux triangles semblables ABC, DCT, donnent

$$\frac{AB}{DT} = \frac{AC}{DC}, \quad \text{ou} \quad \frac{c}{\tan C} = \frac{b}{1},$$

d'où la relation

$$c = b \tan C.$$

Mais les angles C et B étant complémentaires,

$$\tan C = \cot B,$$

de sorte que la dernière relation devient

$$c = b \cot B.$$

C'est ce qu'il fallait démontrer.

RÉSOLUTION DES TRIANGLES RECTANGLES.

60. La résolution des triangles rectangles présente quatre cas distincts.

PREMIER CAS. — *Dans un triangle rectangle, on connaît l'hypoténuse et un angle aigu ; calculer les deux côtés de l'angle droit et l'autre angle aigu.*

Ainsi, on connaît a et B ; il s'agit de calculer C, b, c.

D'abord, la somme des deux angles B et C étant égale à 90°, on trouve immédiatement

$$C = 90° - B.$$

Ensuite, des deux relations établies n° 58,

$$b = a \sin B, \quad c = a \cos B,$$

on tire, en prenant les logarithmes,

$$\log b = \log a + \log \sin B,$$
$$\log c = \log a + \log \cos B;$$

on cherchera dans la table, log a, log sin B, log cos B, on en déduira log b, log c, et par suite b et c.

Si on veut calculer la surface S du triangle, on a la formule :

$$S = \frac{bc}{2};$$

d'où, en prenant les logarithmes,

$$\log S = \log b + \log c - \log 2;$$

mais log b et log c sont déjà trouvés, on aura donc facilement log S, et puis S.

APPLICATION NUMÉRIQUE. — Soit $a = 1785^m,40$ et

$$B = 59°37'42''.$$

D'abord $C = 90° — 59°37'42'' = 30°22'18''$

calcul de b.	*calcul de* c.
$b = a \sin B.$	$c = a \cos B.$
$\log a = 3,25175$	$\log a = 3,25175$
$\log \sin B = \overline{1},93589$	$\log \cos B = \overline{1},70381$
$\log b = \overline{3,18764}$	$\log c = \overline{2,95556}$
$b = 1540^m,40.$	$c = 902^m,74.$

Calcul de la surface.

$$S = \frac{bc}{2}.$$

$$\log b = 3,18764$$
$$\log c = 2,95556$$
$$\overline{6,14320}$$
$$\log 2 = 0,30103$$
$$S = \overline{5,84217}$$
$$S = 695300 \text{ mètres carrés.}$$

61. DEUXIÈME CAS. — *Résoudre un triangle rectangle dont on connaît l'hypoténuse* a, *et un côté de l'angle droit* b.

Il s'agit ici de calculer les inconnues c, B, C.

On a d'abord, d'après le théorème du carré de l'hypoténuse,

$$c^2 = a^2 — b^2,$$

d'où l'on déduit

$$c = \sqrt{a^2 — b^2} = \sqrt{(a + b)(a — b)},$$

et par suite

$$\log c = \frac{\log(a + b) + \log(a — b)}{2}.$$

On trouve l'angle B à l'aide de la formule $b = a \sin B$, d'où l'on déduit

$$\sin B = \frac{b}{a}; \quad \text{et} \quad \log \sin B = \log b - \log a.$$

L'angle **B** étant connu, en le retranchant de 90°, on obtient C.

APPLICATION. — Soit $a = 1254$ mètres, et $b = 852^m,02$.

Calcul de c.

$$c = \sqrt{(a+b)(a-b)}.$$

$a+b = 2106,02$	$\log (a+b) = 3,32346$
$a-b = 401,98$	$\log (a-b) = 2,60421$
	$\overline{5,92767}$
	$\log c = 2,96383$
	$c = 920^m,08$

Calcul de B.

$$\sin B = \frac{b}{a}.$$

$$\log b = 2,93045$$
$$\log a = 3,09830$$
$$\overline{\log \sin B = \overline{1},83215}$$
$$B = 42°48'$$

Calcul de C.

$$C = 90° - B.$$

$$90° = 89°60'$$
$$B = 42°48'$$
$$\overline{C = 47°12'}$$

On a trouvé $\quad \log \sin B = \overline{1},83215;$

en ajoutant 10 unités à ce logarithme, on obtient 9,83215 ; c'est ce nombre qu'il a fallu chercher dans la colonne des logarithmes des sinus pour avoir l'angle **B**.

62. TROISIÈME CAS. — *Connaissant les deux côtés de l'angle droit b et c, d'un triangle rectangle ABC ; trouver les valeurs de a, B, C.*

De la formule $b = c$ tang B, on déduit $\tan B = \dfrac{b}{c}$,
puis, appliquant les logarithmes

$$\log \tan B = \log b - \log c ;$$

les côtés b et c sont connus, on aura donc aisément leurs logarithmes, et par suite, celui de tang B, et enfin l'angle B lui-même.

L'angle C étant le complément de B, on l'aura en retranchant B de 90^0.

Enfin, de la formule

$$b = a \sin B,$$

on tirera

$$b = \frac{b}{\sin B},$$

et, appliquant les logarithmes,

$$\log a = \log b - \log \sin B ;$$

or, b et $\sin$ B étant connus, on aura aisément leurs logarithmes, puis celui de a, et enfin, a lui-même.

APPLICATION. — Soit $b = 2613^m$, et $c = 3484^m$.

Calcul de B.

$$\tan B = \frac{b}{c}.$$

$$\begin{aligned}
\log b &= 3,41714 \\
\log c &= 3,54208 \\
\hline
\log \tan B &= \overline{1},87506 \\
B &= 36^0 52' 11''
\end{aligned}$$

Calcul de C.

$$C = 90^0 - B.$$

$$\begin{aligned}
90^0 &= 89^0 59' 60'' \\
B &= 36^0 52' 11'' \\
\hline
C &= 53^0 \ 7' 49''
\end{aligned}$$

Calcul de a.

$$a = \frac{b}{\sin B}.$$

$$\begin{aligned}
\log b &= 3,41714 \\
\log \sin B &= \overline{1},77815 \\
\hline
\log a &= 3,63899 \\
a &= 4355 \text{ mètres.}
\end{aligned}$$

63. QUATRIÈME CAS. — *Connaissant un côté b et l'angle opposé B, dans un triangle rectangle ABC, trouver les autres parties a, c, C.*

On a d'abord $C = 90° - B.$

Puis la relation $c = b \cot B$ donne

$$\log c = \log b + \log \cot B.$$

Enfin, de la relation $b = a \sin B$, on tire $a = \dfrac{b}{\sin B}$,

et $$\log a = \log b - \log \sin B.$$

APPLICATION. — Soit $b = 1875^m$, et $B = 42°18'15''$

$$C = 90° - 42°18'15'' = 47°41'45''.$$

Calcul de c.

$$c = b \cot B.$$

$$\log b = 3,27300$$
$$\log \cot B = 0,04093$$
$$\overline{\log c = 3,31393}$$
$$c = 2060^m,30.$$

Calcul de a.

$$a = \dfrac{b}{\sin B},$$

$$\log b = 3,27300$$
$$\log \sin B = \overline{1},82805$$
$$\overline{\log a = 3,44495}$$
$$a = 2785^m,80$$

RELATIONS ENTRE LES COTÉS ET LES ANGLES D'UN TRIANGLE QUELCONQUE.

64. THÉORÈME I. — *Dans un triangle quelconque, les côtés sont proportionnels aux sinus des angles opposés.*

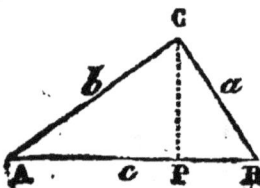

Fig. 14.

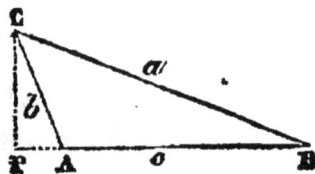

Fig. 15.

Soit ABC un triangle quelconque, et CP la perpendiculaire abaissée du sommet C sur le côté opposé AB. Deux cas peuvent se présenter.

1° Les deux angles A et B sont aigus, comme cela a lieu (fig. 14); alors le pied P de la perpendiculaire CP tombe entre A et B. Or, cette perpendiculaire est un côté de l'angle droit de chacun des triangles rectangles APC, CPB. On a donc (n° 58)

$$CP = a \sin B, \quad CP = b \sin A ;$$

par suite

$$a \sin B = b \sin A, \quad \text{et} \quad \frac{a}{\sin A} = \frac{b}{\sin B}.$$

2° Si l'angle A par exemple est obtus, le pied P de la perpendiculaire CP tombe sur le prolongement de BA (fig. 15). Alors les deux triangles rectangles CPA et CPB donnent les relations

$$CP = b \sin CAP, \quad CP = a \sin B ;$$

mais, l'angle CAP étant supplémentaire de l'angle A du triangle, on a (n° 24)

$$\sin CAP = \sin A,$$

et par suite, comme dans le cas précédent

$$CP = b \sin A = a \sin B, \quad \frac{a}{\sin A} = \frac{b}{\sin B}.$$

Maintenant, en abaissant du sommet A une perpendiculaire sur le côté BC, on démontrerait de même que l'on a l'égalité

$$\frac{b}{\sin B} = \frac{c}{\sin C};$$

de sorte qu'on peut écrire les trois rapports égaux

$$\frac{a}{\sin A} = \frac{b}{\sin B} = \frac{c}{\sin C}.$$

65. THÉORÈME II. — *Dans un triangle quelconque, le carré d'un côté est égal à la somme des carrés des deux autres côtés, moins le double produit de ces deux côtés multiplié par le cosinus de l'angle qu'ils comprennent.*

Ainsi, dans un triangle ABC, on a par exemple

$$a^2 = b^2 + c^2 - 2bc \cos A.$$

1° En effet, l'angle A étant d'abord supposé aigu (fig. 14), on a, d'après un théorème de géométrie,

$$a^2 = b^2 + c^2 - 2c \times AP,$$

AP étant la projection de AC sur AB; mais, dans le triangle rectangle BAP, on a (n° 58)

$$AP = b \cos A,$$

de sorte que la relation précédente devient

$$a^2 = b^2 + c^2 - 2bc \cos A.$$

2° Si l'angle A est obtus (fig. 15), le théorème de géométrie rappelé ci-dessus donne

$$a^2 = b^2 + c^2 + 2c \times AP ;$$

mais alors, le triangle rectangle CAP donne.

$$AP = b \cos CAP, \quad \text{ou} \quad AP = -b \cos A,$$

car les deux angles CAP et A, étant supplémentaires, ont leurs cosinus égaux et de signes contraires (n° 24); on a donc

$$a^2 = b^2 + c^2 + 2c(-b \cos A) = b^2 + c^2 - 2bc \cos A,$$

ce qu'il fallait démontrer.

On trouverait pareillement les deux autres relations

$$b^2 = a^2 + c^2 - 2ac \cos B, \quad c^2 = a^2 + b^2 - 2ab \cos C.$$

66. THÉORÈME III. — *La surface d'un triangle est égale* *au demi-produit de deux côtés multiplié par le sinus de l'angle qu'ils comprennent.*

En effet, si AB est la base du triangle ABC (fig. 14 et 15), CP est sa hauteur, et sa surface égale

$$\frac{AB \times CP}{2} = \frac{b \times CP}{2};$$

mais, à cause du triangle rectangle ACP, on a $CP = c \sin A$; donc, en appelant S la surface, on peut poser

$$S = \frac{bc \sin A}{2},$$

ce qui démontre le théorème.

RÉSOLUTION DES TRIANGLES QUELCONQUES.

67. PREMIER CAS. — *Connaissant un côté et deux angles d'un triangle quelconque, trouver les autres parties et la surface.*

Ainsi, dans le triangle ABC (fig. 16), on connaît a, A, B; il s'agit de trouver C, b, c, et la surface S.

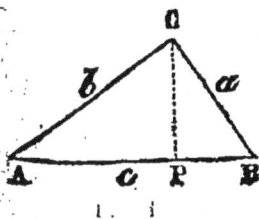

La somme des trois angles d'un triangle étant égale à deux angles droits ou 180°, on aura d'abord l'angle C en retranchant de 180° la somme A+B; ainsi

$$C = 180° - (A+B).$$

En second lieu, des égalités de rapports

$$\frac{a}{\sin A} = \frac{b}{\sin B} = \frac{c}{\sin C},$$

on déduit

$$b = \frac{a \sin B}{\sin A} \qquad c = \frac{a \sin C}{\sin A};$$

et, en prenant les logarithmes,

$$\log b = \log a + \log \sin B - \log \sin A$$
$$\log c = \log a + \log \sin C - \log \sin A.$$

On connaît a, A, B, C ; on cherche $\log a$, $\log \sin A$, $\log \sin B$, et $\log \sin C$, on en déduit $\log b$ et $\log c$, et par suite, b et c.

Quant à la surface, il a été démontré (n° 66) qu'elle est égale au demi-produit de deux côtés par le sinus de l'angle qu'ils comprennent ; on a donc

$$S = \frac{1}{2} ac \sin B,$$

d'où l'on tire

$$\log S = \log a + \log c + \log \sin B - \log 2 ;$$

or, $\log a$, $\log c$, $\log \sin B$, sont connus déjà.

APPLICATION NUMÉRIQUE. — *On connaît deux angles d'un triangle*, A = 48°52′13″, B = 75°18′25″, *et un côté* $a = 3542^m$; *trouver le troisième angle* C, *les deux autres côtés* b, c, *et la surface* S *de ce triangle*.

$$C = 180° - (A + B) = 55°49′22″.$$

Calcul du côté b.	*Calcul du côté* c.
$b = \dfrac{a \sin B}{\sin A}.$	$c = \dfrac{a \sin C}{\sin A}.$
$\log a = 3,54925$	$\log a = 3,54925$
$\log \sin B = \overline{1},98556$	$\log \sin C = \overline{1},91766$
$3,53481$	$3,46691$
$\log \sin A = \overline{1},87692$	$\log \sin A = \overline{1},87692$
$\log b = 3,65789$	$\log c = 3,58999$
$b = 4548^m,70.$	$c = 3890^m,37.$

Calcul de la surface S.

$$S = \frac{1}{2}\, ac \sin B.$$

$$\log a = 3,54925$$
$$\log c = 3,58999$$
$$\log \sin B = \overline{1},98556$$
$$\overline{7,12480}$$
$$\log 2 = 0,30103$$
$$\log S = \overline{6,82377}$$
$$S = 6664570 \text{ mètres carrés.}$$

68. DEUXIÈME CAS. — *Connaissant deux côtés d'un triangle, ainsi que l'angle qu'ils forment, trouver les autres parties et la surface.*

Ainsi, dans le triangle ABC (fig. 16), on connaît a, b, C; calculer A, B, c.

On sait qu'on a $A + B + C = 180°$; on en déduit la somme des deux angles inconnus

$$A + B = 180° - C.$$

Cherchons maintenant la différence $A - B$ de ces mêmes angles. Nous avons démontré (n° 64) l'égalité de rapports

$$\frac{a}{\sin A} = \frac{b}{\sin B};$$

or, on a vu en arithmétique que, si deux rapports sont égaux, la somme des numérateurs divisée par la somme des dénominateurs, et la différence des numérateurs divisée par celle des dénominateurs, forment deux rapports égaux aux rapports donnés, et, par suite, égaux entre eux, donc

$$\frac{a + b}{\sin A + \sin B} = \frac{a - b}{\sin A - \sin B}.$$

On déduit de là, en mulipliant les deux membres par sin A — sin B, et divisant par $a + b$,

$$\frac{\sin A - \sin B}{\sin A + \sin B} = \frac{a - b}{a + b}.$$

Maintenant, comme on l'a vu au n° 39,

$$\sin A - \sin B = 2\sin \frac{A - B}{2} \cos \frac{A + B}{2},$$

$$\sin A + \sin B = 2\sin \frac{A + B}{2} \cos \frac{A - B}{2};$$

l'égalité précédente devient donc

$$\frac{2\sin \dfrac{A - B}{2} \cos \dfrac{A + B}{2}}{2\sin \dfrac{A + B}{2} \cos \dfrac{A - B}{2}} = \frac{a - b}{a + b}.$$

On peut simplifier le premier membre, en effaçant le facteur 2 commun aux deux termes, puis l'écrire

$$\frac{\sin \dfrac{A - B}{2}}{\cos \dfrac{A - B}{2}} \times \frac{\cos \dfrac{A + B}{2}}{\sin \dfrac{A + B}{2}}, \quad \text{ou} \quad \frac{\sin \dfrac{A - B}{2}}{\cos \dfrac{A - B}{2}} : \frac{\sin \dfrac{A + B}{2}}{\cos \dfrac{A + B}{2}};$$

mais (n° 27)

$$\frac{\sin \dfrac{A - B}{2}}{\cos \dfrac{A - B}{2}} = \tang \frac{A - B}{2}, \quad \frac{\sin \dfrac{A + B}{2}}{\cos \dfrac{A + B}{2}} = \tang \frac{A + B}{2},$$

donc, on a enfin

$$\tang \frac{A - B}{2} : \tang \frac{A + B}{2} = \frac{a - b}{a + b},$$

on en déduit

$$\operatorname{tang}\frac{A-B}{2}=\frac{a-b}{a+b}\times\operatorname{tang}\frac{A+B}{2},$$

équation qui ne renferme que la seule inconnue $\frac{A-B}{2}$,

puisque $a-b$, $a+b$, $\frac{A+B}{2}$, sont connus.

On connaîtra donc $\frac{A+B}{2}$ et $\frac{A-B}{2}$; on aura facile-ment A et B au moyen des formules

$$A=\frac{A+B}{2}+\frac{A-B}{2},$$

$$B=\frac{A+B}{2}-\frac{A-B}{2}.$$

Pour déterminer le côté c, de la relation

$$\frac{c}{\sin C}=\frac{a}{\sin A},$$

on tire

$$c=\frac{a\sin C}{\sin A},$$

puis, en prenant les logarithmes,

$$\log c=\log a+\log\sin C-\log\sin A.$$

Reste à trouver la surface S du triangle; de la formule

$$S=\frac{ab\sin C}{2},$$

on tire, en prenant les logarithmes,

$$\log S=\log a+\log b+\log\sin C-\log 2;$$

or, a, b, C, sont des nombres connus.

REMARQUES. — 1° On saura toujours d'avance quel est celui des deux angles cherchés A et B qui est le plus grand, d'après les données a, b; en effet, selon que a est plus grand ou plus petit que b, A est plus grand ou plus petit que B.

2° Le problème se simplifierait si l'on avait $a = b$; dans ce cas, le triangle étant isocèle, les deux angles A et B seraient égaux. La somme A + B étant égale à $180°$ — C, A et B seraient égaux chacun à $\frac{1}{2}(180° - C)$.

APPLICATION NUMÉRIQUE. — *Dans un triangle ABC, on connaît* $C = 87°52'34''$; $a = 7375^m,60$; $b = 2543^m,80$; *trouver* A, B, c, *et la surface S.*

$$\text{Calcul de } \frac{A+B}{2}.$$

$$\frac{A+B}{2} = \frac{180° - C}{2}.$$

$$180° = 179°\,59'\,60''$$
$$C = \underline{87°\,52'\,34''}$$
$$A + B = \overline{92°\,7'\,26''}$$
$$\frac{A+B}{2} = 46°\,3'\,43''$$

$$\text{Calcul de } \frac{A-B}{2}.$$

$$\text{tang}\,\frac{A-B}{2} = \frac{a-b}{a+b} \times \text{tang}\,\frac{A+B}{2}.$$

$$a - b = 4831,8$$
$$a + b = 9919,4$$

$$\log(a-b) = 3,68411$$
$$\log \text{tang}\,\frac{A+B}{2} = 0,01610$$
$$\overline{3,70021}$$
$$\log(a+b) = \underline{3,99649}$$
$$\log \text{tang}\,\frac{A-B}{2} = \overline{1},70237$$
$$\frac{A-B}{2} = 26°\,49'$$

Calcul des angles A *et* B.

$$\frac{A+B}{2} = 46° 3' 43''$$

$$\frac{A-B}{2} = 26° 49'$$

$$A = \overline{72° 52' 43''}$$
$$B = 19° 14' 43''$$

Calcul du côté c.

$$c = \frac{a \sin C}{\sin A}.$$

$\log a = 3,86780$

$\log \sin C = \overline{1},99970$

$\overline{3,86750}$

$\log \sin A = \overline{1},98031$

$\log c = \overline{3,88719}$

$c = 7712^m,40.$

Calcul de la surface S.

$$S = \frac{ab \sin C}{2}.$$

$\log a = 3,86780$

$\log b = 3,40549$

$\log \sin C = \overline{1},99970$

$\overline{7,27299}$

$\log 2 = 0,30103$

$\log S = \overline{6,97196}$

$S = 9375000^{m. q.}$

69. TROISIÈME CAS. — *Connaissant les trois côtés* a, b, c, *d'un triangle, trouver les trois angles* A, B, C, *et la surface.*

Des trois formules démontrées au n° 65,

$$a^2 = b^2 + c^2 - 2bc \cos A,$$
$$b^2 = c^2 + a^2 - 2ac \cos B,$$
$$c^2 = a^2 + b^2 - 2ab \cos C,$$

on déduit facilement

$$\cos A = \frac{b^2 + c^2 - a^2}{2bc},$$

$$\cos B = \frac{c^2 + a^2 - b^2}{2ac},$$

$$\cos C = \frac{a^2 + b^2 - c^2}{2ab};$$

connaissant les valeurs des trois cosinus, on chercherait leurs logarithmes, et on en déduirait les valeurs des angles.

Mais les formules précédentes n'étant pas propres au calcul par logarithmes, on préfère calculer les moitiés des angles au moyen de leurs tangentes ; les formules qui donnent $\tan \frac{A}{2}$, $\tan \frac{B}{2}$—, $\tan \frac{C}{2}$, au moyen des côtés sont, en effet, calculables par logarithmes. Nous allons chercher la formule qui donne $\tan \frac{A}{2}$; et comme

$$\tan \frac{A}{2} = \frac{\sin \frac{A}{2}}{\cos \frac{A}{2}},$$ calculons séparément $\sin \frac{A}{2}$ et $\cos \frac{A}{2}$.

Nous avons trouvé (n° 37),

$$\sin \frac{A}{2} = \sqrt{\frac{1 - \cos A}{2}} ;$$

remplaçons $\cos A$ par sa valeur trouvée plus haut, nous aurons

$$1 - \cos A = 1 - \frac{b^2 + c^2 - a^2}{2bc} = \frac{2bc - b^2 - c^2 + a^2}{2bc},$$

ou bien encore

$$1 - \cos A = \frac{a^2 - (b^2 + c^2 - 2bc)}{2bc} = \frac{a^2 - (b - c)^2}{2bc}.$$

Or, ce dernier numérateur étant la différence de deux carrés, savoir : le carré de a et celui de $(b - c)$, il est égal au produit de la somme de ces mêmes nombres par leur différence, comme on l'a vu en algèbre ; donc

$$a^2 - (b - c)^2 = (a + b - c)\,(a - b + c),$$

et $$1 - \cos A = \frac{(a + b - c)\,(a - b + c)}{2bc}.$$

Maintenant désignons, pour abréger l'écriture, le périmètre connu par $2p$, nous aurons

$$a+b+c=2p;$$

puis, retranchons successivement $2c$, $2b$, aux deux membres,

$$a+b-c=2p-2c=2(p-c),$$
$$a-b+c=2p-2b=2(p-b);$$

il suit de là que

$$1-\cos A = \frac{4(p-b)(p-c)}{2bc} = \frac{2(p-b)(p-c)}{bc};$$

et, par suite,

$$\sin \frac{A}{2} = \sqrt{\frac{(p-b)(p-c)}{bc}}.$$

Pour trouver l'expression de $\cos \dfrac{A}{2}$, nous partirons de la formule démontrée aussi au n° 37,

$$\cos \frac{A}{2} = \sqrt{\frac{1+\cos A}{2}};$$

remplaçons-y $\cos A$ par sa valeur $\dfrac{b^2+c^2-a^2}{2bc}$ trouvée plus haut, il viendra

$$\cos \frac{A}{2} = \sqrt{\frac{1+\dfrac{b^2+c^2-a^2}{2bc}}{2}} = \sqrt{\frac{2bc+b^2+c^2-a^2}{4bc}};$$

ou, en transformant,

$$\cos \frac{A}{2} = \sqrt{\frac{(b+c)^2-a^2}{4bc}} = \sqrt{\frac{(b+c+a)(b+c-a)}{4bc}};$$

remplaçant $(b+c+a)$ par $2p$, et $b+c-a$ par $2p-2a$, ou $2(p-a)$, on trouve enfin, après simplification,

$$\cos\frac{A}{2}=\sqrt{\frac{p(p-a)}{bc}}.$$

Divisant l'une par l'autre ces deux expressions de $\sin\frac{A}{2}$ et $\cos\frac{A}{2}$, il vient

$$\tan g\frac{A}{2}=\sqrt{\frac{\frac{(p-b)(p-c)}{bc}}{\frac{p(p-a)}{bc}}}=\sqrt{\frac{(p-b)(p-c)}{p(p-a)}}.$$

On trouverait de même,

$$\tan g\frac{B}{2}=\sqrt{\frac{(p-a)(p-c)}{p(p-b)}},\quad \tan g\frac{C}{2}=\sqrt{\frac{(p-a)(p-b)}{p(p-c)}},$$

puis prenant les logarithmes,

$$\log\tan g\frac{A}{2}=\frac{\log(p-b)+\log(p-c)-\log p-\log(p-a)}{2},$$

$$\log\tan g\frac{B}{2}=\frac{\log(p-a)+\log(p-c)-\log p-\log(p-b)}{2},$$

$$\log\tan g\frac{C}{2}=\frac{\log(p-a)+\log(p-b)-\log p-\log(p-c)}{2}.$$

On voit qu'il suffit de chercher 4 logarithmes pour avoir les angles $\frac{A}{2}$, $\frac{B}{2}$, $\frac{C}{2}$; en les doublant, on aura les angles cherchés. Comme vérification, la somme de ces derniers doit être égale à 180°.

Cherchons enfin la surface du triangle; nous savons qu'on a

$$S=\frac{1}{2}bc\sin A;$$

d'un autre côté,

$$\sin A = 2 \sin \frac{A}{2} \cos \frac{A}{2};$$

ou bien, remplaçant $\sin \frac{A}{2}$ et $\cos \frac{A}{2}$ par leurs valeurs,

$$= 2 \sqrt{\frac{(p-b)(p-c)}{bc}} \times \sqrt{\frac{p(p-a)}{bc}} = 2 \sqrt{\frac{p(p-a)(p-b)(p-}{b^2 c^2}}$$

ou encore

$$\sin A = 2 \frac{\sqrt{p(p-a)(p-b)(p-c)}}{bc};$$

donc

$$S = \sqrt{p(p-a)(p-b)(p-c)},$$

et

$$\log S = \frac{\log p + \log(p-a) + \log(p-b) + \log(p-c)}{2}.$$

On voit qu'on n'a aucun nouveau logarithme à chercher.

APPLICATION NUMÉRIQUE. — *On connaît les trois côtés d'un triangle,* a $= 3542^m$; b $= 4548^m,70$; c $= 3890^m,40$; *trouver les trois angles A, B, C, et la surface S.*

Calcul préliminaire.

$$p = \frac{a+b+c}{2} = 5990,55 \qquad \log p = 3,77747$$

$$p - a = 2448,55 \qquad \log(p-a) = 3,38891$$
$$p - b = 1441,80 \qquad \log(p-b) = 3,15891$$
$$p - c = 2100,15 \qquad \log(p-c) = 3,32225$$

Calcul de l'angle A.

$$\tan \frac{A}{2} = \sqrt{\frac{(p-b)(p-c)}{p(p-a)}}.$$

$$\log(p-b) = 3,15891$$
$$\log(p-c) = 3,32225$$
$$\overline{6,48116}$$
$$\log p \quad = 3,77747$$
$$\overline{2,70369}$$
$$\log(p-a) = 3,38891$$
$$\overline{\overline{1},31478}$$

$$\log \tan \frac{A}{2} = \overline{1},65739$$

$$\frac{A}{2} = 24°26'\,5''$$

$$A = 48°52'10''$$

Calcul de l'angle B.

$$\tan \frac{B}{2} = \sqrt{\frac{(p-a)(p-c)}{p(p-b)}}.$$

$$\log(p-a) = 3,38891$$
$$\log(p-c) = 3,32225$$
$$\overline{6,71116}$$
$$\log p \quad = 3,77747$$
$$\overline{2,93369}$$
$$\log(p-b) = 3,15891$$
$$\overline{\overline{1},77478}$$

$$\log \tan \frac{B}{2} = \overline{1},88739$$

$$\frac{B}{2} = 37°39'14''$$

$$B = 75°18'28''$$

Calcul de l'angle C.

$$\tan \frac{C}{2} = \sqrt{\frac{(p-a)(p-b)}{p(p-c)}}.$$

$$\log(p-a) = 3,38891$$
$$\log(p-b) = 3,15891$$
$$\overline{6,54782}$$
$$\log p \quad = 3,77747$$
$$\overline{2,77035}$$
$$\log(p-c) = 3,32225$$
$$\overline{\overline{1},44810}$$

$$\log \tan \frac{C}{2} = \overline{1},72405$$

$$\frac{C}{2} = 27°54'41''$$

$$C = 55°49'22''.$$

Calcul de la surface.

$$S = \sqrt{p(p-a)(p-b)(p-c)}$$

$$\log p = 3,77747$$
$$\log(p-a) = 3,38891$$
$$\log(p-b) = 3,15891$$
$$\log(p-c) = 3,32225$$
$$\overline{13,64754}$$
$$\log S = 6,82377$$
$$S = 666457 0^{\text{m.q}}$$

Vérification : A + B + C = 180°.

EXERCICES.

1. Résoudre un triangle rectangle connaissant un angle aigu $B = 30°22'18''$, et l'hypoténuse $a = 3570^m,80$. Calculer la surface de ce triangle.

Rép. $C = 59°37'42''$; $b = 1805^m,40$; $c = 3080^m,78$; $S = 2781060$ mètres carrés.

2. Résoudre un triangle rectangle, connaissant l'hypoténuse $a = 5678^m,76$ et un côté $b = 3456^m,48$.

Rép. $c = 4505^m,70$; $B = 37°29'35''$; $C = 52°30'25''$.

3. Résoudre un triangle rectangle connaissant un angle aigu $B = 71°17'42''$, et un côté de l'angle droit $b = 8487^m,52$.

Rép. $C = 18°42'18''$; $a = 8960^m,80$; $c = 2873^m,70$.

4. Résoudre un triangle rectangle connaissant les deux côtés de l'angle droit $b = 7854^m,70$ et $c = 1789^m$.

Rép. $B = 77°10'18''$; $C = 12°49'42''$; $a = 8055^m,80$.

5. Résoudre un triangle rectangle connaissant $B = 32°27'43''$, et l'hypoténuse $a = 35^m,65$.

Rép. $C = 57°32'17''$; $b = 19,135$; $c = 30^m,08$.

6. Résoudre un triangle rectangle connaissant un angle aigu $B = 64°12'$, et le côté opposé $b = 1485^m$.

Rép. $C = 25°48'$; $a = 1649^m,40$; $c = 717^m,88$.

7. Résoudre un triangle rectangle connaissant un côté de l'angle droit $b = 524$ et sachant que l'hypoténuse a est double de ce côté b.

Rép. $c = 907^m,60$; $B = 30°$; $C = 60°$.

8. Résoudre un triangle rectangle connaissant l'hypoténuse $a = 100^m$, et sachant que l'angle B est double de l'angle C.

Rép. $B = 60°$, $C = 30°$; $b = 50^m$; $c = 86^m,602$.

9. Résoudre un triangle connaissant deux angles, $B = 35°28'33''$, $C = 83°20'7''$, et un côté $a = 257^m,86$. Calculer sa surface.

Rép. $A = 61°11'20''$, $b = 170^m,79$; $c = 292^m,29$; $S = 21871$ mètres carrés.

10. Dans un triangle, on connaît deux angles, $A = 58°30'52''$,

$B = 70°47'33''$, et un côté $c = 20430^m$; trouver les autres parties, et la surface.

Rép. $C = 50°41'35''$; $a = 22516^m$; $b = 24934^m$; $S = 217200000$ m.q.

11. Dans un triangle, on connaît deux angles, $B = 54°37'42''$, $C = 94°19'58''$, et un côté $a = 1085^m,30$; trouver les autres parties, et la surface.

Rép. $A = 31°2'40''$; $b = 1715^m,90$; $c = 2098^m,55$; $S = 928520$ mètres carrés.

12. Trouver les angles et la surface d'un triangle dont on connaît les trois côtés, $a = 84967^m$, $b = 99457^m$, $c = 109840^m$.

Rép. $A = 47°35'$; $B = 59°47'16''$; $C = 72°37'46''$; $S = 4032500000$ mètres carrés.

13. Calculer les angles et la surface d'un triangle, connaissant ses trois côtés $a = 1520^m$, $b = 1600^m$, $c = 1750^m$.

Rép. $A = 53°44'26''$; $B = 58°4'44''$; $C = 68°10'48''$; $S = 1128890$ mètres carrés.

14. Résoudre un triangle, connaissant deux angles $B = 79°50'39''$, $C = 64°25'48''$, et un côté $a = 439^m,25$. Calculer sa surface.

Rép. $A = 35°43'33''$; $b = 740^m,46$; $c = 678^m,60$; $S = 146700$ mètres carrés.

15. Résoudre un triangle connaissant deux angles $A = 74°53'33''$, $B = 47°17'3''$, et un côté $c = 56895^m$. Trouver sa surface.

Rép. $C = 57°49'24''$; $a = 64895^m$; $b = 49388^m$; $S = 1356370000$ mètres carrés.

16. Trouver es angles et la surface d'un triangle, connaissant les trois côtés, $a = 120^m$, $b = 135^m,15$, $c = 140^m,35$.

Rép. $A = 51°36'4''$; $B = 61°57'48''$; $C = 66°26'4''$; $S = 7432,80$ mètres carrés.

17. Résoudre un triangle, et évaluer sa surface, connaissant un angle $A = 64°48'18''$, et les deux côtés qui le comprennent, $b = 8464^m,90$ et $c = 7493^m,60$.

Rép. $B = 63°4'35''$; $C = 52°7'7''$; $a = 8589^m$; $S = 2869300$ mètres carrés.

18. Résoudre un triangle, connaissant un angle $A = 24°23'44''$, et les deux côtés qui le comprennent, $b = 198^m,37$, $c = 268^m,84$. Calculer la surface.

Rép. B=112°42′28″; C=42°53′48″; a=120^m,37; S=11013 mètres carrés.

19. Résoudre un triangle connaissant deux angles A=57°32′7″, B=73°42′52″, et un côté a=25432^m; calculer sa surface.

Rép. C=48°45′3″; b=28933^m; c=22663^m; S=27661 hectares.

20. Dans un triangle, on connaît un angle A=47°9′50″ et les deux côtés qui le comprennent, b=1109^m,80; c=1489^m, 60; trouver les autres parties et la surface.

Rép. B=47°54′42″; C=84°55′28″; a=1096^m,60; S=6061,20 ares.

21. Résoudre un triangle et calculer sa surface, connaissant un angle A=39°58′, et les deux côtés qui le comprennent b=3^m,805 et c=3^m,247.

Rép. B=82°17′33″; C=57°44′27″; a=2^m,4664; S=3^{m}q,9680.

22. Calculer les angles et la surface d'un triangle dont on connaît les trois côtés, a=35^m, b=39^m, c=48^m.

Rép. A=46°1′2″; B=53°18′; C=80°40′56″; S=673^{m}q,50.

23. Résoudre un triangle, et calculer sa surface, connaissant A=26°18′42″, B=72°53′14″, c=1000000^m.

Rép. C=80°48′4″; a=449022^m; b=968160^m; S=21457000 hectares.

24. Dans un triangle, on connaît deux côtés a=87^m, b=72^m, et l'angle compris C=35°18′46″; trouver les autres parties et la surface.

Rép. A=80°51′9″; B=55°50′5″; c=50^m,30; S=1810^{m}q,40.

CHAPITRE IV.

Applications aux différentes questions que présente le levé des plans.

---

70. PROBLÈME I. — *Déterminer la distance d'un point à un autre point inaccessible, mais visible.*

On veut, par exemple, connaître la distance d'un

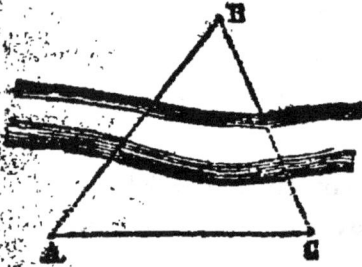

Fig. 17.

point A où l'on se trouve, à un autre point B qui en est séparé par un obstacle, tel qu'une rivière (fig. 17). On commence par jalonner et mesurer une base AC sur le terrain; puis, plaçant le graphomètre successivement en A et en C, on mesure les angles BAC, BCA. On connaît alors, dans le triangle ABC, un côté AC, et les deux angles adjacents A et C; on calcule le côté inconnu AB, à l'aide de la formule

$$AB = \frac{AC \sin BCA}{\sin ABC},$$

comme on l'a vu au n° 66.

71. PROBLÈME II. — *Déterminer la hauteur d'un édifice dont le pied est accessible, et dont la base est sur un terrain à peu près horizontal.*

Soit AB (fig. 18) la hauteur à mesurer. On jalonne et on mesure, à partir du pied A de l'édifice, une base AC, qui est à très-peu près horizontale; puis, installant le graphomètre en C, on place son limbe dans le plan vertical qui contient A, le diamètre de ce limbe horizontalement, et l'alidade mobile de manière que sa direction passe par le point B. On lit sur le graphomètre

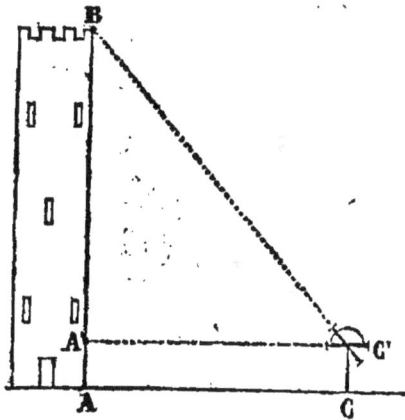

Fig. 18.

la graduation de l'angle BC′A′; on connaît alors, dans le triangle rectangle BC′A′, le côté A′C′ qui est égal à AC, et l'angle BC′A′, on en déduit le côté BA′ par la formule

$$BA' = A'C' \times \tang BC'A',$$

comme on l'a vu au n° 59.

Ayant calculé BA′, on n'a plus qu'à y ajouter AA′ ou CC′, qui est la hauteur du pied du graphomètre, pour avoir la hauteur cherchée.

72. PROBLÈME III. — *Déterminer la hauteur d'une montagne, ou d'un édifice dont le pied est inaccessible.*

Soit A le sommet d'une montagne dont on veut connaître la hauteur AD au-dessus du plan horizontal passant par le point B. On jalonne et on mesure une base BC qui, généralement, ne se trouve pas horizontale; puis on place le graphomètre en B, verticalement, de manière que son diamètre soit horizontal, et que son plan

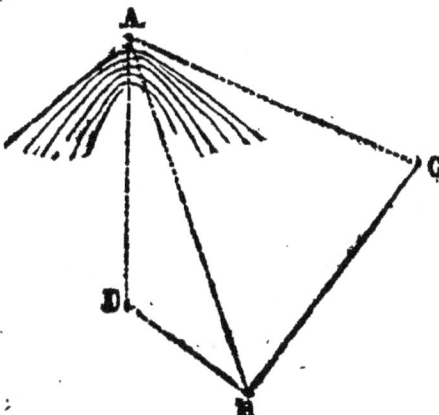

Fig. 19.

passe par le point A, on mesure ainsi l'angle ABD ; sans déplacer le pied de l'instrument, on mesure l'angle ABC ; transportant enfin le graphomètre au point C, on mesure l'angle ACB.

Alors, dans le triangle ABC, on connaît un côté BC, et les deux angles adjacents ABC, ACB ; on peut donc calculer, comme on l'a fait au n° 67, l'angle BAC, et le côté AB, par les formules

$$BAC = 180° - (ABC + ACB), \quad AB = \frac{BC \times \sin ACB}{\sin BAC}.$$

Maintenant connaissant l'hypoténuse AB du triangle rectangle ABD, et l'angle aigu ABD, on a (n° 58),

$$AD = AB \sin ABD,$$

et

$$\log AD = \log AB + \log \sin ABD ;$$

on voit par là qu'il suffit de connaître log AB, on ne cherchera donc pas la longueur même du côté AB. A la hauteur calculée AD, on devra, comme dans le cas précédent, ajouter la hauteur du pied du graphomètre, pour avoir la hauteur cherchée.

APPLICATION.—Supposons qu'on ait trouvé : $BC = 235^m$, $ABC = 54°18'$, $ACB = 45°36'$, $ABD = 52°,33'$.

Alors, $BAC = 180° - (ABC + ACB) = 80°6'$.

Calcul de log AB.

$$AB = \frac{BC \sin ACB}{\sin BAC}.$$

$$\log BC = 2,37107$$
$$\log \sin ACB = \overline{1},85399$$
$$\overline{2,22506}$$
$$\log \sin BAC = \overline{1},99348$$
$$\log AB = \overline{2,23158}$$

Calcul de AD.

$$AD = AB \sin ABD.$$

$$\log AB = 2,23158$$
$$\log \sin ABD = \overline{1},89976$$
$$\log AD = \overline{2,13134}$$
$$AD = 135^m,30.$$

Si la hauteur du pied du graphomètre est $1^m,20$, celle de la montagne est $136^m,50$.

73. PROBLÈME IV. — *Mesurer la distance de deux points inaccessibles, mais visibles.*

Soient A et B les deux points dont on veut trouver la

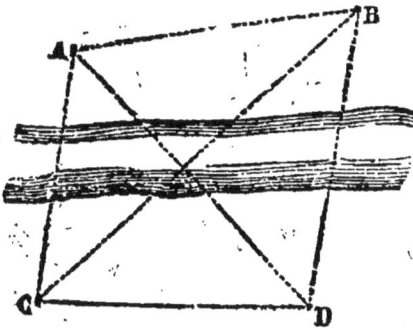

Fig. 20.

distance, sans pouvoir en approcher. Sur la partie du terrain où l'on peut se placer, on jalonne et on mesure une base CD; puis, plaçant un graphomètre au point C, on mesure les trois angles ACB, ACD, BCD (on doit remarquer que l'angle ACB est la différence des angles ACD et BCD, seulement quand les deux droites AB, CD, sont dans un même plan, ce qui n'a pas lieu généralement); plaçant ensuite le graphomètre en D, on mesure les angles ADC, BDC.

Alors, dans chacun des deux triangles ACD, BCD, on connaît un côté CD et les deux angles adjacents; on peut donc, comme on l'a indiqué au n° 67, calculer les longueurs des côtés AC, BC de ces triangles.

Cela fait, on connaîtra, dans le triangle ACB, un angle ACB, et les deux côtés qui le comprennent AC et BC; on en déduira la longueur du côté AB (n° 68, *deuxième cas de la résolution des triangles*).

APPLICATION. — Indiquons sur un exemple numérique comment on devra diriger le calcul.

Soit $CD = 210^m$, $ACB = 52°18'30''$, $ACD = 88°42'$, $BCD = 45°22'$, $ADC = 61°45'$, $BDC = 89°36'10''$.

Désignons, comme toujours, par A, B, C, les angles du triangle ABC. On déduit immédiatement de là les valeurs des angles

$$CAD = 180^\circ - (ACD + ADC) = 29^\circ 33'$$
$$CBD = 180^\circ - (BCD + BDC) = 45^\circ \; 1' 50''$$
$$A + B = 180^\circ - C \qquad\qquad = 127^\circ 41' 30''$$
$$\frac{A+B}{2} = 63^\circ 50' 45''$$

<table>
<tr><td colspan="1">

Calcul de AC
dans le triangle ACD.

$$AC = \frac{CD \sin ADC}{\sin CAD}.$$

$$\log CD = 2,32222$$
$$\log \sin ADC = \overline{1}.94492$$
$$\overline{2,26714}$$
$$\log \sin CAD = \overline{1},69301$$
$$\log AC = 2,57423$$
$$AC = 375^m,08.$$

</td><td colspan="1">

Calcul de BC
dans le triangle BCD.

$$BC = \frac{CD \sin BDC}{\sin CBD}.$$

$$\log CD = 2,32222$$
$$\log \sin BDC = \overline{1},99999$$
$$\overline{2,32221}$$
$$\log \sin CBD = \overline{1},84973$$
$$\log BC = 2,47248$$
$$BC = 296^m,81.$$

</td></tr>
</table>

Calcul de l'angle B du triangle ABC.

$$\operatorname{tang} \frac{A-B}{2} = \frac{AC - BC}{AC + BC} \operatorname{tang} \frac{A+B}{2}.$$

<table>
<tr><td>

$$AC - BC = 78,27$$
$$AC + BC = 671,79$$
$$\frac{A+B}{2} = 13^\circ 50' 45''$$
$$\frac{A-B}{2} = 13^\circ 20' 44''$$
$$B = \overline{50^\circ 30' \; 1''}$$

</td><td>

$$\log(AC - BC) = 1,89360$$
$$\log \operatorname{tang} \frac{A+B}{2} = 0,30886$$
$$\overline{2,20246}$$
$$\log(AC + BC) = 2,82729$$
$$\log \operatorname{tang} \frac{A-B}{2} = \overline{1},37517$$
$$\frac{A-B}{2} = 13^\circ 20' 44''.$$

</td></tr>
</table>

Calcul de AB *dans le triangle* ABC.

$$AB = \frac{AC \sin ACB}{\sin ABC}.$$

$$\log AC = 2,57413$$
$$\log \sin ACB = \overline{1},89835$$
$$\overline{\quad 2,47248}$$
$$\log \sin ABC = \overline{1},88741$$
$$\overline{\log AB = 2,58507}$$
$$AB = \qquad 384^m,65.$$

74. PROBLÈME V. — *Prolonger sur le terrain une ligne droite au-delà d'un obstacle qui empêche de voir la direction de cette ligne.*

Soit DE (fig. 21) la ligne doite qu'il s'agit de prolonger au-delà d'un obstacle, bois ou maison. Ayant choisi un point C, d'où l'on puisse apercevoir un point D situé sur la

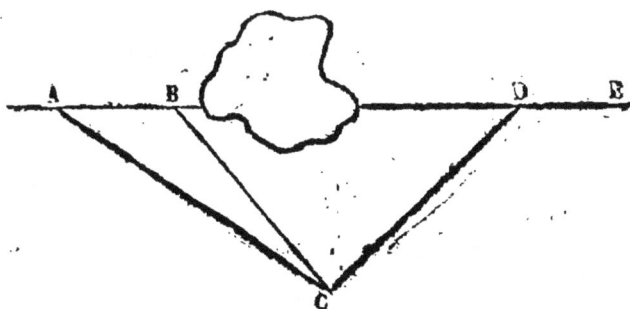

Fig. 21.

droite avant l'obstacle, et le terrain où doit se trouver le prolongement de la droite, on mesure la droite DC, et l'angle BDC; puis, à partir du point C, on détermine, à l'aide de jalons, deux alignements CB, CA, passant au delà de l'obstacle, et on mesure les angles BCD, ACD; soient B et A, les points du prolongement cherché qui se trouvent sur ces deux alignements.

Alors, dans le triangle BCD, on connaît un côté CD et les deux angles adjacents, on calculera le côté BC (n° 67, *premier cas*); on portera sur CB la longueur trouvée, et on aura un point B du prolongement cherché.

On calculera de la même manière le côté AC du triangle ACD et on aura un second point C de l'alignement

La ligne droite qui joindra les deux points A et B sera le prolongement de DE.

75. PROBLÈME VI. — *Trois points* A, B, C, *étant situés sur un terrain uni et rapportés sur une carte, déterminer sur cette carte le point* P *d'où les distances* CB, AC, *ont été vues sous des angles qu'on a mesurés.*

Soient α et β les deux angles sous lesquels, du point P,

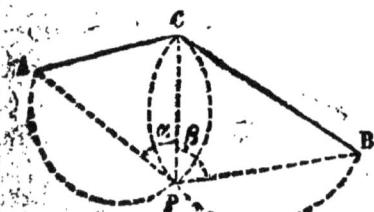

Fig. 22

ont été vues les distances AC, BC. Le point P peut être déterminé par une construction graphique; sur AC on décrit un segment capable de l'angle α, sur BC un segment capable de l'angle β, le point d'intersection des deux arcs est le point cherché P. Mais ce procédé purement graphique ne donne pas toujours l'exactitude nécessaire, il vaut mieux employer le calcul.

Il est clair que la position du point P se déterminerait aisément, si on connaissait les deux angles CAP, CBP, que nous appellerons x et y; calculons donc ces angles. Désignons par a et b les longueurs connues de AC et BC.

D'abord, la somme des angles du quadrilatère BACP étant égale à 4 angles droits ou 360°, on a

$$x + y = 360° - (C + α + β),$$

et
$$\frac{x+y}{2} = 180° - \frac{C + α + β}{2}.$$

Les deux triangles CBP, ACP, donnent (n° 64)

$$\frac{CP}{\sin x} = \frac{a}{\sin \alpha}, \quad \frac{CP}{\sin y} = \frac{b}{\sin \beta};$$

de ces deux relations on déduit

$$CP = \frac{a \sin x}{\sin \alpha}, \quad CP = \frac{b \sin y}{\sin \beta},$$

et, par conséquent,

$$\frac{a \sin x}{\sin \alpha} = \frac{b \sin y}{\sin \beta},$$

puis, divisant ces deux rapports égaux par a et par b,

$$\frac{\sin x}{b \sin \alpha} = \frac{\sin y}{a \sin \beta}.$$

On obtient encore deux rapports égaux en faisant la somme des numérateurs et des dénominateurs de ces rapports, puis la différence de ces mêmes termes; donc

$$\frac{\sin x - \sin y}{b \sin \alpha - a \sin \beta} = \frac{\sin x + \sin y}{b \sin \alpha + a \sin \beta},$$

ou bien encore

$$\frac{\sin x - \sin y}{\sin x + \sin y} = \frac{b \sin \alpha - a \sin \beta}{b \sin \alpha + a \sin \beta};$$

mais, comme nous l'avons montré au deuxième cas de la résolution des triangles, le premier membre de cette dernière égalité est égal à $\dfrac{\tang \dfrac{x-y}{2}}{\tang \dfrac{x+y}{2}}$, donc

$$\frac{\tan \dfrac{x-y}{2}}{\tan \dfrac{x+y}{2}} = \frac{b \sin \alpha - a \sin \beta}{b \sin \alpha + a \sin \beta},$$

et, par suite,

$$\tan \frac{x-y}{2} = \frac{b \sin \alpha - a \sin \beta}{b \sin \alpha + a \sin \beta} \times \tan \frac{(x+y)}{2};$$

dans le second membre, a, b, α, β, $\dfrac{x+y}{2}$, sont connus,

on aura donc $\dfrac{x-y}{2}$.

Connaissant $\dfrac{x+y}{2}$, $\dfrac{x-y}{2}$, on aura x et y par une
addition et une soustraction, car

$$x = \frac{x+y}{2} + \frac{x-y}{2}, \quad y = \frac{x+y}{2} - \frac{x-y}{2}.$$

APPLICATION NUMÉRIQUE.—Supposons qu'on ait :
$b = 36930, a = 25480^m, \beta = 79°49', \alpha = 63°25',$ et $C = 144°4'$.

$$\textit{Calcul de } \frac{x+y}{2}.$$

$$\frac{x+y}{2} = 180° - \frac{C+\alpha+\beta}{2}.$$

$C = 144°\ 4'$	$180° = 179°60'$
$\beta = \ \ 79°49'$	$\dfrac{C+\alpha+\beta}{2} = 143'39'$
$\alpha = \ \ 63°25'$	
$C+\alpha+\beta = 287°18'$	
$\dfrac{C+\alpha+\beta}{2} = 143°39'$	$\dfrac{x+y}{2} = \ \ 36°21'$

Calcul de $\dfrac{x-y}{2}$, x *et* y.

$$\tan\frac{x-y}{2}=\frac{b\sin\alpha-a\sin\beta}{b\sin\alpha+a\sin\beta}\tan\frac{x+y}{2}.$$

$\log b = 4,56738$ $\log(b\sin\alpha-a\sin\beta)=3,90075$

$\log\sin\alpha = \overline{1},95148$ $\log\tan\dfrac{x+y}{2}=\overline{1},86683$

$\overline{\log b\sin\alpha = 4,51886}$ $\overline{3,76758}$

$b\sin\alpha = 33026.$ $\log(b\sin\alpha+a\sin\beta)=4,76414$

$\log a = 4,40603$

$\log\sin\beta = \overline{1},99310$ $\log\tan\dfrac{x-y}{2}=\overline{1},00344$

$\overline{\log a\sin\beta = 4,39913}$ $\dfrac{x-y}{2}= 5°45'20''$

$a\sin\beta = 25069.$ $\dfrac{x+y}{2}=36°20'$

$b\sin\alpha-a\sin\beta = 7957$

$b\sin\alpha+a\sin\beta = 58095$ $x=\overline{42°\ 6'20''}$

$y=30°35'40''$

7 6.PROBLÈME VII. —*Déterminer le rayon d'une tour circulaire inaccessible.*

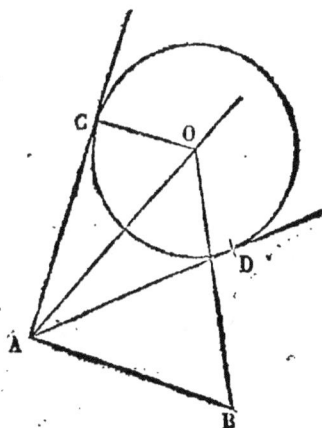
Fig.

Soit O le centre du cercle obtenu en coupant la tour par un plan horizontal, et OC le rayon à déterminer (fig. 23). A une certaine distance de la tour, on mesure une base horizontale AB ; on place ensuite un graphomètre en A, de manière que le limbe soit horizontal, et l'alidade fixe placée dans la direction de AB ; puis, avec l'alidade mobile, on vise successivement suivant les deux directions AC, AD, tangentes à la tour, et on mesure les deux angles CAB, DAB.

Les deux angles OAC, OAB, sont égaux, le premier à la demi-différence des deux angles mesurés, le second à leur demi-somme ; en effet, les deux angles OAC, OAD, sont égaux, et l'on a

$$OAC = \frac{CAD}{2} = \frac{CAB - DAB}{2} \; ;$$

puis

$$OAB = DAB + OAD, \quad OAB = CAB - OAC ;$$

ajoutant ces deux égalités membre à membre,

$$2OAB = DAB + CAB, \quad OAB = \frac{DAB + CAB}{2}.$$

En transportant le graphomètre au point B, on mesurera l'angle OBA, comme on vient de faire pour l'angle OAB ; alors, dans le triangle OAB, on connaîtra un côté AB, et les deux angles adjacents, on en déduira la longueur du côté OA.

Le triangle rectangle OAC, dans lequel on connaîtra l'hypoténuse OA et l'angle aigu OAC, permettra de calculer OC par la formule

$$OC = OA \sin OAC ;$$

c'est le rayon cherché.

EXERCICES.

1. Calculer la distance d'un point accessible A à un point inaccessible B (fig. 17), sachant que AC = 843^m, CAB = 59°42', BCA = 61°19'.

Rép. AB = 862^m,94.

2. Déterminer la hauteur d'une tour verticale qui donne 42 mètres d'ombre, lorsque le soleil est élevé de 52°30' au-dessus de l'horizon.

Rép. La hauteur est de 54^m,74.

3. Pour mesurer la hauteur d'une tour verticale, on s'est mis à 60^m de son pied, et on l'a vue sous un angle de 42°26'; quelle est cette hauteur, sachant que le pied du graphomètre a 1^m,25 ?

Rép.

4. Mesurer la hauteur AD (fig. 19) d'une montagne au-dessus de l'horizon du point B, sachant que BC=2350^m, ABC=63°19', ACB=48°36', ABD=43°20'.

Rép. AD=1303^m,90.

5. Calculer la distance des deux points inaccessibles A et B (fig. 20), sachant que CD=428^m,70, ACD=102°52', BCD=48°42', BDC=80°12', ADC=42°16'. Les quatre points A, B, C, D, sont dans un même plan.

Rép. AB=616^m,43.

6. Même question en supposant : ACD=104°29', BCD=41°31, BDC=87°41', ADC=43°12', CD=619^m,80.

Rép. AB=751^m,77.

7. Trois points, A, B, C, sont situés sur un terrain horizontal, et l'on a AB=167^m,65, AC=128^m,77, angle BAC=91°53'57"; déterminer le point P d'où les distances AB, AC, ont été vues sous les angles α=23 36' et β=31°4'.

Rép. ABP=146°51'6", ACP=66°34'57".

8. Même question lorsque les trois points A, B, C, sont les trois sommets d'un triangle équilatéral de 500^m de côté, et les angles α et β sont égaux chacun à 120°.

Rép. ABP=ACP=30°.

FIN DE LA TRIGONOMÉTRIE.

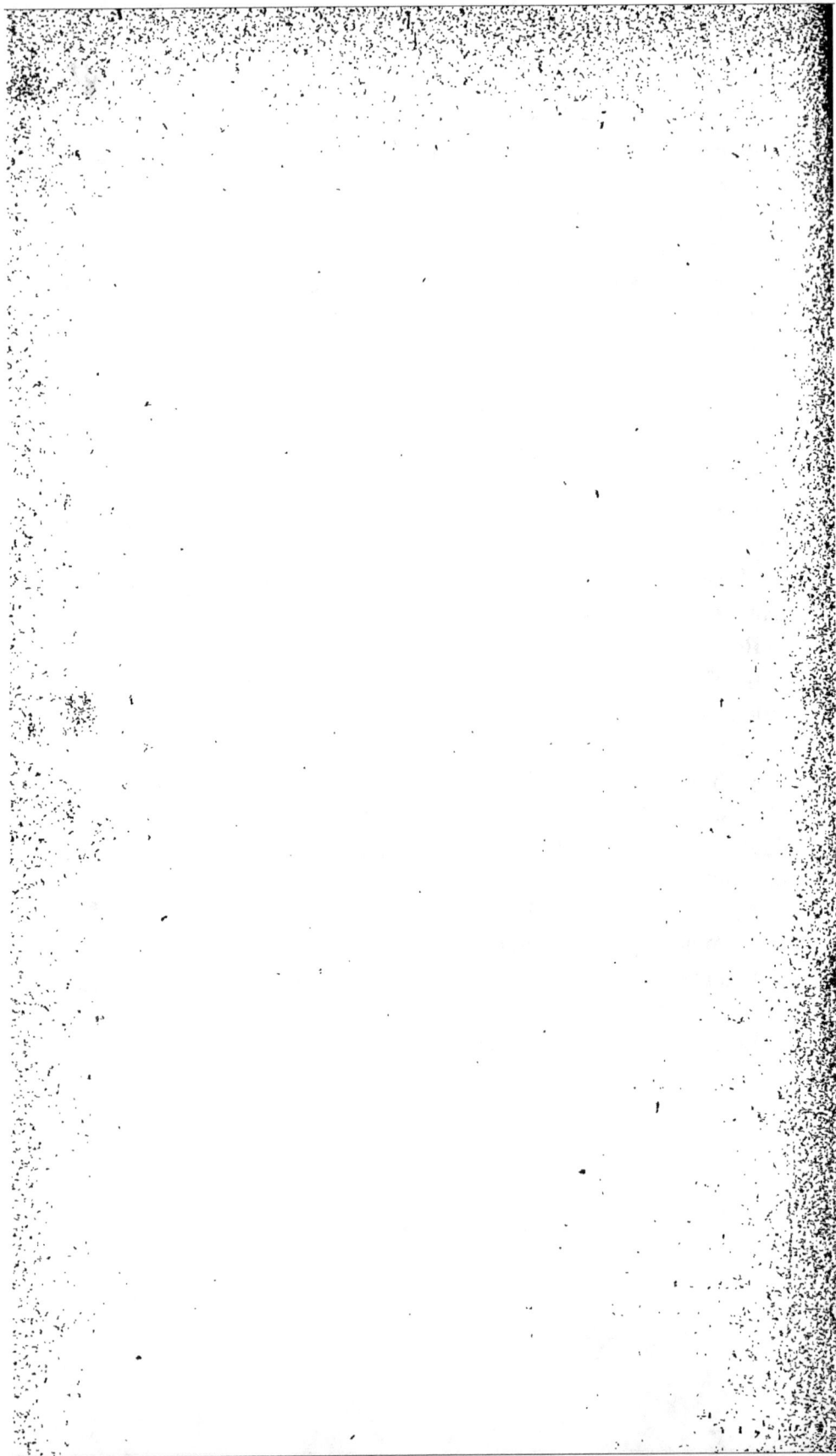

TABLE DES MATIÈRES

ALGÈBRE.

LIVRE II.

TRIGONOMÉTRIE.

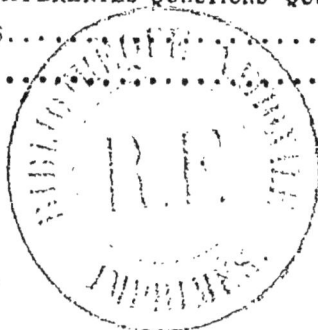

FIN DE LA TABLE DES MATIÈRES.

Paris. — Imprimerie VIÉVILLE et CAPIOMONT, 6, rue des Poitevins.

www.ingramcontent.com/pod-product-compliance
Lightning Source LLC
Chambersburg PA
CBHW061111220326
41599CB00024B/3993